Sven Kuch

Die Raum- Zeit- Information

Betrachtungen von Energie und Universum
aus neuer Sicht

Die Raum-Zeit-Information
Absolute Energie & AnEx Information

3. Auflage 2018

ISBN: 978-3-9522646-5-2

Umschlag/ Grafik: Martin Beikirch, Berlin

AnEx Information Verlag
www.buphi.net

Bibliografische Information der Deutschen Nationalbibliothek:
Die Deutsche Nationalbibliothek verzeichnet diese Publikation in der Deutschen Nationalbibliografie; detaillierte bibliografische Daten sind im Internet über http://dnb.dnb.de abrufbar.

Inhaltsverzeichnis

Die Rechtschreibung beruht auf deutsch-schweizerischer Ausprägung.

Für den deutschen Leser anfangs gewöhnungsbedürftig wird

daher stets "ss" statt ß verwendet.

Der Einfachheit halber wird im gesamten Buch die männliche Formulierung

verwendet. Sie gilt aber genauso für die weibliche.

Vielen Dank für Ihr Verständnis.

Das vorliegende Buch wurde bereits in den 2000er Jahren geschrieben und ist mit seinen Inhalten aktueller denn je. Die Entscheidung die Raum-Zeit-Information nun noch einmal neu aufzulegen, entstand im Jahr 2018, und damit zu einer Zeit, als bereits klar war, dass inzwischen unzählige mathematisch/ physikalische Details für die hier formulierten Erkenntnisse vorliegen.
Damals konnte ich bestenfalls erahnen, inwiefern imaginäre Zahlen mein weiteres Leben nach Vollendung des vorliegenden Buches künftig prägen würden. Das Zauberwort für das damals nur philosophisch herleitbare Wissen formulieren wir heute über die *Ganzheitsrechnung*[1]. Auch wenn man mit solch einer Erkenntnis der heutigen Zeit noch voraus ist, - die hier formulierte Grundthese, dass "*Alles mit Allem verbunden ist und in Ist-Zeit miteinander kommuniziert*", gilt mathematisch somit schon seit langem als erwiesen.
Selbstverständlich würde ich heute die eine oder andere Aussage anders formulieren, als noch vor 10 Jahren. Beispielsweise würde ich heute eher auf die Hervorhebung von anergetischen und exergetischen Aspekten verzichten. Diese hilfreiche Unterteilung war sinnvoll, jedoch lässt sich die Verbindung von Energie und Information heute sehr viel eingänglicher als (*informative*) *Bewirkung* und als (*energetische*) *Wirkung* beschreiben. Auch würde ich heute das Higgs-Feld nicht mehr als Begriff aufnehmen, sondern dafür die beiden heute interpretierten Higgs-Felder besser gleich als "imaginäre Einheiten" bzw. als "imaginäre Ganzheit" beschreiben, so wie ich es in meinen neuesten Buch "absolut imaginär" ausführlich dargelegt habe.
Doch bevor es unserem menschlichen Verstand obliegt zu derartigen Schlussfolgerungen vorzudringen, geht es im vorliegenden Buch vor allem um die Entstehung der Eigenschaften und um deren reell erfahrbare Verhaltensweisen der Energieformen. Aus einer Metaebene heraus betrachtet, lassen sich diese schliesslich als universell geltende Gesetzmässigkeiten beschreiben (Kap. 5.6, S.170). Dabei gilt es auch zu verstehen, dass wir uns als Energieform grundsätzlich gleich verhalten, - genau so wie all die anderen Energieformen, die uns umgeben und unser biologisches Leben bestimmen. Vor allem ist es eher un-

[1] Anmerkung: Neben der dunklen Materie und dunklen Energie, gilt das Phänomen der physikalischen "Verschränkung" zwar als wissenschaftlich anerkannt, aber in ihren Details noch weitestgehende unverstanden. Alte Zahlensysteme, die vor etwa 150 Jahren erdacht worden sind, erbringen uns heute endlich den Schlüssel zum Verständnis einer Neuen Physik.

wahrscheinlich, dass der Mensch eine vollendete evolutionäre Perfektion darstellt, nur weil sich unsere Spezies in wenigen, wenn auch wesentlichen Details von tierischen oder pflanzlichen Formen unterscheidet. Die zugrundeliegende Basis hinsichtlich der Entstehung der Formen ist, wie es die Meisten von uns schon erahnen, in ihren wesentlichen Aspekten nämlich immer gleich.

Derart betrachtet bildet das vorliegende Buch einen hervorragenden Einstieg in die zyklischen Entstehungsweise der Formenvielfalt. Erfreulicherweise verfügen wir heute über die zusätzliche Gewissheit, dass sich all die hier vorgestellten Erkenntnisse inzwischen auch mathematisch logisch begründen lassen. Ich gehe davon aus, dass Ihnen mein Buch dabei hilft, die damals noch als kühn geltenden Ausführungen, als fast schon brillant und in Ihrem Wesen nach als einfach und schön erkennen zu können.

Sven Kuch, Juli 2018

1 Einführung

„Die Raum-Zeit-Information" setzt sich zum Ziel, natur- und geisteswissenschaftliche Fragestellungen auf eine gemeinsame *energetische* Basis zu stellen. Damit wird (einmal mehr) verdeutlicht, dass alle Wissenschaften auf ein und denselben Ursprung zurückgeführt werden können. Wird heute versucht den Urgrund der Dinge energetisch zu beschreiben, so gelangt man schnell auf ein noch ungeklärtes Zusammenspiel von „Energie" und „Information". Genau darin liegt nun einer der Grundgedanken des Buches: All unsere Forschungsdisziplinen lassen sich auf einen gemeinsamen energetischen Ursprung zurückführen, - und der dafür nötige Schlüssel liegt im Verständnis von Energie und Information.

Früher waren solche Fragestellungen vor allem den Geistlichen, Gelehrten oder Eingeweihten vorbehalten. Ihre Weltbilder waren von einem tiefen Glauben an Gott und dem jeweils vorherrschenden Verständnis des Universums geprägt. Sie schöpften ihr Wissen aus ihren Erfahrungen und Vorstellungen, um daraus letztlich die Wirkungen (oder Nichtwirkungen) von Kräften (intuitiv) abschätzen zu können. Immerhin war solches Wissen über Jahrhunderte hinweg ein Garant für die Aufrechterhaltung der Macht der Kirche und der damit verbundenen Obrigkeit.

Nach und nach entwickelten auch die Wissenschaften ein ernsthaftes Interesse an grundsätzlichen Antworten. Dennoch schlugen bislang alle Versuche fehl, die es erlaubt hätten, entsprechend schlüssige Erklärungsmodelle bereitzustellen. Doch nun im 21. Jahrhundert sind wir offenbar so weit. Mittlerweile stellt uns die moderne Physik mächtige neue Werkzeuge zur Verfügung. Solche Bausteine des Wissens müssen nun nur noch geschickt genug miteinander verknüpft werden, damit am Ende Erklärungen möglich werden, die wir nie zuvor erahnt oder zu denken gewagt hätten.

Warum dem Verständnis von Energie und Information eine so hohe Bedeutung zukommt, verdeutlicht das folgende Zitat aus dem informativen Universum, dem neuen Weltbild der Physik[2].

2 Zitat aus: Baeyer, Hans Christian von, Das informative Universum. Das neue Weltbild der Physik. S. 24. Aus dem Englischen von Thomas Filk, Verlag C.H. Beck oHG 2005, München

Ganz allmählich hat sich im Verlauf der letzten einhundert Jahre das Konzept der Information herauskristallisiert. Dieser Prozess steht im krassen Gegensatz zur Geburt des ebenso abstrakten Begriffs der Energie in der Mitte des neunzehnten Jahrhunderts. Innerhalb von nur zwanzig Jahren wurde damals das Konzept der Energie erfunden, definiert und zu einem wichtigen Grundstein zunächst der Physik, später aller Naturwissenschaften. Wir wissen nicht, was Energie wirklich ist, ebenso wenig wie wir wissen, was Information ist, aber wir haben ein festes wissenschaftliches Konzept der Energie, und wir können sie in präzisen mathematischen Formeln beschreiben. Wir können Energie sogar als Ware messen, vermarkten, regulieren und besteuern.

Obwohl Information mittlerweile ebenfalls vermarktet und reguliert wird, unterscheidet sie sich doch wesentlich von der der Energie. Information ist von der Aura des Subjektiven umgeben, was auch ihre Definition so erschwert. Energie ist etwas, das sich vollständig in einem physikalischen System befindet – Stoffwechselenergie in der Götterspeise, elektrische Energie in der Batterie, chemische Energie in einem Gasbehälter, kinetische Energie in jedem Windstoss. Demgegenüber steckt die Information zum Teil in unserem Kopf. Beispielsweise kann eine verschlüsselte Nachricht für die eine Person reinen Quatsch darstellen, während sie für die andere Person wertvolle Information enthält. ... In diesem Hauch von Subjektivität bzw. der Abhängigkeit von dem Geisteszustand liegt sowohl die Ursache für die Undefinierbarkeit von Information als auch für die Stärke dieses Konzepts.“

Dass Information neben dem Subjektiven auch objektiv messbare Strukturen enthält, kommt durch den am Ende hergeleiteten Begriff *AnEx Information* zum Ausdruck. Welch mächtige Werkzeuge sich daraus ergeben, wird dem Leser mehr und mehr bewusst werden. Im Grunde genommen handelt es sich um drei neue Denkansätze, die alle auf jeweils schon bestehenden Erkenntnissen aufbauen:

Der erste Ansatz besteht in der Erweiterung des Begriffes der *Energieform*. Bislang werden Energieformen vor allem im Zusammenhang mit thermodynami-

ISBN 3-406-52707-8.

schen Prozessen der „Energieerzeugung“ verwendet. Weil im späteren Verlauf vorrangig von den *Eigenschaften* der uns umgebenden Energieformen gesprochen wird, muss quasi im Gegenzug auch geklärt werden können, worin denn dann der Unterschied zwischen „Energie“ und „Energieform“ bestehen soll. Im Kapitel 2 und 3 werden dazu die ersten Ansätze entwickelt. Damit sie wirklich akzeptiert werden können, bedarf es entsprechende Zeit bzw. Veränderung.
Die zweite Neuerung besteht in der Verbindung der klassischen Physik und der Quantenphysik. Hier spielen die Verschränkungen ein tragende Rolle. Auch diese Erkenntnisse sind schon seit Albert Einstein bekannt, wirkliche Bedeutung erfuhren sie jedoch erst in neuester Zeit, - u. A. durch die legendären Versuche von Anton Zeilinger und seinem Team. Erstmalig wird hier nun ein Modell vorgestellt, das klassische und quantenphysikalische Phänomene auf eindrückliche Weise miteinander verbindet. Wie Sie sehen werden, eröffnet das vorgeschlagene Dipol-Modell nahezu unerschöpfliche Erklärungsmöglichkeiten...
Ein dritter, physikalisch entscheidender Ansatz besteht in der energetischen Herleitung der Information. Eine Lösung bedarf der Auseinandersetzungen mit den Begriffen des *Geistes* und des *Bewusstseins*. Dass Information zunächst einmal eine geistige Struktur darstellt, die in physikalisch definierten Fällen auch mit einem Wirkungsvermögen gegenüber anderen Energieformen verbunden ist, ist bislang eher weniger bekannt. Eine Übertragung von anerkanntem Wissen auf jegliche Energieformen, impliziert jedoch eine weitere tiefgreifende Erweiterung. Geradezu entzückt ist der Autor von der Tatsache, dass sämtliche Grössen bereits in der klassischen Physik vorhanden sind. Zwar kennt man verschiedene Berechungsformeln bisher nur für technische Anwendungen, - dass sich das bestehende Prinzip, aber auf noch sehr viel komplexere, geisteswissenschaftliche Sachverhalte übertragen lässt, werden zahlreiche Beispiele entsprechend verdeutlichen.
Nicht erst gegen Ende des Buches kommt schliesslich der Verdacht auf, dass Energie, *Information* und *Gravitation* auf das Engste miteinander verbunden sein müssen. Da solche Überlegungen den Rahmen des Buches sprengen würden, sind ihre Zusammenhänge in gesonderten wissenschaftlichen Veröffentlichungen beschrieben.

Die Raum-Zeit-Information ist vor allem für jene Menschen geschrieben, die sich gerne mit philosophischen Aspekten der neuesten Wissenschaften auseinander setzen. Als Autor stellte ich immer wieder fest, dass es im Prinzip genügt, bereits bestehendes Wissen auf sinnvolle Weise miteinander zu verbinden.
Im ersten Kapitel des Buches wird darum zunächst versucht, eine gedankliche Nähe zwischen Autor und Leser zu entwickeln. Eine der zahlreichen philosophischen Schlussfolgerungen lautet, dass wir unsere Subjektivität und damit die gedankliche Vielfalt - im Sinne unserer eigenen Entwicklung - unbedingt anerkennen sollten.
Im zweiten, dritten und vierten Kapitel werden theoretische Grundlagen vermittelt. Ausgehend vom Titel dieses Buches wird es erforderlich, sich rasch mit den Begriffen des *Raumes*, der *Zeit* und der *Information* auseinander zu setzen[3]. Alle aufgeführten Gedanken basieren auf einem althergebrachten Dogma, das da lautet:

„Alles ist Energie!"

neu: *„Alles ist Energie(FORM)!"*

Was jedoch „Energie" oder „Energieform" genau darstellt, ist wie schon erwähnt noch nicht ausreichend genug beantwortet worden. Deshalb wird hier möglicherweise erstmalig erfolgversprechend versucht, Energie unabhängig vom Begriff der Materie zu definieren.
Ist ein solcher Schritt erst einmal vollzogen, wird die Betrachtung in einer Modellsicht zusammengefasst. Das dabei entworfene Dipol-Modell bietet erstaunlich grossen gedanklichen Raum für weitreichende Überlegungen. Am Ende des fünften Kapitels werden die nacheinander hergeleiteten Grundformen in einem „Diagramm der Formen und Hierarchien" zusammen gefügt. Vor allem diese Sicht eröffnet vertiefende Einsichten in unser bisheriges Verständnis von *Materie*, *Geist*, *Leben* und *Bewusstsein*.
Im sechsten Kapitel werden schliesslich ausgewählte Konsequenzen die sich aus den dargestellten Überlegungen ergeben beschrieben und erörtert. Der letzte Abschnitt befasst sich ausschliesslich mit Ergebnissen von physikalischen Herleitungen zu den vorangehenden Überlegungen.

---

[3] Konzeptionelle Verbindungen zur „Raum"- oder „Vakuumenergie" bieten sich hier an.

Damit erbringt das vorliegende Buch ideale Voraussetzungen, um auf den Gebieten der Philosophie, der Physik, Chemie, Biologie, Psychologie, der Wirtschafts- oder Sozialwissenschaften kontrovers diskutiert zu werden. Es liegt nicht im Interesse des Buches, einen theoretischen, von ideologischen Standpunkten geprägten Detailstreit zu entfachen. Am Ende sollte deutlich werden, dass unsere menschliche (formspezifische) Stärke nur in einer gedanklichen *Vielfalt* bestehen kann. Worauf es bei allen dargelegten Beschreibungen ankommt, ist die Herleitung und Vermittlung von verbindenden *Mustern* und *Strukturen*, die für alle Formen von Energie Gültigkeit besitzen.

Die geistige Basis der vorliegenden Theorie bilden u.A. die im Anhang dargestellte Literatur auf Seite 238 ff.. Weitere physikalische Entwicklungen wurden schon oft von diversen anderen Autoren vielfach und brillant beschrieben. Aus diesem Grund konzentriert sich das vorliegende Buch auf die Behandlung ihrer Konsequenzen. Gerade darüber eröffnet sich für alle interessierten Menschen eine spannende Reise ins tiefste innere und äussere Universum. - Sie halten also ein Buch in den Händen, das sowohl persönlich als auch gesellschaftlich verändern möchte.

Viel Spass beim Lesen.

1.1 Der Wandel im Wissen

Seit etwa 100 Jahren wird unser Bewusstsein von einem enormen Wissensschub begleitet. Viele bahnbrechende Entwicklungen der Physik, Chemie und Biologie haben dazu beigetragen. Doch gerade die Physik, „das wissenschaftlichste Fach aller Fächer", befindet sich seitdem in einem besonderen Wandel. Dieser Wandel ist inzwischen so grundlegend geworden, dass er zu einem Paradigmenwechsel und damit zu erheblich veränderten Ansichten in den Wissenssystemen geführt hat. Unter Anderem ergeben sich dort heute die wichtigsten wissenschaftlichen Widersprüche überhaupt. Selbst Albert Einstein verstand viele von ihm angestossenen Neuerungen nicht mehr. Jedenfalls konnte er sie nicht vollumfänglich akzeptieren. Seine gedanklichen Gefechte gipfelten beispielsweise in seinem berühmten Ausspruch: „Gott würfelt nicht." Gemeint war, dass es keine Zufälle gäbe und unsere Welt (von Gott) vorher bestimmt sei. Auch so manchem von uns will das im 21. Jahrhundert nicht gelingen. Gemeinsam kennzeichnend für unsere Wissenssysteme gilt daher:

Probleme können nie vom gleichen Bewusstsein(szustand) gelöst werden,
von dem sie einst kreiert worden sind.

Wie stark sich unser Bewusstsein bzw. vorzugsweise das der Physiker verändert hat, kann der folgenden Übersicht entnommen werden. Neben der „klassischen Physik" wurden in den letzten einhundert Jahren zwei völlig neue Fachrichtungen entwickelt.

ca. 3000 v. Chr.	ca. 1900	ca. 1930
Klassische Physik	**Relativitätstheorie**	**Atomphysik (Quantenphysik)**
Beschreibt Prozesse mit langsamen Geschwindigkeiten	Beschreibt Prozesse nahe der Lichtgeschwindigkeit	Beschreibt Prozesse im atomaren Bereich

Tabelle 1, Übersicht Physik

Um jedoch die neueren Erkenntnisse der modernen Physik vollends zu „begreifen", sei auf andere, sehr viel tiefer gehende Literatur des Anhanges verwiesen.

Vielleicht gelingt es aber dem Leser mit den folgenden Darstellungen zumindest die Grundaussagen der modernen Quantenphysik nachvollziehen zu können.

Die Physik der Beziehungen[4] (Quantenphysik)

Worin bestehen nun die wichtigsten Wandlungen im Wissen? Sicherlich auch in der Entwicklung der Quantenphysik, die nicht mehr nur als „Physik der kleinsten Teilchen", sondern neuerdings auch als „Physik der Beziehungen" bezeichnet wird.

„Der Welle-Teilchen-Dualismus ..."

Soll ein Zustand oder ein Sachverhalt mit wissenschaftlichen Mitteln beschrieben werden, so gilt die allgemeine Vereinbarung, dass die Beschreibung *exakt* und *eindeutig* sein muss. Dieser Grundsatz war noch vor wenigen Jahrzehnten unbestritten, er änderte sich jedoch mit jenen „merkwürdigen" Erkenntnissen, die sich aus der Quantenphysik heraus ergaben.

Sollte beispielsweise der Sachverhalt beschrieben werden, wie man sich Licht vorzustellen habe, das von der Sonne auf die Erde gelangt, so traten erste sehr ernst zu nehmende wissenschaftliche Problemstellungen auf. Licht kann nämlich zum einen als *Teilchen* und zum anderen als *Welle* betrachtet bzw. gedacht werden. Wird Licht als Teilchen gedacht, so muss es sich zu jeder Zeit an einem bestimmten Ort im Raum befinden. Es muss ortsgebunden sein. Wird Licht jedoch als Welle gedacht, so könnte sich die Lichtwelle über den ganzen Raum hinweg ausbreiten. Licht wäre also demnach nicht ortsgebunden.

Nach dem herkömmlichen Denken darf nur eine Beschreibung richtig sein. Das Licht verhält sich *entweder* wie eine Welle *oder* wie ein Teilchen. Jahrzehntelange wissenschaftliche Auseinandersetzungen haben aber gezeigt, dass offensichtlich beide Gedankenmodelle ihre Richtigkeit besitzen. Streng wissenschaftlich betrachtet, ist dies ein krasser Widerspruch in sich, zu dem ausgerechnet das wissenschaftlichste Fach aller Fächer - die Physik - gelangen musste. Noch immer kratzt die Beantwortung dieses Sachverhalts hart an der

[4] Die Begriffsprägung erfolgte u.A. durch Thomas Görnitz in seinem Buch „Quanten sind anders".

Substanz der Physiker. In der letzten Konsequenz scheinen nämlich alle gefundenen Aspekte immer nur *ein Ergebnis der vorher gehenden Fragestellung* zu sein.

„Wie bitte?", sollte man sich hier fragen. „Das soll nun streng wissenschaftlich sein?" Verschiedene Antworten können ein Produkt verschiedener Fragestellungen sein, die beide eigentlich ein und dasselbe Phänomen (Licht) erklären sollen? Dazu noch einmal zurück zu dem Beispiel:

Geht beispielsweise ein Versuchsaufbau davon aus, dass es sich bei der Lichtübertragung (Photon) um ein Teilchen handeln müsse, liefert ihm die zuvor erdachte Versuchsapparatur auch das Ergebnis, dass es sich bei Licht um ein Teilchen handelt. Entscheidend hierbei ist, dass das menschliche Bewusstsein oder besser die Laborperson, die die Versuche durchführt, das Ergebnis damit offensichtlich beeinflusst und dies sogar zwingend, permanent und allgegenwärtig! Oder anders formuliert: Jeder Versuch beruht letztlich auf einer subjektive Annahme oder einer subjektiven Versuchsdurchführung. Die Wissenschaften müssen sich daher von der Annahme trennen, dass es immer, überall und für jede Zustandsbeschreibung absolut objektive Kriterien geben kann.

Damit bricht eines der wichtigsten Dogmen der Wissenschaften, dass ein Experiment orts- und personenunabhängig durchgeführt immer zu den gleichen Ergebnissen führen muss, komplett in sich zusammen. Daraus folgt ausserdem, dass eine Teilung der Welt in ein zu beobachtendes System und einen unabhängigen Beobachter nicht mehr für alle Versuchsanordnungen möglich ist, weil - offensichtlich auch wissenschaftlich erwiesen - immer auch subjektive Einflüsse gegeben sind.

Hierin liegt einer der wichtigsten Beweggründe, warum sinnvoller weise immer mehr von einer (neuen) „Physik der Beziehungen" gesprochen wird. Nicht alles lässt sich mehr jederzeit und zu jedem Zeitpunkt exakt reproduzieren. Beziehungen - oder genauer gesagt: „ineinander verstrickte Wechselwirkungen" - bestimmen die Geschehnisse um uns herum. In dieser Erkenntnis liegt eine der fundamentalsten physikalischen Erkenntnisse der Neuzeit. Obgleich die Entdeckung auch weiterhin auf den Bereich der Atome und Elementarteilchen beschränkt ist, mit der Quantenphysik wurde eine *immer währende Wechselwirkung* zwischen Elementarteilchen entdeckt. Objektive Wissenschaften haben mit einem derartigen Sachverhalt erhebliche Mühe.

„Die Unschärferelation ...“

Als weitere Besonderheit stellten Quantenphysiker fest, dass es nicht möglich ist, den Ort und die Geschwindigkeit eines Teilchens gleichzeitig zu messen. Aus diesem Grunde wird bei kleinsten Teilchen nur noch von „Aufenthaltswahrscheinlichkeiten“ gesprochen. Eine exakte und vollständige Information über den Zustand eines Teilchens ist mit der herkömmlichen Vorstellung, dass ein Teilchen genau *einen* Ort und *eine* bestimmte Geschwindigkeit besitzt, nicht mehr vereinbar. Durch die Sicht der Wahrscheinlichkeiten ergibt sich jedoch auch eine Vielzahl recht unwahrscheinlicher (aber möglicher) Phänomene.
Dass sich z.B. ein Licht-Teilchen bei einem exakt eingegrenzten Experiment an einem bestimmten Ort aufhält, ist nur mit einer gewissen Wahrscheinlichkeit zu bestimmen; es kann oder wird (zu einem anderen Zeitpunkt!) mit einer gewissen Wahrscheinlichkeit auch an einem *anderen* Ort sein (bedingter Zufall)[5].
Auf einen Schlag sind damit die wichtigsten Dogmen der Wissenschaften zusammengebrochen. Es handelt sich um folgende Erkenntnisse:

- Verschiedene Aspekte bzw. Realitäten eines Phänomens werden zulässig (Welle/Teilchen).
- Das Bewusstsein ist in allen Fragestellungen mit eingeschlossen (die Systeme können nicht voneinander getrennt betrachtet werden). Es gibt damit keine rein „objektiven“ Aussagen mehr.
- Eine exakte Information, wo sich was in welchem Zustand befindet, ist für uns offensichtlich nicht vollständig abrufbar. Es bedarf des Begriffes von Wahrscheinlichkeiten, die wiederum auch scheinbar völlig unmögliche Phänomene zulassen[6].

[5] Sinngemässe Wiedergabe aus dem Buch von Joachim Wehler (S.106) „Wahrscheinlichkeit ist mangelndes Wissen. „Es muss Information vorhanden sein, die wir jedoch offensichtlich nicht abrufen können.“

[6] Der wissenschaftlich Gläubige bzw. Nichtwissende nennt das Phänomen auch „Wunder“. Interessant dabei ist, dass inzwischen auch Physiker extrem unwahrscheinliche Zustandswahrscheinlichkeiten anerkennen (müssen). In voller Konsequenz führt die Wahrscheinlichkeitsrechnung schliesslich so weit, dass völlig anormale Verhaltensweisen (von kleinsten Teilchen), die nur im x- millionsten Fall eintreffen, sich auch tatsächlich irgendwann einmal real manifestieren. Auch solche Fallbeispiele müssen also zwangsläufig in physikalische Erklärungsmodelle einbe-

Es sei hier deutlich darauf hingewiesen, dass diese Aussagen aus der Quantenphysik kommen und ihre Gültigkeit zunächst nur in der Welt der Quanten, der allerkleinsten Teilchen haben kann. Dennoch sind die Auswirkungen auf die Wissenschaften, also auf all die anderen bestehenden Wissenschaftszweige, bedingt anwendbar.

„Die Absolutheit der Lichtgeschwindigkeit ..."

Besonders problematisch für kartesisch[7] denkende Menschen ist die Betrachtung der Lichtgeschwindigkeit. Einsteins spezieller Relativitätstheorie zufolge, ist die Lichtgeschwindigkeit die absolut schnellste Geschwindigkeit, mit der sich Masse, Energie oder Information ausbreiten kann. Dass es dennoch eine „geisterhafte" Verbindung zwischen Elementarteilchen gibt, hat sogar schon Einstein zwecks Widerlegung der Quantentheorie zusammen mit zwei anderen Wissenschaftlern in seinem Einstein-Podolsky-Rosen-Experiment[8] gedanklich entwickelt. Er hat damit die Quantentheorie mit all ihren merkwürdigen Vorstellungen stoppen wollen und dabei unbewusst den Grundstein für eine noch zu konkretisierende Informationstheorie gelegt. In der Konsequenz bedeutet die Erkenntnis des Experimentes, dass *Information* schneller als mit Lichtgeschwindigkeit übermittelt wird. Und das, obwohl Einstein doch selbst die Aussage formuliert hatte, dass die schnellstmögliche Geschwindigkeit immer die Lichtgeschwindigkeit sei. Nur eine der Aussagen kann also stimmen. Entweder ist Licht das absolut Schnellste oder es ist die *Information.* Doch mit der Informationstheorie war es in den 30er Jahren des 20. Jahrhunderts noch nicht weit her. Seinerzeit wurde versucht, die Welt, die wir sehen und messen können, in diversen anderen Details neu zu erklären. So bereitete die gerade neu entdeckte Kopplung von Zeit und Raum dem allgemeinen Vorstellungsvermögen noch genügend Probleme. Weiterführende Fragen zur *Information* hatten in der damaligen Zeit also einen völlig untergeordneten Stellenwert.

---

zogen werden. Dass dies inzwischen geschieht, ist z.B. am Einzug des „Tunneleffektes" in der Quantentheorie ersichtlich.

[7] Erklärung auf dem Prinzip und Ursache und Wirkung basierend, wobei die Ursache immer nur einen bereits erklärbaren Ursprung haben darf. Diese Art des Denkens wurde von René Descartes eingeführt.

[8] Die theoretische Herleitung des Gedankenexperimentes erfolgte durch die drei Physiker *Einstein, Podolsky, Rosen* im Jahr 1935.

Wenn heute also die Lichtgeschwindigkeit als das absolut Schnellste anerkannt ist, würde dies bedeuten: Ein Teilchen, das sich schneller als mit Lichtgeschwindigkeit bewegt, wäre schneller, als sein eigener Energiegehalt es überhaupt erlauben kann. Der Gedankenlogik nach darf derartiges nicht entstehen, und gegen derartige Prinzipien darf somit auch nie verstossen werden.
Doch wer sagt, dass die Übertragung von Information zwingend über unser herkömmliches Energieverständnis definiert werden muss? Zudem besteht offensichtlich noch ein gravierendes Problem mit dem Zeitverständnis an sich. So sind zum Beispiel in der neuen „Physik der Beziehungen" Zeitensprünge, also unerklärlich schnelle Wechsel von Teilchenzuständen, ein weiteres Phänomen der Quantenmechanik (*Durchtunnelung* von Barrieren). Gemäss der klassischen Mechanik muss ein Teilchen, das eine Barriere überwindet, auch die dafür erforderliche Energie enthalten bzw. mit sich führen. Aufgrund der Wahrscheinlichkeitsnatur der Quantenphysik tritt das Phänomen der Durchtunnelung jedoch nach genügend langer Zeit sogar *zwingend* ein (und findet bereits seit längerem Anwendung in der Elektrotechnik).[9]
Es lohnt sich an dieser Stelle nicht, tiefer ins Detail zu gehen. Das Erstaunen jener, die sich noch nicht so intensiv damit auseinandergesetzt haben, würde nur weiter zunehmen. Doch die aufgeführten Beispiele deuten vor allem an, *warum* es so lange gedauert hat, derartige Phänomene zu akzeptieren, und warum sie bislang vor allem nur in einer *Physik der Beziehungen* Beachtung fanden.
Für die folgende Theorie/ Philosophie sind zunächst drei Aspekte von Bedeutung: Dass es bei der Betrachtung immer wieder um „Energien" geht, dass das Verständnis von Zeit aus der Quantenphysik heraus noch nicht ausreichend beantwortet werden konnte.

[9] Mario Livio: Das beschleunigte Universum, S. 143.
Oder anders gesprochen: Mit genügender Zeit wird ausreichend Energie bereitgestellt (angesammelt), damit eine Durchtunnelung stattfinden kann.

1.2 Der Wandel in sich selbst

Inzwischen sind wir an einem kennzeichnenden Merkmal des vor uns liegenden Gedankensystems angelangt. Es geht um die Frage nach den Antrieben des Wandels, bzw. der Grundlage jeglicher Veränderung. Nach Auffassung von Gelehrten besteht dieser aus dem Prinzip von

Kraft und Gegenkraft.

Kraft und Gegenkraft bewegen, bzw. verändern die Dinge. Sind nicht *beide Prinzipien* zusammen gegeben, so kann sich auch nichts verändern. Die Kunst des Erkennens besteht lediglich darin, sich dieser Prinzipien bewusst zu werden, und sie am Ende konkret zu benennen.

Damit sich etwas verändert, müssen *Kraft* und *Gegenkraft* eines gegebenen Systems auf eigenem, ganz spezifischem Gleichgewicht beruhen. Kennzeichnend für Kraft und Gegenkraft ist, dass beide ineinander übergehen, sich also damit auch gegenseitig in ihrer Intensität beeinflussen. Aus *Macht* kann *Opposition* werden und aus *Glaube* kann *Wissen* werden. Somit inspirieren sich beide Kräfte gegenseitig. Wird ein Prinzip stark, wächst auch das andere. Selbst kurzfristig gesehen ist keines der beiden Prinzipien existenzfähig oder gar messbar, solange nicht zugleich auch das entsprechende Gegenprinzip gegeben ist. Schliesslich ist kein *Glaube* als solcher zu identifizieren, wenn nichts „gewusst" wird. Oder kein Minuspol kann als solcher identifiziert werden, solange kein gegensätzlicher Pluspol gegeben ist. Schlussendlich darf also keines der Prinzipien zu stark werden oder gar versuchen, dem anderem die Existenz zu entziehen. Tun sie es doch, berauben sie sich ihrer eigenen Antriebe und damit ihres eigenen (langfristigen) Bestandes.

Weitere Beispiele für bestens bekannte Dipole sind im Folgenden in ihre spezifischen Wirkungen unterteilt:

Spezifische, abgrenzbare Gleichgewichte		
Kraft	**Gegenkraft**	**(Wirkung)bewegt ...**
Warm	kalt	Temperaturausgleich
Plus	minus	elektrische Energie
Nord	Süd	magnetischer Fluss
Gut	böse	menschlicher Charakter
Weiss	schwarz	Farbübergänge
...	...	...

Tabelle 2, spezifische Gleichgewichte

Es gibt dabei auch Dipole in übergeordneten Veränderungsprinzipien, bei denen die Kräfte ineinander übergehen. Hierzu gehören:

Allgemein gültige (übergeordnete) Gleichgewichte		
Kraft	**Gegenkraft**	**(Wirkung) bewegt ...**
Yin	Yang	das chin. phil. Ganze
Macht	Opposition	Glaubensstrukturen
weiblich	männlich	die biologische Fortpflanzung
niedrig	hoch	z.B. Höhenunterschiede, Druckunterschiede, Konzentrationsunterschiede (Dichte, Intensität ...)
Glaube	Wissen	das menschl. Bewusstsein
Schicksal (Gnade)	Wille	unser Sein
...	...	...

Tabelle 3, übergeordnete Gleichgewichte

Was kann dieser Gegenüberstellung entnommen werden? Eine der zukünftigen menschlichen Herausforderungen besteht wohl sicherlich darin, Dipole im Speziellen (konkret) zu benennen und ihr zukünftiges Verhalten (über Wahrscheinlichkeiten) möglichst genau abschätzen zu können.

Das Bewusstsein einbeziehen

Um solche Abschätzungen vornehmen zu können, müssen wir uns darüber klar werden, inwiefern unser menschliches Bewusstsein in solche Prozesse mit einzubeziehen ist. Folglich unterscheiden wir zunächst zwischen „bewussten“ und

„unbewussten“ Handlungen.
Von besonderem Interesse sind vor allem die „bewussten Handlungen“. Darunter sind Handlungen zu verstehen, bei denen vor dem Handlungsbeginn zuerst ein gedanklicher Vergleich zwischen der Aussen- und der Innenwelt, also zwischen der „Umwelt“ und dem (inneren) „Selbst“ stattgefunden hat. Erst wenn also Aussen- und Innenwelt in einem Gehirn gedanklich voneinander getrennt werden können, kann von einem *Bewusstsein* und schliesslich auch von einem menschlichen *Bewusstsein* gesprochen werden. Bekanntes (*Wissen*) wird mit Unbekanntem abgeglichen. Der Vergleich von Aussen- und Innenwelt ist sicherlich ein erster wichtiger Schlüssel zum Verständnis des menschlichen Bewusstseins und wurde u.a. von Nicholas Humphrey[10] wissenschaftlich hergeleitet.
Das vorliegende Gedankensystem wird unter anderem aufzeigen, dass alles miteinander zusammenhängt und alles miteinander „kommuniziert“.

Einer der Aspekte unseres menschlichen Bewusstseins ist es,
sich zukünftig vermehrt der unbewusst ablaufenden Dinge bewusst zu werden
und damit unser Wissen und schliesslich unsere Gedanken zu mehren.

Unser Bewusstsein einzubeziehen bedeutet aber auch, unsere Verschiedenheit, unsere *individuelle Vielfältigkeit* als Stärke anzuerkennen. Damit etwas in unser Bewusstsein dringt, müssen wir uns ein geistiges Bild erzeugen. Jeder Einzelne tut es für sich in unterschiedlicher Weise. Aber allen ist gemeinsam:

Die Stärke unseres Bewusstseins
ist die Stärke unserer vielfältigen Gedanken.

Gegenüber anderen Lebewesen verfügen wir Menschen nämlich über eine zusätzliche formende Kraft. Unser gedanklicher Vergleich von Aussen- und Innenwelt ist sicherlich ein wesentlicher Schlüssel zum Verständnis des menschlichen Bewusstseins. Er steht uns zur Verfügung, weil wir gedanklich planen können, indem wir zwischen „Innenwelt“ und „Aussenwelt“ unterscheiden, gleich wohl aber auch weil wir gedanklich unser „Ich“ definieren, wodurch wir

[10] Weitere Informationen im Buch: „Die Naturgeschichte des Ich“ von Nicholas Humphrey.

ein entsprechendes „Selbstbewusstsein“ entwickeln können. Letztlich entsteht darüber eine zusätzliche formende Kraft: *Die Kraft unserer Gedanken.*

1.3 Der Wandel zur Raum-Zeit-Information

Neue Erkenntnisse sollen nun in den folgenden Kapiteln dargestellt werden. Anfangs geht es darum, die Begriffe *Kommunikation* und *Diversifikation* gedanklich zu erweitern. Im Anschluss daran wird ein wissenschaftlich oft gebrauchtes Dogma

„Alles ist eine Form von Energie“

hergeleitet. Um diesen Gedankengängen am Ende zustimmen zu können, wird zuvor das bisherige Verständnis von *Raum* und *Zeit* zur Diskussion gestellt. Dafür wird sowohl die bisherige Sicht der dreidimensionalen Räume, als auch unsere Vorstellung vom Wesen der Zeit etwas aktualisiert. Die anstehende Reise in die Welt der Physik und Metaphysik kann also beginnen.

2 Kommunikation und Diversifikation

2.1 Einführung

Über die Bedeutung und Benennung von universellen Gesetzen ist bereits seit Menschengedenken ausgiebig philosophiert worden. Dabei lautet eine der formulierten Erkenntnisse, dass die Rolle des Betrachters mit dem gesamten System unlösbar verbunden zu sein scheint - im Grunde genommen eine zutiefst subjektive Erkenntnis. Grosse Philosophen, aber auch unbedeutende Metaphysiker kamen immer wieder zu diesem Schluss, der sich wohl am deutlichsten wie folgt beschreiben lässt:

Im mystischen Fühlen erfassen wir die Wahrheit von innen,
und die ist wie sie sein soll,
ein Teil von uns selbst,
grossartig und einfach
und die tiefste Wahrheit des Seins in sich selbst [11].

„Grossartig und einfach", und immer wieder mit dem Betrachter selbst verbunden. Genau dies werden die folgenden Kapitel verdeutlichen. Dabei werden neben mystisch anmutenden Vorstellungen auch oft formulierte Gedanken von wiederkehrenden Kreisläufen und Zyklen einbezogen werden. Doch auch die Bilder von uns selbst bzw. die physikalischen Bilder vom Aufbau unseres Universums werden fortlaufend angepasst. Wie in der Einleitung beschrieben, sind alle Gedankensysteme stets mit dem jeweilig herrschenden Zeitgeist verbunden und verändern sich nur langsam. Schon deshalb wird auch die vorliegende Theorie einiges mehr, aber lange nicht alles beantworten können. Und weil sich der Wandel auch in uns selbst vollzieht, gilt vorher wie nachher: Jeder wird „seine" eigenen Antworten finden - sofern er danach sucht, - oder wie in vormaligem Zeitgeist verschlüsselt formuliert: "Erkenne Dich selbst".

Für den Entwurf von allgemein gültigen Antworten gibt es eine grundlegende Bedingung. Die Antworten müssen sich nach Joachim Wehler „grossartig und einfach" in das bisherige Gedankensystem einfügen können. Ein Vorgehen, das

[11] Hans Peter Dürr: Physik und Transzendenz. Die grossen Physiker unseres Jahrhunderts über Ihre Begegnung mit dem Wunderbaren. Aus seinem Buch „Mystik der Welt", S. 27.

in allen Gedankensystemen, sowohl in mystischen, als auch in wissensorientierten Gedankensystemen, erfolgreich zum Einsatz kommt.
Worin besteht nun die Neuerung, die benötigt wird, um die universellen Gesetzmässigkeiten an die heutige Zeit anzupassen? Die Neuerung bzw. Veränderung liegt vor allem in der Bedeutung des „*Energie*"- Begriffes. Dieser hat sich insbesondere in der neueren Zeit immens stark verändert und wird als solcher heute völlig anders verwendet als noch vor etwa 100 Jahren. Heute umgeben uns unterschiedlichste Arten von Energie im alltäglichen Leben. Auch bestimmt durch den physikalisch-technischen Fortschritt, sprechen wir inzwischen völlig selbstverständlich von den Energieformen

Kohlekraft, Kernkraft, Wasser-, Wind- oder Solarenergie,
Biogas, Brennstoffzelle, ...

Auch physikalisch betrachtet gibt es schon seit längerem verschiedenste Einheiten, die ganz offensichtlich alle mit *Energie* in direktem Zusammenhang stehen. Dazu folgende Beispiele:

Einheit	**Symbol**	**Benennung/Bedeutung/(Wirkung)**
Newtonmeter	Nm	Arbeit, Energie
Watt	W	Strahlungsenergie
Joule	J	Wärmeenergie, chemische Energie
Ampére	A	Stromstärke
Frequenz	Hz	Schwingungen[12]
Candela	cd	Lichtstärke

*grau hinterlegte Texte sind SI-Grundeinheiten[13]

Tabelle 4, Wirkungen von Energie (I)

Ebenso nehmen folgende physikalische Einheiten einen besonderen Stellenwert ein, - sofern ein Prozess aus energetischer Sicht betrachtet wird.

[12] Die Forschungsdisziplin Kymatik (Kima, griech.= Welle) beschäftigt sich beispielsweise mit der Wirkung von Schwingungen auf Materie.
[13] Dass unsere SI-Grundeinheiten nicht aufeinander aufbauen, sei hier nur nebenbei angemerkt. Vielleicht findet der Eine oder Andere den Mut, sie neu zu ordnen bzw. neu zu systematisieren ...

Einheit	Symbol	Benennung/Bedeutung/(Wirkung)
Kelvin	K	Temperatur (der innere Energiegehalt ...)
Pascal	Pa	Druck (der innere Energiegehalt ...)
Sekunde	s	Zeit (je mehr Zeit zur Verfügung steht, desto deutlicher die Veränderung)
Meter pro Sekunde	m/s	Geschwindigkeit (Verbindung von Energie und Raum ...)
Kilogramm	kg	Masse (Verbindung von Energie mit Materie, im Sinne der klassischen Physik)
Mol	mol	Menge einer chem. Substanz (Verbindung mit der Materie im Sinne der Chemie)

Tabelle 5, Wirkungen von Energie (II)

Viele physikalische Einheiten stehen also im Zusammenhang mit Energiebetrachtungen. Und doch gibt es noch viele weitere physikalische Einheiten, mit denen all die für uns inzwischen völlig elementar erscheinenden Prozesse energetisch beschrieben werden. Auch hierzu einige ausgewählte Beispiele:

Einheit	Symbol	Benennung/Bedeutung/(Wirkung)	
Dezibel Phon	dB phon	Akustik	(Schalldruckpegel) (Lautstärkepegel)
Volt Tesla	V T	Elektro- Magnetismus	(elektr. Spannung) (magn. Flussdichte)
Sievert Becquerel	Sv Bq	Kernreaktionen	(Äquivalentdosis) (Aktivität)

Tabelle 6, Wirkungen von Energie (III)

Anhand der Beispiele soll verdeutlicht werden, dass alle aufgeführten Einheiten offensichtlich mit „Energie“ zu tun haben, - wenn auch auf durchaus spezifische Art und Weise. Demnach wäre auch der Schalldruck oder die Radioaktivität nichts weiter, als eine Form von Energie, die uns spezifisch vermittelt, wie *laut*, wie *hell*, wie *kalt* wie *magnetisch* oder eben wie *radioaktiv* eine bestimmte Substanz in ihrer Umgebung strahlt. Alle bislang aufgeführten physikalischen Einheiten enthalten also eindeutige, bereits bekannte Aspekte zur Beschreibung von energetischen Vorgängen.

Allgemeiner formuliert sind uns also inzwischen eine Vielzahl von physikalischen Einheiten geläufig. Mit ihnen werden all die uns umgebenden Prozesse im Zusammenhang mit Energie beschrieben. Doch das wirklich Beeindruckende dabei ist, dass noch immer keine übergreifende bzw. allgemein verbindliche Definition für den Begriff „Energie" gegeben ist.

Es gibt bislang keine (!) übergreifende Definition
des Begriffes „Energie!"[14]

Wann immer wir auch von „Energie" sprechen, meinen wir lediglich eine ganz bestimmte *Form* (von Energie) bzw. einen ganz spezifischen Prozess. Der eine spricht von *Akustik*, der andere von *Radioaktivität* und wieder ein anderer spricht von *technischer Arbeit* oder von *elektrischer Energie*. Doch warum gibt es keine umfassend und allgemein gültige Definition? Würde dies gelingen, so könnten uns etwaige verbindende Muster zwischen den verschiedenen Energieformen klarer erscheinen als bisher.
Sicherlich liegt eine Ursache für das Fehlen eines allgemein gültigen Energiebegriffs darin, dass der jeweilig betrachtete Prozess isoliert gesehen wird; dass also z.B. Strahlungsenergie nur als Strahlung und elektrische Energie nur als Strom betrachtet wird. Diese Vorgehensweise soll hier keinesfalls in Abrede gestellt werden, denn nur so ist es uns Menschen überhaupt gelungen, alle bisher erreichten Entwicklungsstufen zu erklimmen. Und genau diese Methode wird sich zweifellos auch zukünftig als besonders effektiv erweisen. Doch verblüffend ist es dabei schon, dass durch die isolierte Sichtweise eine Gesamtsicht der Dinge (gedanklich) bisher offenbar ausgeklammert wurde.
Was jedoch ist *Energie* nun genau? Gibt es eine bestehende Struktur? Welche Unterteilungen wären sinnvoll, damit die bestehende physikalische Ordnung

[14] ... auch wenn jedes Lexikon eine Erklärung für „Energie" parat zu haben scheint. Unverständlich für unsere heutige Zeit ist, dass ein derartig elementarer Begriff noch immer von jedem Lexikon unterschiedlich aufgefasst werden kann.
Selbst eine Definition für „Formen von Energie" scheint bislang noch nirgendwo in überzeugender Art und Weise aufgeführt zu sein.

nicht in Frage gestellt wird? Ein erster Ansatz des Problems liegt wohl einfach nur in einer veränderten Betrachtung oder genauer gesagt: in einer erweiterten Betrachtung des Begriffes „Energie“ selbst.

Alles ist nur eine „Form von Energie“?

Sicherlich kann *Energie* nicht befriedigend mit dem Vorhandensein von *Energieformen* allein erklärt werden. Ihre einzelnen Bestandteile müssen aus etwas anderem bestehen als nur aus Energie. Damit eine derartige Suche in Angriff genommen werden kann, müssen zunächst Begriffserweiterungen bzw. Veränderungen vorgenommen werden. So braucht es neben dem bereits erweiterten Energiebegriff auch einer Erweiterung des Begriffes „*Diversifikation*“.
„Diversifikatorische“ Betrachtungen wurden bisher vor allem auf betriebswirtschaftliche Prozesse übertragen. In diesem Zusammenhang steht eine „Diversifikation“ für die Ausbreitung bzw. zusätzliche Absicherung eines Unternehmens hinsichtlich seiner bestehenden Produktpalette, um damit gestärkter bzw. krisenresistenter im komplexen Wirtschaftsmarkt agieren zu können. Auch Finanzfachkräfte machen von dieser Strategie Gebrauch und *diversifizieren* beispielsweise ihr Kapital in unterschiedlichen Anlageformen oder Branchen, um damit die Risiken eines Verlustes zu minimieren. Genau dieses Verständnis von Diversifikation wird erforderlich, um nachfolgend das Wesen von *Energie* erweiternd bzw. neu betrachten zu können. Fortab sollen daher alle bekannten Energien lediglich als „Energieformen“ bezeichnet werden. Und der Begriff der „Diversifikation“ soll im vorliegenden Rahmen, statt bisher nur auf wirtschaftliche Prozesse, nun auch auf den Geltungsbereich der *Energie* bezogen werden.

2.2 Alles ist „Energie“

Es war wohl Albert Einstein, der mit seiner berühmten Formel

$$E = m \cdot c^2$$

den Energiebegriff in bisher bedeutendster Weise revolutioniert hat. Seine Formel enthält einige sehr ungewöhnlich anmutende Aussagen, die bis zu ihrer Veröffentlichung im Jahre 1905 noch völlig unbekannt waren. Auch heute noch erscheinen die Darlegungen als hypothetisch oder schwer nachvollziehbar, und dennoch revolutionierten sie schon damals das bestehende physikalische Denken in sehr beeindruckender Weise.
Die Einsteinformel besagt, dass Masse (m) mal der Lichtgeschwindigkeit (c) zum Quadrat mit „Energie“ (E) gleichzusetzen ist. Damit erweckt diese Formel den Eindruck, dass Energie nun abschliessend definiert sei. Der dargestellte Aspekt gilt jedoch nur für ruhende Massen (m). Dass sich die Erde gegenüber anderen Himmelskörpern selber auch bewegt, ist darin nicht berücksichtigt. Dafür sind in der Formel zwei andere Geschwindigkeiten enthalten. Einerseits ist sie bei Ruhemassen nämlich gleich „null“, andererseits kommt der Faktor „Lichtgeschwindigkeit zum Quadrat“ zur Anwendung. Dies führt entweder zu scheinbar belanglos hohen Energiewerten[15] oder gar zu unendlich hohen und damit undefinierbaren Energiezuständen.
Albert Einstein erkannte vor allem, dass Masse - also einfache Materie – stets als Energie aufgefasst werden kann. Noch allgemein gültiger formuliert: Über die Einsteinformel ist festgelegt, dass Materie (die sich langsam oder besser gar nicht gegenüber anderen Körpern auf der Erde bewegt) nichts anderes als eine „Form von Energie“ darstellt. Wird nun dieser Gedanke weitergeführt, so steckt damit bereits in dieser kleinen Formel die faszinierende Aussage, dass

alles Materielle um uns herum bereits Energieform ist.

Worin besteht nun „all“ das Materielle? Nun, es sind alle Pflanzen, Tiere, Steine, Gase und Flüssigkeiten, also „alles“, was wir anfassen, sehen oder ertasten können. Dass dies „alles“ sogar schon von Albert Einstein als Energie*form* (!)

[15] Eine Masse von 1 kg enthält beispielsweise etwa eine Energie von 9 x10^{16} Joule.

verstanden wurde, und nicht nur als blosse „Energie“, mag den einen oder anderen vielleicht erstaunen. Es gilt darum festzuhalten, dass die Grundidee von Albert Einstein stammt, - auch wenn das verwendete Formelzeichen „E“ etwas anderes, mysteriös Übergreifenderes zu beschreiben scheint.

Konsequenterweise liegt der Grund für die unterschiedlichen Betrachtungsmöglichkeiten in den verschiedenen Geschwindigkeiten. Auch deshalb erweist sich wohl die „richtige“ Interpretation der Einstein'schen Beziehung als so derartig schwierig. Es galt nämlich die Frage zu beantworten, ob man sich auf *unbewegte (bzw. langsame)* Materie oder auf *extrem schnelle Geschwindigkeiten* beziehen wollte. Beide Aspekte sind in der kleinen aber bedeutsamen Formel zusammen verpackt. In dieser Hinsicht hat das Ganze auch einen sehr menschlichen Aspekt: Selbst Albert Einstein war sich nämlich nicht immer sicher, ob er nun den Schwerpunkt seiner Energiebetrachtung besser auf langsam bewegte Massen ausrichten sollte (korrekt auf ruhende), oder lieber auf extrem schnelle Materie, nahe der Lichtgeschwindigkeit. Auch er nahm im Laufe der Zeit verschiedene Standpunkte ein. Wie sich noch zeigen wird, haben anscheinend beide ihre Berechtigung; der eine führte zur Festschreibung der Materie als „Energieform“, während der andere bereits Hinweise zur Klärung von Energie in sich trägt.

Auch aus diesem Grund machte es bisher nur wenig Sinn, den Einstein'schen Energiebegriff auf unsere alltäglichen Prozesse anzuwenden. Abgesehen von einigen wenigen physikalischen Anwendungen wie z.B. in der Astrophysik blieb der Energiebegriff darum bis heute ein abstrakt theoretischer Begriff. Offensichtlich scheint die Problematik der Lichtgeschwindigkeit in unserem materiell behafteten Denken nur schwer zu fassen zu sein.

Eine wichtige Aussage besteht „einfach“ darin, dass jegliche Materie, die sich langsamer als das Licht bewegt, nun als *„Form von Energie“* angesehen wird. Mithilfe dieser Präzisierung kann die Einstein'sche Formel wie folgt modifiziert werden:

Alles Materielle um uns herum ist eine „Form von Energie“
- sofern es sich bewegt. [16]

Genau genommen bewegt sich *alles* um uns herum. Dies scheint unseren Beobachtungen zunächst zu widersprechen, zumal sich Pflanzen oder Gesteine - aus unserer Sicht heraus betrachtet - doch gar nicht zu bewegen scheinen. Schliesslich befinden sie sich immer am selben Ort. Und dennoch gilt der Begriff der „Bewegung“ auch für diese Art der Materie. Solche Materie ist nämlich mit dem Planeten Erde verbunden, der bekanntlich mit recht hoher Geschwindigkeit um die Sonne kreist. Allein durch diese Verbindung *bewegt* sich alles, was sich auf oder direkt um unseren Planeten Erde herum befindet. Genau betrachtet gilt diese Aussage natürlich nicht nur für die Erde, sondern für alle Sterne, Planeten, Quasare, Sonnen, Kometen, Monde oder sonstige Materieansammlungen in unserem Universum. Es scheint so, als sei *alles* (Materielle) in unserem Universum in Bewegung und erfüllt damit die Voraussetzung als „Form von Energie“.

Ist erst einmal die Aussage akzeptiert, dass *bewegte Materie* als eine *Form von Energie* aufgefasst werden kann, so spricht nichts dagegen, weitere zusätzliche Freiheitsgrade in die bestehenden Überlegungen einzuführen. Warum sollte neben bewegten materiellen Dingen nicht auch *Immaterielles* als eine Form von Energie betrachtet werden können, sofern es sich bewegt? Das *Prinzip der Bewegung* gilt dabei als Bedingung, welche zwingend erfüllt sein muss. Somit können Materielles und Immaterielles gleichermassen als „Form von Energie“ verstanden werden[17].

Wie nun die einfachste *immaterielle Form* aussieht, wissen wir ebenfalls bereits

[16] Dass die Idee der Energieformen nicht wirklich neu ist, sondern von Albert Einstein für alle materiellen Formen bereits postuliert worden ist, wurde gerade erwähnt. Allein dieser Aspekt führt schon zu weitreichenden Erkenntnissen, wenn die Ergebnisse nur konsequent auf alle bekannten Massen übertragen werden.
Eine definitive Erweiterung zur bekannten Einsteinformel besteht in der hier vorgestellten absoluten Bewegung, die nach heutigen Erkenntnissen, auch für „Ruhemassen“ gilt. Die Neuerung führt später zur Unterteilung in „innere“ und „äussere“ Energie. Was unter dieser absoluten Bewegung zu verstehen ist, wird gleich im Anschluss dargestellt.

[17] Die Einsteinformel erlaubt es auch, dass Elementarteilchen - also so genannte masselose Teilchen-, sich mit Lichtgeschwindigkeit bewegen dürfen, ohne dabei in unendliche undefinierbare Zustände überzugehen. Solche immateriellen Energieformen verfügen über spezielle Welleneigenschaften und damit nicht mehr über die üblichen Verhaltensweisen der Materie, folglich können sie sich auch mit Lichtgeschwindigkeit fortbewegen (Beispiel: das Photon).

spätestens seit Albert Einstein. Immaterielles ist beispielsweise unser Licht! Aus dieser Betrachtung heraus spricht auch die Einsteinformel nicht dagegen, Immaterielles mit Materiellem gleichzusetzen, sofern es sich bewegt. Schliesslich erfüllt das Beispiel des immateriellen Lichtes bereits die Einstein'sche Bedingung. Was liegt da noch näher, als die folgende erste und noch näher zu erläuternde Schlussfolgerung zu formulieren:

Alles um uns herum,
das Materielle und das Immaterielle,
ist eine Form von Energie,
sofern es sich bewegt.

Also vereinfacht: Weil sich alles bewegt, ist ...

... alles eine „Form von Energie“.

Als Form von Energie soll also fortan alles aufgefasst werden: Strahlungen (Wärme), Materie, Leben, feste, flüssige und gasförmige Stoffe, Tiere, Pflanzen, physische Kraft, Geruch, Geschmack, Farbe ... Nicht nur Temperatur oder Materie ist Energieform, sondern *alles*, was in unserem Universum oder auf unserem Planeten besteht. Auch Immaterielles, wie beispielsweise Wärmestrahlen, magnetische Strahlung oder radioaktive Strahlung. Es gilt lediglich die Bedingung, dass es sich (durch unseren Raum hindurch) *bewegt* ![18]
Eigentlich ist es doch beieindruckend, wie viele physikalische Energieformen uns inzwischen als völlig selbstverständlich erscheinen. Wird Materie mit dem

[18] Für diejenigen, die es nicht glauben möchten, sei in einem einfachen Beispiel aus der Biologie aufgezeigt, dass Licht, also absolut Immaterielles, uns schon seit langem als eine „Form von Energie“ bekannt ist. Licht „formt“ beispielsweise den Pflanzenwuchs. Die Richtung des Pflanzenwuchses verläuft immer in Richtung des Lichtes. Ohne die Energie des Sonnenlichtes würde keine Pflanze auf unserem Planeten überleben können. Licht als Energiequelle ist aber auch für den Ablauf diverser weiterer chemischer Reaktionen verantwortlich (Photosynthese, Fluoreszenz, usw ...) Zudem gibt es neben dem Licht beispielsweise die Wärmestrahlung, die verschiedene *chemische* oder *biologische* Reaktionen anstösst. So schmilzt zum Beispiel Eis bei Null °C. Die Energieform *Wärme* „formt“ also die Eigenschaften des Wassers. Andere bekannte *immaterielle* Energieformen - wie beispielsweise die radioaktive Strahlung - führen ab einer bestimmten Strahlendosis zu Mutationen und schliesslich zur Zerstörung bei biologischen Vorgängen. Wir alle kennen also diverse Anwendungen und Beispiele für immaterielle Energieformen, die ihre Umgebung (ver)formen.

Faktor der Lichtgeschwindigkeit (im Quadrat) multipliziert, so kann sie also mit „Energieform“ gleichgesetzt werden. Den vorhergehenden Ausführungen nach spricht nun auch nichts mehr dagegen, selbst *Immaterielles* als Energieform aufzufassen, - sofern es sich bewegt. Wir werden feststellen, am Ende wird Vieles sehr viel „klarer“ und „einfacher“ erklärbar, wenn sowohl Materie als auch immaterielle Formen nicht mehr nur als einfach als *Energie*, sondern als *Energieformen* betrachtet werden.

Verblüffend scheint dabei der Gedanke, dass sogar Lebewesen zukünftig (nur noch) als eine Form von Energie verstanden werden können. Auch wir Lebewesen bestehen aus Materie, auch wir transportieren bei Bewegung unsere Eigenschaften mit uns durch den Raum hindurch, genau wie die anderen Formen auch. Einer der wenigen Unterschiede zur unbelebten Materie ist sicherlich die eigene Reproduzierbarkeit und die Möglichkeit der Fortbewegung. Weil sich jedoch alles, was sich auf der Erde befindet, bereits rasend schnell durch den Weltraum bewegt, ist die zusätzliche Fortbewegung der Lebewesen - relativ gesehen - praktisch gleich schnell bzw. gleich langsam.

Bei einer umfassenderen Betrachtung wird deutlich, dass ähnlich wie die Physiker oder Chemiker auch die Biologen (gedankliche) Unterteilungen ihrer beobachteten Prozesse vorgenommen haben. Sie unterteilen die Lebewesen in Säugetiere, Reptilien, Vögel, Fische und Insekten beziehungsweise in eine Vielzahl von Familien, Gattungen, Arten und Rassen. Auch in der Biologie wurden verbindende oder trennende Eigenschaften von Lebewesen gesucht beziehungsweise gefunden. Sie sind dabei (gedanklich) genauso vorgegangen wie die Physiker und die Chemiker. Alle unterteilen - beziehungsweise unterscheiden - „Formen von Energie“ nach ihren gegebenen Eigenschaften. Die bestehenden Ausprägungen von Energieformen sind also noch weitaus vielschichtiger, als es die Physiker und Chemiker bereits definiert haben. Die Biologen ergänzen bzw. verfeinern dieses Bild. Dass Energie letztlich nur von einer Form in eine andere umgewandelt wird, gilt daher auch für alle Lebewesen.

Egal ob wir Menschen entsprechende Pflanzen oder Tiere als Nahrung zu uns nehmen, unsere Nahrungsaufnahme hat immer zum Ziel, genau die erforderlichen Energieformen aufzunehmen, die unserem eigenen Überleben von Nutzen sind. Alles, was wir Lebewesen an Nahrung zu uns nehmen, dient dem

Zweck der Energieaufnahme. Auch die Atmung ist nur eine Form der Energieaufnahme. Hier ist es vor allem die Form „Sauerstoff“, die der Form „Luft“ entzogen wird und uns so als lebensnotwendige Energiequelle dient. Nach dem gleichen Prinzip dient beispielsweise die Energieform „Fliege“ der Energieform „Vogel“ dem Überleben.
Es gibt also vielzählige Energieformen, die unser Leben bestimmen und uns bereits als „Energielieferanten“ bekannt sind. Was sollte daher noch dagegen sprechen, auch Tierarten oder Gattungen zukünftig als „Energieform“ aufzufassen? Bald wird deutlich werden, dass die verbindenden Mechanismen von Energieformen überall in unserem Universum genau gleich funktionieren. Der Begriff der „Energieformen“ geht damit weit über die bisher akzeptierten „herkömmlichen“ Energieträger (Strom, Wasserkraft) hinaus. Mit dieser Betrachtung eröffnen sich jedoch ganz neue Möglichkeiten, verbindende Strukturen und Muster in unserer Welt aufzuspüren.

Ein spezifisches, beziehungsweise verbindendes Muster bei der Betrachtung von Energieformen ist die „Wirkung“. An dieser Stelle kann bereits folgende festgehalten werden:

Keine Wirkung ohne Energieform.

Energieformen „*wirken*“ auf andere ein - entweder direkt oder indirekt. Oder, etwas spezieller formuliert:

Eine Energieform „formt“,
wenn sie in direkter Wechselwirkung mit
einer anderen (Energie-)Form steht.

So wie beispielsweise der Wind das Wasser zur Welle formt, so formt auch das Nährstoffangebot oder die gegebene Menge an Sonnenlicht das Wachstum von Pflanzen. So wie die Anwesenheit unterschiedlichster chemischer Elemente verschiedenste Reaktionen (Umformungen) auslöst, so formt „Sauerstoff“ die Form „Kohlenstoff“ zur Form „Kohlendioxid“. Jede Form steht offensichtlich in

Wechselwirkung mit anderen Formen. Und erst die *Wechselwirkung* zwischen den Formen hat zur Folge, dass alles um uns herum so ist, wie wir es sehen bzw. als real empfinden.
Bei all diesen Betrachtungen gilt selbstverständlich der allseits bekannte *Energieerhaltungssatz*, wonach Energie nicht vernichtet, sondern nur in eine andere Energieform überführt werden kann. Physikalisch ist dieses Prinzip schon seit langem bekannt, doch die Anwendungsgebiete waren bisher zumeist auch auf rein physikalische Prozesse beschränkt. Somit hat der Erhaltungssatz mit der vorliegenden begrifflichen Erweiterung auch eine erweiterte Anwendung erfahren. Neben den physikalischen Vorgängen gilt er nun auch für alle chemischen und biologischen Vorgänge.

Zusammenfassend soll also fortan *Materielles* und *Immaterielles* als eine „Form von Energie“ verstanden werden. Eine Erweiterung der Einsteinformel besteht darin, dass „Energie“ einerseits als etwas unendlich grosses Absolutes und andererseits als etwas endliches Kleines betrachtet werden kann. Sinnvollerweise sollte daher zwischen „Energie“ und „Energieform“ unterschieden werden. Bewegung stellt ein zwingendes Kriterium für alle messbaren Energieformen dar. Sie ist jedoch schon allein dadurch gegeben, dass unser Planet Erde um die Sonne kreist.

Alles ist eine Form von Energie - weil es sich bewegt.

Dass nun auch alle uns bekannten Lebensformen als eine Form von Energie betrachtet werden sollen, erscheint zunächst etwas gewöhnungsbedürftig. Die Thematik zeigt aber, dass Chemiker die chemischen Formen und Biologen die biologischen Formen bereits nach unterschiedlichen Eigenschaften klassifizieren konnten. Die Klassifizierungssysteme bleiben auch heute sehr geeignet, die vielen Energieformen hinsichtlich ihrer Eigenschaften voneinander zu unterscheiden. Alle stehen jedoch in noch zu klärender Wechselwirkung zueinander und *formen* genau dann, wenn sie etwas *bewirken*.

2.3 Diversifikation

Von nun an sollen Formen von Energie als abgegrenzte, eigenständig definierte *Objekte* verstanden werden. Damit wird „alles“, was sich in seinen Eigenschaften voneinander unterscheidet, zu einem eigenständigen Objekt. Inbegriffen sind dabei nicht nur die Unterscheidungen zwischen Hund und Katze, weil sie sich beispielsweise unterschiedlich bewegen. Inbegriffen sind auch immaterielle Eigenschaften wie beispielsweise ihre Verhaltensweisen oder Gerüche. Diese Unterteilung ist nicht neu. Die Erweiterung besteht aber darin, dass wir nun von eigenständigen, objektartigen Energieformen sprechen.

Die Energieform Mensch beispielsweise setzt sich folglich aus den Energieformen Haut, Haare, Arme, Beine, physische Kraft und so weiter zusammen. Auch der Mensch kann also als eine Form von Energie verstanden werden, und all seine Teile, aus denen er besteht, ebenfalls. So wird klar, dass diverse Energieformen erforderlich sind, aus denen sich andere, übergeordnete Energieformen wiederum zusammensetzen, - egal ob ein Mensch betrachtet wird, ein Tier, ein Baum oder ein Fernseher. Wie weit diese Betrachtung heruntergebrochen wird, ob also beispielsweise die Form „Blut“ differenzierter in rote- und weisse Blutkörperchen unterteilt wird oder ein „Fernseher“ in die Form Röhre, Transistor oder Gehäuse, ist dabei letztlich unerheblich. Es interessieren besonders die gegebenen Eigenschaften der jeweils betrachteten Energieform des jeweils betreffenden Objektes.

Chemiker oder Physiker gehen bekanntlich mit ihren Analysen bis auf den atomaren Bereich bzw. bis in den Bereich der Elementarteilchen zurück (zur Zeit werden die kleinsten Teilchen Strings genannt). Dennoch betrachten sie alle nur eine Form von Energie oder das Zusammenwirken verschiedener Energieformen, die sich alle wiederum aus diversen einzelnen Subenergien zusammensetzen. Die Tiefe beziehungsweise die Detailebene der gewählten Betrachtung ist jeweils eine Frage des betrachteten Prozesses. Dabei ergibt es keinen Sinn, den Menschen auf Ebenen von Elementarteilchen zu analysieren, denn Quarks, Atome oder Moleküle verhalten sich anders, sind also mit anderen Eigenschaften ausgestattet, als es der Mensch ist.

Jeder Wissenschaftsbereich untersucht also vermehrt die für ihn interessant erscheinenden Energieformen: Der Physiker zum Beispiel die Elementarteilchen, der Chemiker die Elemente und chemischen Verbindungen, der Biologe die Lebensformen und der Soziologe zum Beispiel die Entwicklung der Gesellschaftsformen. Astrologen interessieren sich vermehrt für die Energieformen Planet, Sonne oder Quasar bzw. für übergeordnete Energiebeziehungen wie Sonnensystem, Milchstrasse oder Galaxie. Je nach untersuchter Form unterscheiden sich die betrachteten Eigenschaften.

Alle Wissenschaften untersuchen spezifische Eigenschaften verschiedener Formen (bzw. Objekte).

Diese Betrachtungsweise zeigt, dass sich alle Energieformen in gewisser Weise ähnlich verhalten. Beispielsweise gehen sie ineinander über oder bilden neue Formen (diversifizieren). Alles Lebende zerlegt sich jedoch am Ende des Lebenszyklus und geht in seine ursprünglichen Bestandteile wieder zurück (rediversifiziert)[19]. Genau Gleiches vollzieht sich auch mit unbelebter Materie. Jedoch dauern die Zeiträume für derartige Übergänge sehr viel länger an, und daher wird unbelebte Materie von uns zumeist als starr und unveränderlich oder sogar als „ewig“ angesehen.

[19] Diese Betrachtung ist absichtlich vereinfacht, denn es kann auch sein, dass ein toter Körper oder Teile davon von einem Aasfresser aufgenommen werden. Dann gehen die aufgenommenen Subenergien nicht in ihre Ursprungsformen zurück, sondern in neue Formen über.

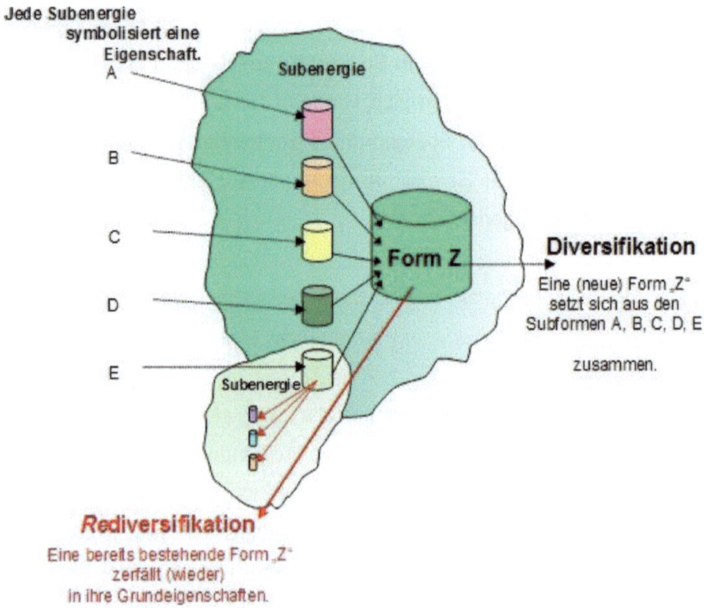

Abbildung 1: Subenergie, Diversifikation

Der grundsätzliche Ablauf von Diversifikationen und Rediversifikationen ist in Abbildung 1 verdeutlicht. Demnach diversifiziert eine Eigenschaft Z aus beispielsweise fünf anderen Eigenschaften (Subenergien), wobei sich jede einzelne Subenergie ihrerseits aus verschiedenen anderen Subenergien zusammensetzen kann. Energieformen diversifizieren also, wenn aus bestehenden Eigenschaften eine völlig neue Eigenschaft Z entsteht. Umgekehrt rediversifizieren Energieformen, wenn die Form der Eigenschaft Z wieder in ihre Ausgangsformen zerfällt.

Ein ebenfalls grundsätzlich gleich ablaufendes Kriterium für Energieformen ist ihr gleiches Verhalten bei Wärmezufuhr. Werden bestehende Formen entsprechend hohen Temperaturen ausgesetzt, so lösen sie sich bekanntlich im Feuer, als Asche (Schlacke) oder als Gas auf. Werden die Temperaturen noch weiter erhöht, lösen sich sogar die Materieteilchen auf und liegen im Extremfall schliesslich in „ionisierter" Form vor. Hierzu sind allerdings enorme hohe innere Energiegehalte erforderlich, - nicht nur für materielle, sondern auch für immaterielle Formen. Die Formen von Energie rediversifizieren, denn sie verlieren ihre Komplexität und damit ihre vorhergehenden Eigenschaften. Das Prinzip ist überall gleich. Alle Formen gehen bei Wärmezufuhr in einfachere, weniger komplexe Strukturen über und gleichen sich hinsichtlich ihrer Eigenschaften einander an.

Da Temperatur zunächst auch nur als eine Form von Energie verstanden werden kann, nimmt sie einen besonderen Stellenwert in der Energiebetrachtung ein. Die Erkenntnis, dass die Formen in ihrem Bestehen von der Temperatur abhängig sind, führte bekanntlich auch zur Entwicklung der Urknalltheorie. Es wurde die Schlussfolgerung gezogen, dass die Temperatur unseres Universums am Anfang extrem hoch gewesen sein muss und sich nun folglich eine noch immer anhaltende Abkühlung des Universums vollzieht. Des Weiteren führte dies zur Prognose, in vielen Milliarden Jahren werde unser Universum den Kältetod erlangen. Eine derartige Betrachtung wird kaum länger aufrecht zu erhalten sein.

Dennoch trägt der Gedanke einen weiterhin faszinierenden Aspekt in sich. Wird eine Veränderung der Temperatur aus der Sicht von Energieformen betrachtet, so ergibt sich die Erkenntnis, dass alle Formen mit abnehmender Temperatur zu neuen Formen *diversifizieren*, indem sie neue und zumeist komplexer werdende Merkmale/ Eigenschaften hervorbringen. Ein derartiges Prinzip kann mit dem Wesen der Diversifikation am einfachsten erklärt werden, bei dem sich alle (neu) entstandenen Formen durch die Wissenssysteme den bereits bekannten Gruppen, Typen und Ausprägungen zuordnen lassen. In der Tendenz scheint die Diversifikation in unserem Universum ständig voranzuschreiten. Sie kann durch folgende Merkmale charakterisiert werden:

Aufspaltung der bestehenden Formen
in Formen mit (immer) neuen Eigenschaften,
verbunden mit einem grundsätzlichen Anstieg
der Komplexität in den Formen
- sofern die Temperatur sinkt oder in etwa gleich bleibt.

Auch die sich vollziehenden Rediversifikationen bei Temperaturerhöhung sprechen grundsätzlich nicht dagegen. Die Grundtendenz in unserem Universum besteht offensichtlich darin, dass sich mehr Formen entwickelt haben, als zerstört worden sind.

Die bestehenden Gemeinsamkeiten von Energieformen sind damit jedoch noch nicht vollständig beschrieben. Gehen die Gedanken noch einmal zu den Schlussfolgerungen der Unknalltheorie zurück, so ergibt sich ein Bild der sich entwickelnden Formenvielfalt. Am Anfang des Diversifikationsprozesses, als die Temperaturen extrem hoch waren, bestanden im formgleichen Higgsfeld nur unterschiedliche Elementarteilchen. Die Physiker haben herausgefunden, dass eine Temperaturabkühlung, je nach Eigenschaft der beteiligten Elementarteilchen, entweder über *Bosonen* oder über *Fermionen* zur Entstehung der Materie führt. Die Teilchenfamilie der Bosonen ist die Basis für das Entstehen der vier Grundkräfte. Fermionen hingegen bilden die Grundbestandteile der Materie (Protonen, Elektronen, Neutronen). (Siehe auch Kap.9.2, S.237.)

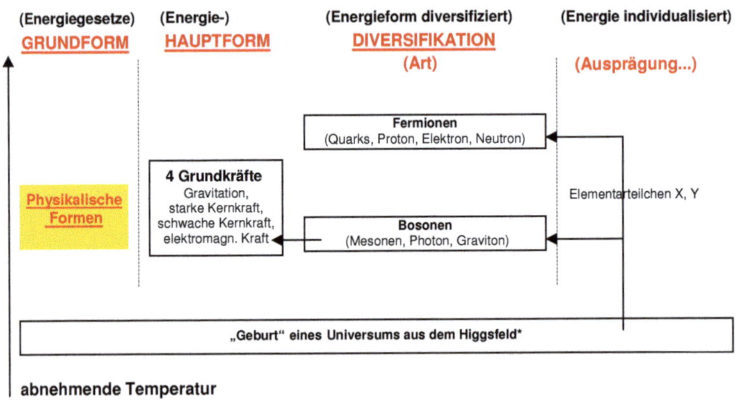

Abbildung 2: physikalische Formen

Beide Arten von Teilchen (Bosonen und Fermionen) müssen also diversifizieren, damit sich bei weiter abnehmender Temperatur schliesslich die ersten

Atome bilden können. Von nun an beginnt bereits die Entstehung der Materie. Aus den ersten Atomen entstehen erste Elemente, die wiederum die ersten chemischen Hauptformen darstellen (siehe Abbildung 3). Erst dann bilden sich (erste) Moleküle, die wiederum zu weiteren Diversifikationen (Materiearten) wie Gasen, flüssigen oder festen Formen führen. Am vorläufigen Ende der physikalischen und chemischen Entstehungskette stehen schliesslich die individuellen Ausprägungen wie Sterne, Planeten, Sonnen, Monde und sonstige Gestirne, wie wir sie in unserem Universum beobachten können. Was dabei als „Hauptform" oder als „Diversifikation/ Art" bezeichnet wird, ist letztlich nur abhängig von der Art und Weise der betrachteten Prozesse. Sie lassen sich beispielsweise wie folgt untergliedern bzw. zusammenfassen:

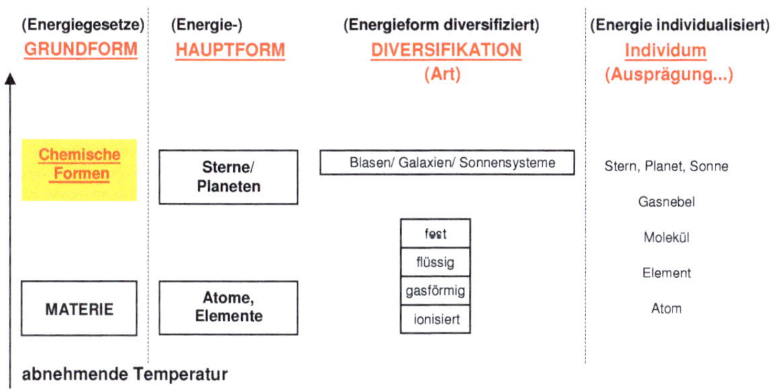

Abbildung 3: chemische Formen

Interessant an dieser Betrachtungsweise ist, dass sich genau der gleiche Diversifikationsprozess im Grunde genommen auch auf unserer Erde vollzieht. Auch hier hat sich aufgrund vielzähliger Voraussetzungen schliesslich die Form *Leben* entwickeln/ diversifizieren können (Abbildung 4). Und auch diese Form brachte wiederum diverse neue Arten, Gattungen, Ausprägungen und Individuen hervor, deren Vielfalt uns immer wieder in Erstaunen versetzt. Im Grunde genommen verhält sich die Form „Leben" hinsichtlich der Diversifikation nicht anders als all die anderen physikalischen oder chemischen Formen auch. Alle Formen von Energie haben die offensichtliche Tendenz, sich bei gleichbleibenden Temperaturen aufzuspalten. Und alle Formen folgen dem Prinzip, dass sie aufeinander aufbauen.

Alles baut aufeinander auf.
Nichts kann ohne die Existenz seiner Grundformen bestehen.

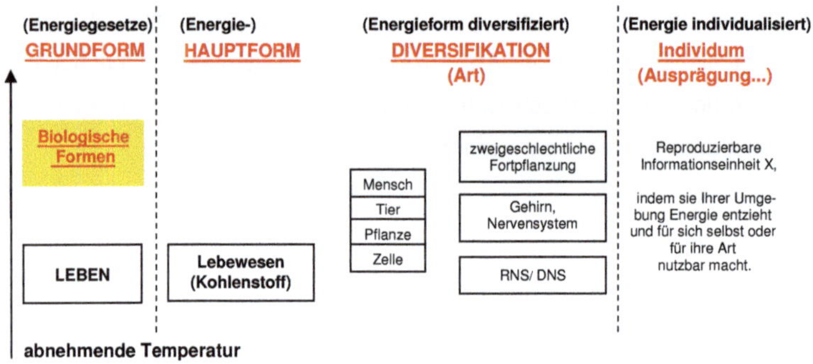

Abbildung 4: biologische Formen

Allmählich wird klar, dass die bereits erläuterten Grundformen der Chemie und Biologie nur auf der Basis von physikalischen Formen entstehen konnten. Erst mussten Elementarteilchen, Grundkräfte und Atome diversifizieren, damit sich die uns bekannten chemischen Verbindungen entwickeln konnten. Und erst die gegebene Vielzahl von chemischen Elementen mit ihren diversen chemischen Verbindungsarten (Eigenschaften) bildet die Grundlage für die Entstehung der biologischen Lebensformen. Ein eigentlich erstaunlich einfaches Prinzip. Alles baut aufeinander auf. Nichts kann ohne die zuvor entstandenen Diversifikationen bestehen. Wird diese Erkenntnis nun auf die uns bekannten Grundformen übertragen, ergibt sich eine andere Darstellung:

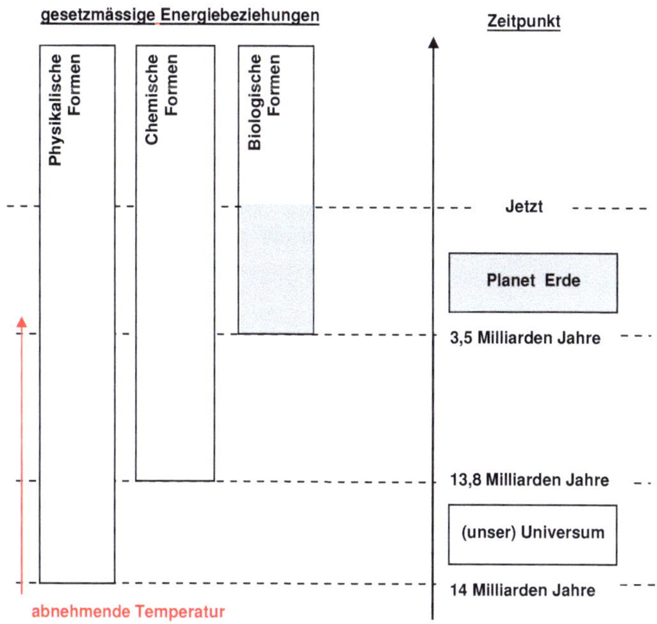

Abbildung 5: Grundformen im Universum

Grundformen, die mit physikalischen oder chemischen Verhaltensweisen beschrieben werden können, entstanden in kurzen Abständen zueinander durch Diversifikationen bei abnehmenden Temperaturen. Weil die beiden Grundformen im gesamten - bisher bekannten - Universum zu finden sind, kann ihnen auch ein universell geltender Wirkungsbereich zugeschrieben werden. Biologische Formen hingegen, die der Grundform *Leben* zuzuordnen sind, kennen wir bisher nur von unserem Planeten Erde. Hier bestimmen relativ gleich bleibende Temperaturverhältnisse (mit geringen Schwankungen von +/- 50℃) den Diversifikationsprozess.

Sollen nun die ersten universellen Gesetzmässigkeiten beschrieben werden, die für unser ganzes Universum volle Gültigkeit besitzen, so ergeben sich zusammenfassend die ersten wichtigen Prinzipien der Energieformen.

1. Energieformen gehen ineinander über, indem sie diversifizieren oder *re*diversifizieren (Abbildung 1, S. 32).
2. Der Übergang von einer Form in eine andere kann mit dem Prinzip der Wechselwirkung erklärt werden.
3. Diversifikationsprozesse sind mit ansteigenden Komplexitäten in den Formen verbunden. Sie entstehen bei abnehmender oder gleich bleibender Temperatur. Gegenüber der Anzahl der gegebenen Rediversifikationsprozesse, bilden sie eine offensichtliche Grundtendenz in unserem Universum.
4. Jede Form von Energie baut auf vorangegangene Diversifikationen auf (Abbildung 5).

Damit sind wesentliche Grundprinzipien dieses Universums formuliert. Dem kann noch hinzugefügt werden, dass das Erkennen der gesamten Prinzipien nicht auf Anhieb gelingt, weil dem zunächst zwei Mechanismen entgegenzuwirken scheinen. Es sind zum einen, die sich vollziehenden Rediversifikationen und zum anderen die eingangs erwähnten, immer wiederkehrenden und ineinander verschränkten Kreisläufe bzw. Zyklen. Bisherige Erkenntnisse verblieben dabei, dass alles zyklischen Wandlungen unterliegt.

Kreislauf (π)/ Zyklus

Der Kreislauf, mathematisch dargestellt über die Zahl Pi, stellt eine überaus wichtige Existenzbasis für Energieformen dar. Er umfasst diverse Zyklen, die sich beispielsweise in ihren jeweiligen Rhythmen unterscheiden. Der Kreislauf des Lebens beinhaltet unter anderem den Zyklus der Jahreszeiten. Beide beschreiben *wie* sich bestimmte Energiebeziehungen zueinander verhalten. Auch Ökosysteme stellen letztlich betrachtet nur eine „Form von Energie“ dar. Für solche Systeme gilt ebenfalls das Merkmal des Eigenschaftswechsels, durch den sie sich von anderen Formen, Zyklen Kreisläufen (Regelsystemen) unterscheiden. Ein Zyklus hat andere Eigenschaften als ein Kreislauf. Und auch Kreisläufe unterscheiden sich in ihren Eigenschaften voneinander. Sämtliche beteiligten Formen in einem Regelsystem erschaffen beispielsweise zusammen die Voraussetzung, dass sich neue Lebensformen bilden können (neue diversifizierte Objekte). Derartig beschriebene Beziehungssysteme wären demnach übergeordnete diversifizierte Energieformen, die ihre eigenen spezifischen Eigenschaften aus den direkten Wechselwirkungen der beteiligten Energieformen beziehen. Es gilt der Grundsatz:

Wenn mehrere Formen zusammenwirken,
kann die zu beobachtende Wirkung
mit Hilfe von Kreisläufen oder Zyklen beschrieben werden
(also durch übergeordnete Energieformen).

Zyklen und Kreisläufe beschreiben das Zusammenwirken von verschiedenen Formen. Die Veränderung einer Form ist abhängig von der spezifischen Lebensdauer der beteiligten Formen und ist damit von Form zu Form auch unterschiedlich. Bäume haben beispielsweise andere Lebenszyklen als Säugetiere oder Bakterien. Dennoch ist ein Prinzip für alle Energieformen gleich: Jede Form wird sich im Laufe ihres Lebenszyklus verändern bzw. bewegen. Ein Baum ändert sich in Zeiträumen von Jahrzehnten und lebt Jahrhunderte. Ein Mensch verändert sich in Zeiträumen von Jahren und lebt Jahrzehnte. Materie ändert sich in Zeiträumen von Jahrtausenden und lebt Jahrmillionen. Jede Energieform hat damit letztlich einen spezifischen Zyklus. Allen Formen ist gemeinsam, dass ihr innerer Antrieb zur Bewegung bzw. Veränderung immer aus Kraft und Gegenkraft, aus Spannung und Entspannung besteht.

Antrieb und Gleichgewicht

Antrieb und Gleichgewicht - ein scheinbarer Widerspruch? Doch wie kann sich immer wieder neuer Antrieb entwickeln, obgleich alle Formen offenbar im Gleichgewichtszustand zueinander stehen? Warum gleichen sich beispielsweise die Temperaturen von Wasser und Luft nicht einander an und verbleiben in diesem „idealen" Gleichgewichtszustand? Worin besteht nur dieser offensichtlich bestehende Antrieb? Gibt es eine Erklärung, warum die Gleichgewichte ins Ungleichgewicht und die Ungleichgewichte wieder ins Gleichgewicht geraten? Kann man etwa nur in Verbindung mit einer ablaufenden Bewegung von Energieformen sprechen? Sind Bewegung und Energieformen miteinander verknüpft? Nun, das Geheimnis des Antriebes basiert auf dem schöpferischen

Prinzip von Kraft und Gegenkraft.

Die Bewegung wird durch Kraft und Gegenkraft in den jeweiligen Energieformen selbst erzeugt.

Jede Energieform formt oder wirkt nur dann,
wenn sie aus Kraft und Gegenkraft besteht.

Ein derartiges Prinzip ist zwingend und universell. Jede Form, jedes Teilchen, jeder Gedanke ... jede Kraft besteht nur, wenn parallel eine äquivalente Gegenkraft gegeben ist. Kraft und Gegenkraft bilden gemeinsam den Antrieb für Veränderungen in der jeweiligen Form sowie ein „formspezifisches" Gleichgewicht[20].

Keine Form formt ohne Kraft und Gegenkraft.

Für ein Teilchen und ein Antiteilchen würde dies bedeuten: Sobald sich in einem Moment Kraft und Gegenkraft gegenseitig auslöschen (Teilchen und Anti-

[20] Am einfachsten ist dies wohl anhand bestehender Kreisläufe erkennbar. Kein Kreislauf bricht zusammen, nur weil eine daran beteiligte Form in seine Subenergie rediversifiziert. Die neu entstandenen Subformen gehen sofort wieder neue Energiebeziehungen mit anderen Formen ein. Damit verbleibt die grosse Masse der Energiebeziehungen im betrachteten Kreislauf weiterhin ohne weitere Veränderung bestehen. Das Energiesystem entwickelt sich somit sogar, gerade weil es trotz punktuellem Zerfall für die meisten der gegebenen Formen und Energiebeziehungen weiterhin Stabilität bewahrt.
Ein Kreislauf kann aber durchaus auch in sich zusammenbrechen. Dies kann geschehen, wenn beispielsweise eine einzelne Energieform in die bestehenden Wechselwirkungen mit einbezogen wird oder in sich selbst zerfällt. Nimmt ein Lebewesen beispielsweise eine winzige Menge eines hoch „wirksamen" Giftes auf, so zerbricht der Kreislauf des Lebewesens und es stirbt. Damit ist jedoch der Kreislauf des Lebens in keiner Weise gefährdet. Die sterblichen Überreste zerfallen in ihre Grundbestandteile und werden von umliegenden Formen - dem Boden, der Luft oder von Tieren - wieder aufgenommen bzw. zurückgeführt. In diesem Beispiel entstehen keine neuen Formen, sondern die bestehenden Formen werden dem Gesamtkreislauf lediglich in Form von rediversifizierten Formen wieder zugeführt (Abbildung 1, S.30).
Zerfallen jedoch grosse komplexe Gleichgewichte wie beispielsweise die Kreisläufe oder Zyklen, so beinhaltet dies zugleich die Möglichkeit, dass *neue* Kreisläufe, also neue Energiebeziehungen entstehen können. Genau darin liegt das Wesen der Diversifikation. Neue Formen entstehen aus neuen Informationsbeziehungen. Oder anders formuliert: neue Energiebeziehungen entstehen, wenn bestehende Energiebeziehungen in sich zusammenbrechen, - ein sehr gewichtiger Antrieb für den Prozess der Diversifikation.

teilchen treffen - am selben Ort - zusammen), ist auch ihre Existenz mit einem Mal nicht mehr gegeben. Dieser Vorgang hat den sofortigen Zusammenbruch der jeweiligen (Einzel-)Form zur Folge. Das Teilchen hat sich in seine Subenergien, in diesem Fall in seine Elementarteilchen aufgelöst. Es ist rediversifiziert. Dieser kurzzeitige Zusammenbruch ist jedoch sogleich wieder Basis für die Entfaltung eines neuen Gleichgewichtes, bei dem wieder die ursprünglichen Subenergien (diesmal in Form von Elementarteilchen) entstehen. Die entstandenen Elementarteilchen stehen schliesslich wieder für neue Wechselwirkungen bereit und bilden beispielsweise neue Teilchen und Antiteilchen. Der dargestellte Prozess beschreibt den „Tod" und die „Auferstehung" einer einzelnen (Energie-)Form mit Hilfe von Zyklen.

Ein völlig anderer Prozess hingegen ist die Entstehung einer *neuen* Energieform. Im Beispiel (siehe Abbildung 1, Seite 32) werden aus fünf Subenergien verschiedener Formen eine neue Form mit anderen Eigenschaften gebildet. Falls nun nicht nur fünf, sondern sechs Subenergien beteiligt sind, wäre zu erwarten, dass wiederum eine andere Form mit anderen Eigenschaften entsteht.

Gleichgewichte von Kraft und Gegenkraft beziehen sich also nicht nur auf einzelne Subenergieformen. Obgleich diese Art von Gleichgewichten zahlenmässig am häufigsten vertreten sind, ist unsere Umwelt ganz offensichtlich von noch sehr viel komplexeren Gleichgewichtszuständen durchdrungen. In unserer Welt wechselwirken offensichtlich unterschiedlichste Formen miteinander, welche über Zyklen oder Kreisläufe von uns verstanden werden können. Folglich müsste das Prinzip von Kraft und Gegenkraft auch zwischen *verschiedenen* Energieformen gegeben sein.

2.4 Energieform oder Eigenschaft

Bei einer ersten Betrachtung scheint das Prinzip von Kraft und Gegenkraft zunächst durchbrochen zu sein. Insbesondere komplexe Energieformen und erst recht Energiebeziehungen zwischen verschiedenen Formen scheinen keine klar erkennbaren Gegenkräfte zu besitzen, - und doch existieren sie auf ihre Art und Weise.

Nehmen wir für die komplexen Energieformen als Beispiel den Menschen. Worin besteht die Gegenkraft zum Menschen? Oder gehen wir noch weiter zu übergeordneten Systemen: Worin besteht die Gegenkraft zum Kreislauf oder Zyklus? Um das Grundprinzip von Gleichgewichten beschreiben zu können, muss genau geklärt werden, inwiefern, wann, bzw. welche Gegenkräfte gegeben sind. Eine mögliche Antwort auf diese Frage lautet: Die Tierformen bilden die Gegenkraft zum Menschen. Es sind jene Formen, mit denen er in Nahrungskonkurrenz steht. Eine weitere mögliche Antwort heisst: das männliche Geschlecht hat seine Gegenkraft im weiblichen Geschlecht. Wichtig bei diesen beiden Betrachtungen ist offensichtlich nur, welcher Prozess gerade im Vordergrund steht. Damit ist eine entscheidendes Aussage getroffen: Nur abhängig vom betrachteten Prozess lassen sich die Gegenkräfte identifizieren. Sie sind also vor allem eine Frage der betrachteten Wirkung und es müsste identifiziert werden können, woraus sich diese ergibt. Wem es nicht gelingt, die Gegenkräfte zu finden, der wird auch keine Antwort zu den eigentlichen Antrieben des Prozesses bzw. Konfliktes finden können.[21]

[21] Für den Zyklus besteht die Gegenkraft nicht in Form eines Gegenzyklus! Der Grund liegt darin, dass Zyklus (und Kreislauf) an sich keine Energieformen sind. Als Kriterium gilt, ob etwas Träger einer Eigenschaft ist. Zyklen und Kreisläufe beschreiben normalerweise nur die Wirkung, sind aber nicht die Wirkung selbst. Die Wirkung, die beschrieben wird, ist immer mit den beteiligten (Energie-) Formen verbunden. Zusammengenommen ergeben die Formen daher ein spezifisches Beziehungsgeflecht, das uns durch die Begriffe Zyklus oder Kreislauf in seiner Wirkungsweise beschrieben wird.
Erst wenn Zyklus oder Kreislauf selbst Wirkungen sind bzw. zu Wirkungen werden, dann müssen sie über eine Gegenkraft verfügen, um Wirkung überhaupt erst erzeugen zu können! Im Verlaufe des Buches wird später auch ein Zyklus oder ein Kreislauf als Energieform betrachtet.

Eine Kunst besteht darin,
die bestehenden Gegenkräfte identifizieren zu können
(in Abhängigkeit vom betrachteten Prozess).

Eine Kunst besteht aber auch darin abzuschätzen, ob die betrachtete Energieform tatsächlich über eine formende Wirkung verfügt. Oft ist es so, dass die vermeintliche Form nur selbst eine Eigenschaft darstellt, die aber selbst *nichts bewirkt*. Diese Unterscheidung wird bei der Betrachtung von Dipolen noch immens wichtig.

Eigenschaften allein erzeugen noch keine Wirkung.

Eigenschaften sind offenbar die Basis einer gesuchten Wirkung, nicht aber die Wirkung selbst. Wirkung kann nur von Formen ausgehen, von Energieformen, die ihre Umgebung verändern, also von solchen, die etwas bewirken. Nur Energieformen *formen* und *bewirken* und werden von Kraft und Gegenkraft angetrieben. Hierin besteht die erste grosse Herausforderung im Erkennen der treibenden Dipole. Wird tatsächlich ein Objekt mit mindestens einer *Eigenschaft* plus *Wirkung* betrachtet oder nur die Eigenschaft selbst?
Genau aus diesem Grunde wird es uns nicht immer erfolgreich gelingen, gesuchte Gegenkräfte zu identifizieren, insbesondere dann nicht, wenn nur Eigenschaften betrachtet werden. Doch worin besteht nun der Unterschied? Warum scheinen manche Eigenschaften zu *wirken*, obwohl dies doch nur den Formen zugeschrieben werden soll? Nur Energieformen *formen* ihre Umgebung und *bewirken* etwas. Eigenschaften hingegen beschreiben bzw. charakterisieren bestehende Eigenschaften einer bestimmten Energieform.

Eigenschaften beschreiben
und Formen bewirken ...[22]

[22] Im Buch "absolut imaginär", werden *Be*wirkungen nicht mehr als energetische, sondern stets als *informative* Aspekte beschrieben. Um uns aber erst einmal den Eigenheiten von Energieformen weiter anzunähern, verbleiben wir beim Originaltext der Raum-Zeit-Information.

Die Antwort auf die Frage nach den Antrieben ist also einfach und klar: Eigenschaften können genau dann als Energieform mit Wirkung erkannt werden, wenn sie über eine Gegenkraft verfügen. Ist *keine* Gegenkraft gegeben, kann eine Eigenschaft auch nicht wirken, beziehungsweise nichts bewirken. Sie ist dann nichts als eine Eigenschaft, aber eben keine wirksame Form von Energie!
Ein Zyklus ist eine Möglichkeit zu beschreiben, nach welchen Regeln verschiedene Formen zueinander in Beziehung stehen. Ein Beispiel für eine solche Beschreibung ist der Zyklus der Nahrungsaufnahme. Nach welcher Zeit tritt ein (Nahrungs-) Mangel ein? Wann wird er durch die Aufnahme einer anderen Energieform wieder ausgeglichen? Wie lange hält dieser Gleichgewichtszustand an? Wann muss wie viel neue Nahrung hinzugeführt werden? Damit wird klar, dass es für derartige Eigenschaftsbeschreibung auch keines „Gegenzyklus“ bedarf. Warum auch? Der Zyklus selbst bewirkt nichts, sondern er beschreibt nur.
Ein anderes, oft physikalisch-philosophisch diskutiertes Beispiel für Wirkung ist der Geruch. Zunächst erscheint eindeutig klar, dass Geruch ganz bestimmte Eigenschaften beschreiben kann. Stimmt! Und wenn dem so ist, bedarf es auch keines „Gegengeruches“. Was sollte er auch darstellen? Wir können viele Eigenschaften von Dingen detailliert über ihren Geruch beschreiben, da sie zunächst einmal nichts bewirken[23]. Wird nun ein Prozess betrachtet, bei dem der Geruch durchaus etwas bewirkt, so wird aus einer beschreibenden Eigenschaft mit einem Mal eine Wirkung. Dies ist beispielsweise dann gegeben, wenn sich zwei Lebewesen durch ihren Geruch abgestossen oder angezogen fühlen - ein im Übrigen sehr verbreiteter Mechanismus bei der Auswahl des Sexualpartners. In diesem Fall ist genau der besagte „Gegengeruch“ zwingend erforderlich. Erst dadurch, dass eine Unterscheidung in „angenehm“ oder „unangenehm“ getroffen werden kann, wird auch eine Wirkung erzeugt. Das Wesen wendet sich dem werbenden Partner entweder zu oder von ihm ab (...oder es erwartet weitere Extraeinladungen...) Jedoch: wäre der Geruch weder angenehm noch unangenehm, wäre auch keine Wirkung vorhanden. Das Wesen würde sich trotz der objektiv bestehenden Eigenschaft Geruch weder zu- noch abwenden.

[23] Abgesehen davon, dass Geruch bei denjenigen Lebewesen nichts bewirkt, die nicht riechen können.

Es kann also festgestellt werden, dass unsere menschlichen Begriffe zunächst nur Eigenschaften beschreiben. Abhängig vom betrachteten Prozess und abhängig von der Tatsache, dass eine Gegenkraft gegeben ist, können diese Eigenschaften durchaus zu formenden Kräften mutieren. Unsere Auffassung von Energie muss daher noch wie folgt modifiziert werden:

Energieformen transportieren spezifische Eigenschaften. Sie werden zu einer formenden Kraft, wenn sie aus Kraft und Gegenkraft bestehen und eine Wirkung erzeugen.

Anhand der vorhergehenden Beispiele wird deutlich, wie schwer es ist, immer eine sinnvolle Zuteilung von Kraft und Gegenkraft zu finden. Und obgleich eine Zuordnung von Kraft und Gegenkraft nicht immer möglich oder sinnvoll erscheint, ein Antrieb für Veränderungen entspringt genau diesem universellen Prinzip. Eines der hier aufgestellten Dogmen lautet:

Es gibt ein Prinzip „Kraft und Gegenkraft“,
mit dem sich alles Wirkende erklären lässt.

Was bedeutet dies nun alles für angehende oder vergehende Gleichgewichtszustände? Warum entstehen sie und vergehen wieder? Die Antwort lautet einfach: Weil auch Gleichgewichtszustände durch Kraft und Gegenkraft angetrieben (entstehen) und verändert werden.
Gleichgewichte bestehen also einerseits innerhalb jeder einzelnen Energieform, aber auch zwischen Ansammlungen von verschiedenen, verschränkt *wirkenden* Kräften. Wenn nun ein bestehendes Gleichgewicht zerfällt, treten sogleich andere Formen mit den noch bestehenden bzw. schon zerfallenen Subenergien in Wechselwirkung. Es entstehen unverzüglich wieder neue Gleichgewichtsbeziehungen allein dadurch, weil Energieformen miteinander in Wechselwirkung stehen, - weil sie miteinander kommunizieren...
Zusammenfassend ist unser Universum eine Durchdringung von unterschiedlichsten Kreisläufen und Zyklen, die aus einfachen formgleichen oder formübergreifenden, komplexen Gleichgewichten bestehen. Der Antrieb für Veränderung

liegt in den Formen selbst. Sie bewegen/ verändern sich durch das Prinzip von Kraft und Gegenkraft. Gleiches gilt auch für komplexe Energiebeziehungen. Offensichtlich erlangen Formen ihre erforderliche Stabilität, wenn Kraft und Gegenkraft ausgeglichen sind. Gelingt dies nicht, weil möglicherweise eine einzelne Form nicht mehr am Kreislauf beteiligt ist, entstehen neue Formen und Energiebeziehungen, und die Diversifikation schreitet wieder einen (Evolutions-) Schritt voran. Kraft und Gegenkraft zu identifizieren, ist in erster Näherung eine Frage des betrachteten Prozesses.

2.5 Kommunikation

Auch über das Wesen von *Information*, *Geist* und *immanenter Wechselwirkung* wird schon seit langem philosophiert. Hierzu gehört beispielsweise die Suche nach verbindenden Mechanismen oder die Suche nach dem wie auch immer vermittelten Wissen, woher ein Kreislauf „weiss", dass er wieder von neuem beginnen soll. Warum fühlt der inspirierte Geist, dass Unheil oder Veränderung naht? Oder wie kommt es, dass der Mensch über Intuition verfügt?
Viele derartige Fragestellungen könnten mit dem *Prinzip des Geistes* oder einem *Prinzip Information* verständlicher werden. Doch wie kann ein Prinzip der Informationsvermittlung aussehen? Dass eine wissenschaftliche Theorie zur Informationsverarbeitung dringend benötigt wird, sahen schon ganz andere Personen bereits lange vor unserer Zeit. Bestes Beispiel für den sich vollziehenden Wandel liefert die veränderte Vorstellung vom allumfassenden „Geist". Er wird immer wieder im Zusammenhang mit einem Prinzip Information verwendet.
Geist wird auch heutzutage durchaus unterschiedlich aufgefasst. Zum Beispiel als „unbeleibtes, reines Vermögen der Seele"[24] oder aber als „Produkt unseres abstrahierenden und zusammenfassenden Denkens"[25]. Und schliesslich als „die intuitive Einsicht in das göttliche Gesetz"[26]. Es wird offensichtlich: Die Auffassungen könnten kaum verschiedener sein. Einmal *objektiver* Geist, einmal *subjektiver* Geist und einmal sogar *absoluter* Geist. Und doch ist all den ge-

[24] Auffassung nach Aristoteles.
[25] Auffassung nach J.G. Fichte.
[26] Auffassung nach Heraklit.

nannten Einsichten eines gemeinsam. Unabhängig davon, wie der Geist auch verstanden wird: Es braucht ein *Prinzip Information*, das den wundersamen Geist hervorruft, indem es die dafür erforderliche Information an ihn übermittelt. Von vielen, die sich mit derartigen Themen auseinander setzen, wurde schon oft postuliert, dass sich auch unsere Wissenschaften derartigen Theorien nicht mehr länger verschliessen sollten. Joachim Wehler fand kürzlich folgende Formulierung:

> *„>>Information<< wird der Grundbegriff der neuen Wissenschaft werden. Information wird präzisieren, was bisher das >>Geistige<< genannt wurde, diese unkörperliche Substanz, die so anders ist als alles Materielle."*[27]

Dennoch gibt es zur Zeit nicht nur eine, sondern gleich zwei ausstehende grosse Theorien. Von beiden ist gewiss, dass hierfür noch gedankliche Lösungen entwickelt werden müssen. Es betrifft:

- Die Vereinheitlichung von Relativität und Quantentheorie
  (Quantengravitation, auch als „die Suche nach der Weltformel" bekannt.)
- Die Informationstheorie
  (Der Versuch, verbindende Muster zwischen Information und geistiger Struktur der Energieformen zu finden.)

Insbesondere in neuerer Zeit wurde immer wieder versucht, ein „alles verbindendes Teilchen" bzw. etwaige Kommunikationskanäle zwischen den Formen zu identifizieren. Bedingt durch die Schaffung von enorm energiebedürftigen Kernforschungslaboratorien, zeigt vor allen Dingen die Elementarteilchenphysik erste Ansätze auf. Kernstück einer gesuchten Weltformel bildet aber eben nicht allein die Suche nach einer mathematischen Vereinheitlichung der Grundkräfte, sondern auch die Einbeziehung von einem Prinzip *Information/Geist.* Soll heissen: Wer die Information vergisst oder wer das Einwirken von Information auf die Materie ignoriert, wird *nur eine* „Wahrheit" des Universums erfassen kön-

[27] Aus Joachim Wehler: Grundriss eines rationalen Weltbildes.

nen. Um die Realität besser beschreiben zu können werden nur beide - noch ausstehenden - Erklärungen zusammen, das dringend benötigte Licht ins Dunkel der Energiebeziehungen bringen können.
Während die Vereinheitlichung der Grundkräfte ein eher mathematisch-physikalisches Problem darstellt, besteht für die noch ausstehende Informationstheorie ein eher physikalisch-philosophisches Problem. Viele renommierte Physiker und Metaphysiker stossen mit ihren selbst gewonnenen Erkenntnissen immer wieder an ihre eigenen Grenzen. Grenzen, die spätestes dann zutage treten, wenn sie sich auf der Suche nach Antworten plötzlich selbst zu hinterfragen beginnen. Die gesuchte Objektivität entschwindet nämlich immer mehr, je stärker sie sich den energiereichen (eigenschaftsähnlichen) Teilchen nähert. Obgleich auf subjektiven Glaubensgrundsätzen aufgebaut werden muss, wird ein möglicher esoterisch-philosophischer Ansatz *keine* führende Rolle für neues Denken übernehmen können. Neue Gedanken müssen vor allem mit unseren bestehenden physikalischen Systemen voll vereinbar sein, ansonsten werden sie keine notwendige Anerkennung finden können. Genau aus diesem Grunde legen besonders die vorhergehenden Kapitel grossen Wert auf die Tatsache, dass durchaus „Alles" als „eine Form von Energie" verstanden werden kann, ohne dass damit unsere bestehenden Wissenssysteme verletzt werden müssen. Das vorliegende Kapitel stellt sicher einen wichtigen Teil der vorliegenden Theorie dar und kann auf folgende vereinfachte Grundaussage reduziert werden.

Alles ist mit allem verbunden.
Alles kommuniziert miteinander.

Jede Energie steht in Verbindung mit anderen Energien, und jede Energie kommuniziert mit anderen. Physikalisch ausgedrückt: Energieformen stehen in Wechselwirkung zueinander...

Ansätze einer Informationstheorie (Fritjof Capra)

Erste Ansätze für eine Informationstheorie wurden unter anderem von Fritjof Capra aufgestellt. Seine Erkenntnisse kamen aus der Elementarteilchenphysik und wurden um 1970 herum entwickelt. Die Elementarteilchenphysik untersucht

jene hochenergetischen Teilchen, die entstehen, wenn Materieteilchen, also kleine Atome oder Moleküle, ihrerseits extrem hohen Energien ausgesetzt werden. Dabei zerfallen selbst die scheinbaren Bausteine der Materie in so genannte Elementarteilchen, also weitere noch kleinere Bausteinchen.
Bei dem Zerfall der Materie in ihre Grundbestandteile entstehen sehr viele verschiedene Elementarteilchen. Hunderte von Teilchen sind den Physikern inzwischen bekannt. Wegen der Vielfalt der gefunden Elementarteilchen wird auch gerne von einem „Teilchenzoo“ gesprochen. Und, wie alles andere auf unserer Welt auch, werden auch sie wieder nach ihren identifizierbaren Eigenschaften in Gruppen und Arten, Typen oder Gattungen unterteilt.
Zwei grosse Familien lassen sich hinsichtlich ihrer Eigendrehungen (parallele bzw. antiparallele Spins) unterscheiden: *Fermionen* und *Bosonen* (siehe Abbildung 2, S. 34). *Fermionen* haben einen halbzahligen Spin (z.B. +/- ½) und bilden die eigentlichen Bausteine der Materie. Aus ihnen diversifizieren Neutronen, Protonen, und Elektronen usw ... Hingegen diversifizieren *Bosonen* mit ganzzahligem Spin (z.B. +/-1) zu den Trägern der Naturkräfte, also als Gluon, Photon oder Graviton ...[28].
Direkt bevor also Materie oder die erforderlichen Grundkräfte der Natur überhaupt erst entstehen können, sind es immer *Fermionen* und *Bosonen,* die an der Informationsübertragung oder Entscheidungsfindung beteiligt sind. Es sind genau diese beiden Teilchenfamilien, die darüber entscheiden, welche messbaren oder fassbaren Energieformen aus ihnen heraus entstehen bzw. diversifizieren[29].
Erste Strukturen, die an einer Entscheidungsfindung beim Aufbau der Materie beteiligt sein müssen, sind damit durchaus schon bekannt. Doch nicht immer werden sie mit dem Begriff „Information“ in Verbindung gebracht. Dies ist der Fall, weil Physiker nur selten nach einer philosophischen Informationstheorie

[28] Eine genau Auflistung bzw. Übersicht der Elementarteilchen ist im Anhang 9.2, S.241 in einer so noch nicht dargestellten Weise hinterlegt.

[29] Genau genommen ist selbst diese Formulierung falsch. Denn auch Elementarteilchen sind nichts weiter als Formen von Energie. Hätten diese etwas längeren Bestand und könnten wieder weiterem Energiebeschuss ausgesetzt werden, so würde es uns womöglich gelingen, wiederum neue Bausteine zu identifizieren. Das alles soll jedoch ein gedankliches Ende haben. Damit nicht immer weiter nach einzelnen exotischen Teilchen gesucht werden muss, werden die allerkleinsten Teilchen der Familie der *Strings* zugeordnet. Sie umfassen die kleinsten denkbaren Teilchen (kleinste Energiefädchen), aus denen alle Kräfte und Materie entstehen bzw. diversifizieren.

suchten, sondern eher dem Wesen der Urteilchen auf die Spur kommen wollten. Dass jene Elementarteilchen aber durchaus auch als Informationsübermittler - hier im Speziellen die *Hadronen* (siehe Anhang, S.237) - angesehen werden können, wurde von Fritjof Capra aufgezeigt. Hier nur ein kleiner Ausschnitt aus seinen Erkenntnissen :

Energie kann nur durch bestimmte Kanäle fliessen, die durch die Quantenzahlen charakterisiert werden. Es sind Informationskanäle, die auch bei starken Wechselwirkungen erhalten bleiben. Hadronenreaktionen = Energiefluss.
Wenn Hadronen in Hochenergie-Kollisionsexperimenten aufgespalten werden, zerfallen sie in Kombinationen von Baryonen, Mesonen und Quarks. Jedes aus solch einer Kombination hervorgehende Teilchen durchläuft auch wieder verschiedene Reaktionen und erzeugt so ein Netzwerk von Vorgängen. Obwohl es vom Zufall abhängt, welches Netzwerk bei einem bestimmten Experiment entsteht, ist dennoch jedes nach festen Regeln aufgebaut.

Erhaltungsgesetze:

- Es können nur Reaktionen auftreten, in denen ein klar definierter Satz von Quantenzahlen erhalten bleibt.
- Die Gesamtenergie in jeder Reaktion muss konstant bleiben. Das bedeutet, dass eine Kombination von Teilchen nur dann aus einer Reaktion hervorgehen kann, wenn die eingebrachte Energie zur Erzeugung der erforderlichen Massen ausreicht.
- Die entstehende Gruppe von Teilchen muss dieselben Quantenzahlen aufweisen, die von den ursprünglichen Teilchen in die Reaktion eingebracht wurden.
- Die Verknüpfungen in einem solchen Netzwerk sind nur als Wahrscheinlichkeiten durch verschiedene Elemente der S-Matrix gegeben.
- Die Reaktionswahrscheinlichkeit steigt bei bestimmten Energiewerten steil an (Resonanz).
- Die Wahrscheinlichkeit, dass zwei zusammenstossende Hadronen eine Reaktion durchlaufen (miteinander in Wechselwirkung treten), hängt von der Energie ab, die an der Kollision beteiligt ist.
- Dass der wissenschaftliche Beobachter selbst nicht von den beobachteten Phänomenen zu trennen ist, ist eine Kernaussage der Quantentheorie an sich.

Selbstzerfleischende Subjektivität

Wie gesagt, nur wenige haben versucht, über derartige Arbeiten dem Geheimnis der Information auf die Spur zu kommen. Wohl auch deshalb, weil nicht viel mehr als die erwähnten Erhaltungssätze gefunden werden konnte, hielt sich die Anzahl der Suchenden in Grenzen. Besonders widersprüchlich erscheint, dass die damit verbundenen Erkenntnisse nicht objektiver, sondern immer *subjektiver* Natur sind.

Warum sich nur wenige mit dieser Thematik beschäftigen, liegt sicherlich auch an der hohen mathematischen Komplexität und an den selbst zerfleischenden Gedanken, die sich bei derartigen Theorien entwickeln. Einige Zeitgenossen sind während ihrer Suche nach dem Prinzip der Information psychisch zerbrochen. Wirklich ausschlaggebend scheint aber zu sein, dass es sich auf derartigen Gebieten bislang kaum mehr zu forschen lohnt, denn Information an sich ist selbst mit den genannten Erhaltungssätzen noch immer nicht wirklich erklärbar geworden. Ein erster Rahmen für eine *Theorie der Information* ist damit jedoch abgesteckt. Auch in der Elementarteilchenphysik bedarf es wohl keiner weiteren Suche mehr, um tiefer gehende Informationsstrukturen zu entdecken! Was der Elementarteilchenphysik aber dennoch entnommen werden kann, sind überaus wichtige Erkenntnisse über das Verhalten von subatomaren Teilchen, Atomen und Molekülen. Folgender Aspekt wurde im Zusammenhang mit Elementarteilchen zum Beispiel u. a. von Thomas Görnitz publiziert.

Die Summe ist mehr[30]

Die Summe ist mehr. Auch diese Einsicht entspringt Erkenntnissen aus der Quantenphysik. Dennoch umfasst sie sehr viel mehr als nur die „Physik der kleinsten Teilchen“. Die Erkenntnis, dass die Summe von mehreren Teilchen *mehr* ist als die blosse Summe der beteiligten Einzelteichen, ist nämlich ohne weiteres auch auf alle anderen bekannten Energieformen übertragbar. Sie erscheint all denen einsichtig, denen das Prinzip der Diversifikation von Energieformen bekannt ist. Nicht nur die kleinsten Teilchen, sondern alle Formen von Energie ergeben in ihrer Summe „mehr“. Damit bekommt die anscheinend ein-

[30] Quelle: Thomas Görnitz: Die Quanten sind anders.

fache quantentheoretische Erkenntnis eine sehr viel umfassendere Aussagekraft.

Die Summe von Energien ist mehr
als die blosse Summe seiner Subenergien.

Je mehr unterschiedliche Subenergien sich in direkter Wechselwirkung zusammenfinden - je mehr also miteinander kommunizieren -, desto mehr unterschiedliche Eigenschaften sind am Aufbau einer Energieform auch beteiligt.
All die beteiligten Eigenschaften zusammen „erschaffen" eine *neue* Form, die dann wiederum mit völlig neuen Eigenschaften versehen ist. Einfachstes Beispiel ist der Mensch, der sich aus diversen Subenergien wie Haut, Knochen, Arme, Beine und so weiter zusammensetzt. Erst die einzelnen Eigenschaften zusammen ergeben einen Menschen, der wiederum nur so als Mensch überhaupt erst existieren kann. Jede beteiligte Energieform trägt zum Gesamtkunstwerk „Mensch" bei und ermöglicht, dass er sich fortbewegen, sprechen und denken kann. Nur: Gliedmassen allein können nicht laufen. Genauso können Synapsen oder Nervenbahnen allein nicht denken. Erst die Summe aller beteiligten Teile bzw. Subenergien zusammen ergeben eine neue Form (Mensch), die ihrerseits mit völlig neuen Eigenschaften versehen ist (z.B. mit einer eigenen Seele oder mit einem eigenen Charakter).
Eine derartige Sichtweise lässt sich auf alle Energieformen übertragen, auf Tiere, Pflanzen, chemische Verbindungen, Steine oder Elementarteilchen. Wichtig dabei ist, dass die Summe *mehr* ist; *mehr* als nur die Summe der einzelnen beteiligten Subenergien. Eine komplexere Form ist nicht mehr eine blosse Ansammlung von Einzelteilchen, sondern ein neues Individuum, ein neues Objekt. Der Geist, der sich aus der Information all seiner beteiligten Einzelenergien zusammensetzt, wird zu einer weiteren neuen, formenden Kraft.
Diese einfache und klare Einsicht, von Thomas Görnitz formuliert, gehört zu den elementarsten Grundregeln überhaupt. Sie zu verstehen bedeutet, tiefste Einsicht in das Wesen der Energiebeziehungen zu gewinnen. Mit diesem weiteren Schlüssel lassen sich diverse ungeklärte Phänomene grundsätzlich neu und anders erklären. Die verkürzte Formel lautet:

Alles steht in Wechselwirkung zueinander, alles kommuniziert. Und die Summe der miteinander kommunizierenden Energien ergibt mehr.

Oder noch kürzer:

Alles ist mit allem verbunden,
und dessen Summe ist mehr.

Die Summe der Verbundenheit

Ein Schlüssel zum Verständnis des Universums ist die Summe der Verbundenheit. Darunter ist die Kenntnis der ineinander verschränkten Wechselwirkungen zu verstehen, sowie die Kenntnis von Kraft und Gegenkraft, die ihrerseits erst die Bewegungen der Formen vorantreiben. Die Summe der Verbundenheit ist dabei zweifacher Natur.

- Die Summe *gleicher* Eigenschaften ergibt mehr, weil damit die insgesamt wirkende Kraft erhöht wird (*Quantität*).

- Die Summe *unterschiedlicher* Eigenschaften ergibt mehr, weil sich daraus *neue* Eigenschaften ergeben (*Qualität*).

Dass ein Lebewesen mit mehr Muskeln oder mehr Körpergewicht eine stärkere Wirkung gegenüber gleichen, kleineren Formen hat, die weniger Muskeln oder geringere physische Grösse besitzen, erscheint nachvollziehbar. Die Summe gleicher Eigenschaften ergibt also quantitativ *mehr* Wirkungskraft. Dass jedoch auch *unterschiedliche* Eigenschaften in ihrem Zusammenwirken zu neuen Eigenschaften führen können, erscheint uns zunächst einmal zu verblüffen. Demnach erhöhen sich die Informationsbeziehungen auch qualitativ, weil *mehr* unterschiedliche Eigenschaften der beteiligten Formen direkt miteinander wechselwirken bzw. kommunizieren. Aus der symbiotischen Wechselwirkung entsteht ein neues System bzw. eine neue Form, die durch neue Eigenschaften gekennzeichnet ist.

Damit ist aus Sicht der Diversifikation sowohl die Anzahl vieler *gleicher,* als auch die Anzahl vieler *verschiedener* Subenergien für die Information kennzeichnend. Vor allem eine hohe Vielfalt von Subenergien bewirkt eine qualitativ veränderte Informationsstruktur, - und damit eine neue Qualität des entstandenen Geistes. Qualität und Quantität schliessen sich also nicht gegenseitig aus. Beide Aspekte ergänzen sich und machen die uns umgebenden Energiebeziehungen erst verständlich.
Zusammenfassend kann zunächst festgestellt werden, dass die verschiedenen menschlichen Auffassungen des Geistes (objektiv, subjektiv, absolut) damit zu tun haben, *wie* Information übertragen bzw. *wie* Information verarbeitet wird. Stets stehen dahinter Wechselwirkungen zwischen Energieformen, die uns aus den Wissenschaften her bekannt sind.

Alle Versuche, ein Prinzip Information zu identifizieren, scheiterten bisher. Zwar wurden die Bausteine der Materie gefunden, doch auch diese stellen lediglich wieder eine rediversifizierte Form von Energie dar. Auch Elementarteilchen diversifizieren aus hohen Temperaturzuständen zu Bosonen und Fermionen und schliesslich zu Energieträgern oder zu direkten Bausteinen der Materie. Information kann deshalb nicht einfach aus blossen Energieformen bestehen. Aber ein überaus wichtiges Prinzip von Information ist nun bekannt: „Die Summe ist mehr“. Dieses „Mehr“ wird quantitativ hervorgerufen durch vielzählige Informationsbeziehungen zwischen den Formen. Offenbar erzeugt Information mehr Wirkung, wenn zwischen gleichen Formen *mehr* Informationsbeziehungen bestehen. Ebenso scheint Information auch ein „mehr“ an *Qualität* zu erzeugen, indem zusätzliche Informationsverbindungen (auf noch zu klärende Art und Weise) zwischen verschiedenen Formen bereitgestellt werden.

Verbindung im Raum

Alle bisher aufgezeigten Energiebeziehungen, insbesondere die direkt messbaren Wechselwirkungen, sind auf den sie umgebenden (gemeinsamen) Raum beschränkt. Wird wieder das Beispiel Mensch betrachtet, so sind für eine mögliche Wirkung der Form nur die in einem bestimmten Raum beteiligten Energieformen massgebend. Räumlich weiter entfernte Energieformen - z.B. andere Menschen, andere Pflanzen oder sonstige Materie - haben auf die betrachtete Energieform keinen *direkten* Einfluss. Ein Individuum ist massgeblich von der Art abhängig, *wie* unterschiedlichste Energien im definierten Raum(!) mit der dazugehörigen Information zusammengefügt sind.

Wir alle kennen die bekannten Gesetze, wie sie beispielsweise in der Evolutionstheorie, den Gravitationsgesetzen, der Thermodynamik, der Reaktionskinetik, der Genetik, der Strömungslehre oder dem Magnetismus beschrieben werden. So verschieden die Gesetze auch sein mögen: Sie alle haben gemeinsam, dass sich die betrachteten Prozesse unterhalb der Lichtgeschwindigkeit vollziehen, es sei denn, das Licht selbst wird auf elementare Weise in den Prozess mit einbezogen (siehe Tabelle 1 Übersicht Physik, S. 8).

Die bislang aufgezeigten Gesetze von Energiebeziehungen haben also volle Gültigkeit, sofern sie unterhalb oder maximal mit Lichtgeschwindigkeit ablaufen. Doch wen wundert es schon, schliesslich ist alles, was wir in unserem Raum-Zeit-Kontinuum beobachten können, genau diesen massgeblich prägenden Rahmenbedingungen unterworfen. Laut Albert Einstein gibt es auch nichts, was sich schneller bewegen kann als das Licht. Unsere Gesetze beschreiben genau das, was für uns sichtbar, fühlbar oder besser: alles was für uns nachvollziehbar oder messbar ist.

Wird nun versucht, diesen Sachverhalt dem aktuellen Glauben und Wissen entsprechend neu zu beschreiben, so entsteht die Aussage, dass alles miteinander kommuniziert, also in Wechselwirkung zueinander steht, was unterhalb oder maximal mit Lichtgeschwindigkeit um uns herum geschieht.

„Alles kommuniziert miteinander."

Doch trotz intensivster Bemühungen ist bislang keine befriedigende Antwort auf Fragen der Informationsübertragung gefunden worden. Damit liegt die Vermutung nahe: Die erforderlichen Räume zur Beobachtung von Informationsbeziehungen sind uns offensichtlich verschlossen!

Das vorliegende Gedankensystem vertritt nun die Auffassung, dass Information noch sehr viel mehr verbindet. Auch raumübergreifende und zeitunabhängige Wechselwirkungen beeinflussen die Formen. Doch dafür bedarf es eines Prinzips, das schneller ist als das Licht.

2.6 Aspekte der Kommunikation

Schneller als das Licht?

In den 30er Jahren des zwanzigsten Jahrhunderts wurde ein berühmtes Gedankenexperiment, das Einstein-Podolsky-Rosen-Experiment vorgestellt. Es sollte beweisen, dass sich die Quantenphysik auf einem gedanklichen Irrpfad bewegt. Inzwischen gilt die Quantenphysik zwar als anerkannt, doch auf die eigentliche Frage, die von den drei Physikern Einstein, Podolsky und Rosen aufgeworfen wurde, ist bislang keine zufrieden stellende Antwort gefunden worden. Es geht bei der unbeantworteten Frage um eine „geisterhafte" Verbindung zwischen zwei Elementarteilchen. Vereinfacht formuliert: um die Messung der Eigendrehungen an einzelnen Elementarteilchen (dem *Spin*). Dreht sich beispielsweise ein Teilchen links um sich herum, so muss sich sein Antiteilchen rechts um sich selbst herum drehen. Die beiden zusammen gehörenden Teilchen befinden sich dabei scheinbar zusammenhangslos an verschiedenen Orten im Raum. Sie drehen sich auch nicht während ihres ganzen Daseins immer in derselben Richtung, sondern können sie jederzeit spontan ändern. Das Phantastische dabei ist, dass durch eine Messung an einem der beiden Teilchen auch gleichzeitig offenbar wird, in welche Richtung sich das andere Antiteilchen drehen muss. Wird eine Kontrollmessung an seinem Antiteilchen vorgenommen, so kann dort jeweils der entgegengesetzte Spin (Drehung) bestätigt werden. Die Frage dabei ist nur, woher „weiss" das noch nicht gemessene Antiteilchen, in welche Richtung es sich drehen muss, wenn die Kontrollmessung erfolgt? Und noch phantastischer ist, dass diese Verbindung auch noch zeitgleich, also sofort und ohne irgendwelche zeitliche Verzögerung auftritt. Einstein-Podolsky-Rosen haben daher die Schlussfolgerung gezogen, dass eine Theorie, wie die damals neu entwickelte Quantenphysik, die ja auf derartigen Überlegungen von Teilchen und Antiteilchen aufbaue, physikalisch niemals korrekt sein könne. Schliesslich gäbe es nichts, was schneller als die Lichtgeschwindigkeit sein könne. Teilchen hätten also gar nicht die Möglichkeit, die Information so schnell auszutauschen, wie es das neue Modell der Quantenphysik vorgeben würde.

Niemand hat zunächst versucht, die vorliegende Austauschgeschwindigkeit zu messen. Hätte sie unterhalb der Lichtgeschwindigkeit gelegen, wäre sie schnell erkannt worden, doch das Modell sagte „Zeitgleichheit" voraus. Fast hätte dieses Gedankenexperiment sogar eine weitere Entwicklung der Quantenphysik gestoppt. Es waren jedoch einfach zu viele Argumente und Vorhersagen - insbesondere die Präzisierung des Bohr'schen Atommodells - mit denen nun vorausgesagt werden konnte, wie viele Elektronen sich auf welchen Orbitalen (Wahrscheinlichkeitsräumen) befinden müssten. Diese Erkenntnis liess wiederum wichtige Schlussfolgerungen auf die Eigenschaften der Atome zu, die ihrerseits alle voll bestätigt werden konnten. Das Modell der Orbitale hatte grosse, praktische Anwendungsgebiete im Bereich der Chemie gefunden, war also für die Erklärung der Eigenschaften von Materie voll anwendbar geworden.

Nur die Schlüsselfrage, woher die Teilchen ihren Zustand bei der Messung ihres Antiteilchens - zeitgleich - „wissen" konnten, also die Frage der Informationsübermittlung, stand nicht mehr im Vordergrund der Betrachtungen. Die praktischen Anwendungen, die sich ergaben, waren verständlicherweise wichtiger. Damit besteht jedoch ein quantenmechanisches Gedankenmodell, das eine ganz wesentliche Frage noch nicht beantwortet hat. *Wie* oder vor allem *wie schnell* wird Information übertragen? Albert Einstein stellte zu Recht die Frage, wie eine derartige Theorie richtig sein könne, obgleich es doch nichts Schnelleres geben könne als das Licht?

Dass es doch eine Übertragung geben kann, die schneller als die Lichtgeschwindigkeit ist, wurde schliesslich im Jahr 1964 von John Stewart Bell mathematisch hergeleitet (Bell'sches Theorem). Jede mathematische Theorie braucht jedoch auch experimentelle Beweise, und dieser Beweis folgte schliesslich im Jahr 1982 (Alain Aspect). Inzwischen ist mathematisch und experimentell hinreichend bekannt, dass Licht nicht die „absolute" Geschwindigkeit darstellt. Man sollte daher meinen, dass daraufhin eine Erleichterung durch die Menge gegangen wäre, doch dem war nicht so. Wenn es etwas Schnelleres gäbe als Lichtgeschwindigkeit, so lautet die zur Zeit noch aktuell anerkannte Schlussfolgerung, so hätten auch die bestehenden physikalischen Gesetze „keinen Bestand" mehr und müssten folglich völlig neu überarbeitet werden.

Die Theorie „Kommunikation und Diversifikation" nimmt genau diesen Gedanken auf. In Verbindung mit dem Diversifikationsgedanken eröffnen sich völlig neue Möglichkeiten, unsere sehr wohl funktionierenden Gesetze neu einzuordnen, beziehungsweise neu zu gestalten, ohne dass bestehendes Wissen in Frage gestellt werden muss. Ein in diesem Zusammenhang aufgestelltes Dogma der vorliegenden Theorie lautet:

Information ist schneller als Licht.

Vom Wesen der Kommunikation

Wenn es also ein Prinzip gibt, das schneller ist als Licht, ergeben sich für das Prinzip Information zwei grundsätzliche Schlussfolgerungen. Einerseits gibt es wohl für uns wahrnehmbare bzw. messbare Informationsbeziehungen, die uns über die Wissenschaften her bekannt sind. Sie werden über die physikalischen Gesetze formuliert und durch die bekannten chemischen und biologischen Gesetzmässigkeiten zusätzlich ergänzt. Die so genannten *direkten* Wechselwirkungen ... Andererseits gibt es Informationsbeziehungen, die sich ausserhalb unser Wahrnehmung und Messbarkeit abspielen, weil sie sich oberhalb der Lichtgeschwindigkeit bewegen. Damit ergeben sich zwei fundamental unterschiedliche Arten der Kommunikation bzw. Wechselwirkung von Energiebeziehungen:

- Kommunikation der Energieformen *unterhalb* oder maximal mit Lichtgeschwindigkeit. Hier bezeichnet als *direkte* Wechselwirkung, weil sie messbar und nachvollziehbar ist. Und ...
- Kommunikation *oberhalb* der Lichtgeschwindigkeit. Prinzip Information, *indirekte* Wechselwirkung, bzw. Verschränkung.

Worin lag nun eigentlich die Schwierigkeit dies anzuerkennen? Wurde doch bereits von Albert Einstein das Prinzip der zeitgleichen Informationsübertragung postuliert, wenn auch vor dem Hintergrund, die Gedanken der Quantentheorie mit ihren antiparallelen Spins (das Prinzip von Kraft und Gegenkraft) verwerfen zu wollen. Genau in diesem Phänomen liegt offenbar ein Schlüssel zur Erkenntnis unseres Universums. Die indirekte Wechselwirkung anzuerkennen, die schneller ist als das Licht, ist scheinbar noch immer ein schwerwiegender Gedankenakt.

Der wohl gewichtigste Grund für fehlende wissenschaftliche Anerkennung liegt darin, dass alles, was oberhalb der Lichtgeschwindigkeit liegt, sich unserer bewussten Wahrnehmung zu entziehen scheint, - dass es sich also, für uns nicht nachvollziehbar, jenseits von Raum und Zeit abspielt. Wer kann schon etwas sehen, was sich schneller bewegt als Licht? Sicher ist: Es wird auch weiterhin niemandem gelingen. Dennoch kann dieses Phänomen aufgrund mathematischer und trickreicher experimenteller Beweisführungen inzwischen als grundsätzlich wissenschaftlich anerkannt gelten. Nur warum sollte dies nicht auch in eine neue Theorie Einzug halten können? Die dafür erforderlichen Erkenntnisse basieren bereits voll auf anerkanntem Wissen. Und dass die Mathematik, wie so oft, ihrer Zeit weit voraus ist, kann auch anderen aktuellen mathematischen Modellen entnommen werden, die beispielsweise schon jetzt 11/22 Dimensionen für die Erklärung eines „Hyperraumes" zur Verfügung stellen. Auch wenn sich darunter normal denkende Menschen (und viele Physiker auch) nicht wirklich etwas vorstellen können, - entsprechende mathematische Modelle bestehen bereits z.B. in Form der S-Matrix Theorie.

Weil ein Verständnis der beiden zutiefst unterschiedlichen Übertragungsmechanismen (Informationsübertragung unter und oberhalb der Lichtgeschwindigkeit) als Grundprinzipien der Natur zu verstehen sind, werden sie nun unter dem Aspekt der Kommunikation einer ersten einleitenden Betrachtung unterzogen.

Verschränkung, *indirekte* Wechselwirkung

Experimente, die eine Verbindung zwischen Teilchen mit Überlichtgeschwindigkeit nahe legen, sind inzwischen mehrfach in der Fachliteratur aufgeführt. Erste spezielle Versuchsapparaturen wurden bereits im Jahr 1972 von John F. Clauser und Stuart Freedman entwickelt. Wohl weil zur damaligen Zeit nur ungenü-

gend genaue Messapparaturen zur Verfügung standen, blieb ihnen jedoch die Anerkennung versagt. Ein Durchbruch hingegen gelang 1982 den Physikern Alain Aspect, Jean Dalibard und Gérard Roger. Sie konnten erstmalig in einem Strom von paarigen Quecksilber-Photonen die Polarisationswinkel einzelner Photonen messen. Stark vereinfacht ausgedrückt wurde aus der Messung von Polarisationswinkeln rückgeschlossen, wie schnell die bei der Messung erzeugte Information auf einen Gegenwinkel übertragen worden war. Gemäss der mathematischen Vorhersage des Bells-Theorems, das zwei Schlussforderungen zuliess (zum einen die Überlichtgeschwindigkeit und zum anderen das Maximum der Lichtgeschwindigkeit nach Albert Einstein) konnten die Physiker eine höhere Korrelation zwischen gebrochenen und reflektierten Winkeln aufzeigen, als es nach der Einstein`schen Kausalität zu erwarten gewesen wäre. Damit konnte erstmalig ein bislang nur denkbarer mathematisch logischer Zustand von Überlichtgeschwindigkeit auch experimentell bewiesen werden.
Schon wenige Jahre später wurde 1986 auf einer Konferenz in New York ein Experiment von Jean-Pierre Vigier vom Henri-Poicaré-Institut präsentiert, dass sogar auf eine 7.57-fache Lichtgeschwindigkeit bei der Informationsübertragung zwischen Elementarteilchen schlussfolgerte. Es würde sich nicht lohnen, an dieser Stelle noch weitere Experimente aufzuzeigen. Auch würde es sich nicht lohnen experimentell zu wetteifern, ob zukünftig vielleicht 8.8-fache, 10- oder gar 100-fache Lichtgeschwindigkeit bei Informationsübertragungen gemessen werden kann. Wirklich wichtig ist, *dass* solche Geschwindigkeiten mathematisch herleitbar sind, ohne einen Zusammenbruch der bestehenden Modelle nach sich zu ziehen, und dass auch weiterhin - aus unserer Sicht betrachtet - jegliche Informationsübertragung unendlich schnell (weil zeitlos) gegeben sein wird. Diejenigen die sich gegenüber derartigen Ergebnissen verschliessen, ignorieren einen Teil unserer mathematisch, physikalischen Realität.
Als spannend entwickelt sich die Frage, inwiefern *Information* und *Energie* in Zusammenhang zueinander stehen. Sicher ist, dass Informationsübertragung keine „Form von Energie" darstellen kann, weil Information selbst keine Eigenschaften repräsentiert, sondern lediglich deren Zustand von einem Ort zum anderen im Universum hin überträgt. Weiterhin sei als Ausblick schon jetzt der Hinweis erlaubt, dass Information anhand unendlich vieler Zahlen oder Zahlen-

folgen dargestellt werden kann. Vorausgesetzt man bleibt innerhalb der gleichen Zahlendimension, gibt es keine Zahl (egal ob gross oder klein), die nicht durch die Addition von weiteren Zahlen bis ins Unendliche anwachsen würde. Bezeichnenderweise ist das Prinzip der Zahlen unendlich gross und die Informationsübertragung - gemessen an der Einstein`schen Kausalität - unendlich schnell. Dem *Prinzip der Information* scheint also ein weiteres universelles Grundprinzip hinterlegt zu sein, das es noch genauer zu untersuchen gilt.

Kommunikation /*direkte* Wechselwirkung

Was hat nun das bislang Erwähnte mit dem Begriff Kommunikation zu tun? Sollte zukünftig „Kommunikation" völlig anderes verstanden werden, als es Sprachforscher, Psychologen oder Biologen vorgegeben haben? Natürlich nicht! Doch wäre es sinnvoll den Begriff der Kommunikation in Hinsicht auf die Existenz von Energieformen zu erweitern. Inzwischen ist klar, dass Formen *indirekt* (zeitlos schnell) miteinander kommunizieren (wechselwirken). Somit kann man nun alle bislang bekannten Arten der Kommunikation neu auch auf die Formen von Energie anwenden.

Dass Energieformen diversifizieren wurde bereits beschrieben. Dass sie aber auch *direkt* miteinander kommunizieren, soll an dieser Stelle noch einmal hervorgehoben werden. Der Vorteil der Generalisierung liegt auf der Hand. Auf diese Art und Weise können Muster identifiziert werden, die bestimmten Eigenschaftskategorien gemeinsam sind.

Fortan sollen alle Wechselwirkungen die beobachtet oder gemessen werden können, als *Kommunikation von Energieformen* verstanden werden. So wäre beispielsweise allen Lebensformen gemeinsam, dass sie mit anderen Lebewesen in *direkte* Wechselwirkung zueinander treten, um zu überleben. Das eingehendste Beispiel dürfte die Nahrungsaufnahme sein. Dabei bleibt es völlig unerheblich, ob von einem Lebewesen Energieformen aus *unbelebter* Materie (Wasser, Salze, Vitamine, ...) oder aus *belebter* (organischer) Materie zum Überleben aufgenommen werden. Allen Beispielen ist gemeinsam, dass sowohl höhere als auch niedere Lebewesen mit anderen Formen von Energie in *direkte* Wechselwirkung treten müssen. Sie müssen andere Formen von Energie aufnehmen um ihren eigenen Energiebedarf decken zu können. So gesehen, kommunizieren sie *direkt* mit anderen Energieformen.

Auch zwischen Individuen einer Art findet „Kommunikation“ oder Wechselwirkung statt, beispielsweise durch Sprache oder Blickkontakt oder über chemische, akustische oder visuelle Kommunikation. Individuen einer Art kommunizieren miteinander, weil sie sich dadurch evolutionäre Vorteile gegenüber anderen Lebensformen verschaffen können. Zum Beispiel, indem sie Gruppen oder Sippen bilden und gemeinsam auf die Jagd gehen. Demnach gibt es durchaus verschiedenste Arten der *direkten* Kommunikation, die unterhalb oder maximal mit Lichtgeschwindigkeit ablaufen. Sie alle sollen nun als Kommunikation von *direkt* wahrnehmbaren, bzw. messbaren Wechselwirkungen verstanden werden. Auch Materie kommuniziert über ihre Masse miteinander, zumindest indem sie sich durch Gravitation gegenseitig anzieht. Auch dieser Effekt sollte als *direkt wahrnehmbare* Kommunikation verstanden werden. Zumindest solange, wie die genaue Art der Kraftübertragung noch ungeklärt ist[31].

[31] Weil der Gravitation jedoch wie dem Licht (1) eine Quantenzahl (2) zugeordnet wird, sollen sie bis zum erbrachten Gegenbeweis der direkten Wechselwirkung zugeordnet bleiben.
Im Sinne der vorliegenden Theorie würde auch nichts dagegen sprechen, Gravitation als indirekte, zeitlos schnelle Wechselwirkung zu verstehen. Die Abgrenzung besteht darin, dass nur die Informationsübertragung den indirekten Wechselwirkungen zugeordnet ist. Die Wirkung der Gravitation selbst ist eine eindeutige direkte Wechselwirkung.

2.7 Schlussfolgerung, universelle Gesetze

Zusammenfassend sollen die Aspekte der Kommunikation und Diversifikation - entsprechend ihres Geltungsbereiches - als universelle Gesetze hervorgehoben werden. Grundlage war die Erkenntnis, dass alles direkt Wirkende als *Form von Energie* betrachtet werden kann. Essentielles Kriterium dafür ist die Bewegung (im Raum). Nicht nur herkömmliche Energieträger, sondern alle materiellen und immateriellen Formen erfüllen dieses Merkmal. Weil die Erde im Universum umher kreist, bewegen sich zugleich alle auf ihr bestehenden Energieformen, selbst wenn sie, wie die unbelebte Materie, nur zu ruhen scheinen. Unserer Wahrnehmung nach verlaufen Bewegungen entweder unterhalb der Lichtgeschwindigkeit oder, sofern Licht in den betrachteten Prozess mit einbezogen ist, maximal gleich schnell wie die Lichtgeschwindigkeit.

Als „Form von Energie“ werden die Objekte jedoch erst angesehen, wenn sie mit anderen Formen in Verbindung stehen und etwaige Wirkungen auf andere ausüben. Derartige Wirkungen entstehen durch Anstoss von Dipolen, einem verborgenen (und noch näher zu erläuternden) universellen Prinzip von *Kraft und Gegenkraft*. Die Dipole jeweils zu erkennen, ist schwierig, denn Energieformen sind nicht immer nur bei einer einzigen Form gegeben, sondern auch bei Formgemischen, also auch zwischen unterschiedlichsten Energieformen, bzw. Eigenschaftsgemischen.

Das Erkennen von Dipolen an einzelnen Formen erscheint dabei im Vergleich eher einfach. Zum Beispiel bilden Teilchen und Antiteilchen zusammen die Bausteine der Materie. Doch auch komplexere Energieformen, die ihrerseits aus unzähligen verschiedenen Subenergien bestehen, können durch Wechselwirkungen zwischen Dipolen eine Wirkung erlangen. Die Herausbildung von übergreifenden Dipolen ist aber nicht zwingend, bzw. nicht überall gegeben, - insbesondere dort nicht, wo nur *Eigenschaften* betrachtet werden. Als Beispiel wurde der Zyklus genannt, der selbst keinen Dipol besitzt und sich dennoch bewegt, weil hier die daran beteiligten Formen durch ihre jeweiligen Kräfte und Gegenkräfte angetrieben werden. Zwei Menschen oder ganze Menschengruppen können beispielsweise zu Dipolen werden, sofern sie aufeinander wirken.

Massgebliches Prinzip von Energieformen ist die Diversifikation. Energie hat immer die Bestrebung, - abhängig von der gegebenen Temperatur(!) - sich in andere Energieformen aufzuspalten, sich zu verzweigen, bzw. zu diversifizieren. Damit sind die wichtigsten Aspekte von Energieformen zusammengefasst. Zukünftig wird entscheidend sein, „Energie als „Formen von Energie" zu betrachten.

Ein weiterer, ganz besonderer Aspekt der Energieformen ist die quantenphysikalische Tatsache, dass die Summe *mehr* ist als die Summe ihrer Einzelteile. Sind also verschiedene Formen durch Wechselwirkung miteinander verbunden und bringen sie neue Eigenschaften hervor, so kann der Vorgang als Diversifikationsprozess verstanden werden (Vermehrung der *Qualität*). Die Summe ist aber auch dann *mehr*, wenn die Anzahl gleichförmiger Objekte innerhalb einer Form ansteigt. Beispielsweise nimmt die physische Grösse zu, wenn *mehr* gleichförmige Energieformen am Aufbau eines Objektes beteiligt sind (Vermehrung der *Quantität*).

Wer sich auf eine derartige Betrachtungsweise einlässt, dem erschliesst sich die Welt von Neuem. Alle uns bekannten Energieformen lassen sich nämlich entsprechend unserer etablierten Wissenssysteme in *Grundformen, Hauptformen* und in diverse Arten (*Diversifikationen*) unterteilen. Dabei sind die Grund- und Hauptformen so definiert, dass sie besonders nachhaltig auf die Entstehung neuer Energieformen wirken, und ihnen *prägende* bzw. *gesetzmässige* Energiebeziehungen zugeordnet werden können.

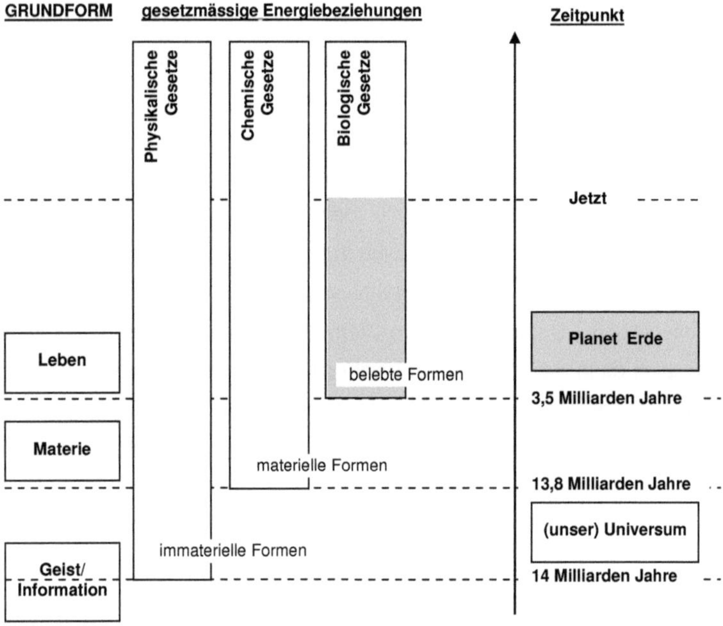

Abbildung 6: universelle Gesetze und erdgebundene Gesetze

Alles baut aufeinander auf, Nichts kann ohne das Vorherige bestehen. So könnte letztlich keine Form des Lebens existieren, wenn nicht zuvor verschiedene chemische Verbindungen diversifiziert wären. Ebenso wären aus chemischen Verbindungen keine Form der Materie entstanden, wenn nicht zuvor physikalische Gesetze von Bestand gewesen wären.

Alles kann aber auch mit *Allem* kommunizieren bzw. wechselwirken. Bei der Kommunikation ist jedoch zwischen *direkten* und *indirekten* Wechselwirkungen zu unterscheiden. *Direkte* Wechselwirkungen beinhalten alle uns bekannten Austauschprozesse zwischen den bekannten Formen. Dazu gehört die Nahrungsaufnahme genau so, wie die Wirkung des Lichtes oder die der Gravitation zwischen den Formen der Materie. Dazu gehören aber auch einseitige Kommunikationen, die nur von einer Art oder einem Individuum ausgehen und damit nicht zwingend eine Wirkung bei beiden Formen hinterlassen müssen. Dennoch kommunizieren sie, stehen also in Wechselwirkung zueinander. Das universelle Prinzip der Kommunikation bzw. Information steht damit zunächst für *direkte*, raum- und zeitgebundene Verbindungen.

Nach heutigem Verständnis lässt sich der Aspekt der Kommunikation jedoch erst vollständig beschreiben, wenn auch *indirekte* Wechselwirkungen bzw. quantenphysikalische Verschränkungen gedanklich integriert werden, - jene Wechselwirkungen, die schneller sind als das Licht, absolut schnell und unendlich vielfältig.

Damit ist unser Universum letztlich eine Durchdringung von unterschiedlichsten Kreisläufen und Zyklen verschiedenster Energieformen. Weil *Alles,* was wir wahrnehmen, aus Formen von Energie besteht, ist auch *Alles* ineinander überführbar, - durch Diversifikation und Rediversifikation. Dabei gilt weiterhin der Satz der Energieerhaltung für alle Systeme.

Grundform der psychologischen Gesetze

Bereits an dieser Stelle können die universellen Gesetze noch um ein weiteres, letztes Prinzip erweitert werden. Ausführungen zum Prinzip der Information zeigten bereits, dass eine Suche nach dem verbindenden Prinzip in den kleinsten Teilchen der Physik immer mit dem Betrachter selbst verbunden ist. Was liegt da näher, als auch das menschliche Bewusstsein in die Überlegung der Formbeziehungen mit einzubeziehen. *Glaube* und *Wissen* sind erforderlich, um neue (menschliche) Gedanken zu erzeugen und auch sie erzeugen Wirkungen, die deutliche Spuren der Veränderung in ihrer Umgebung hinterlassen.

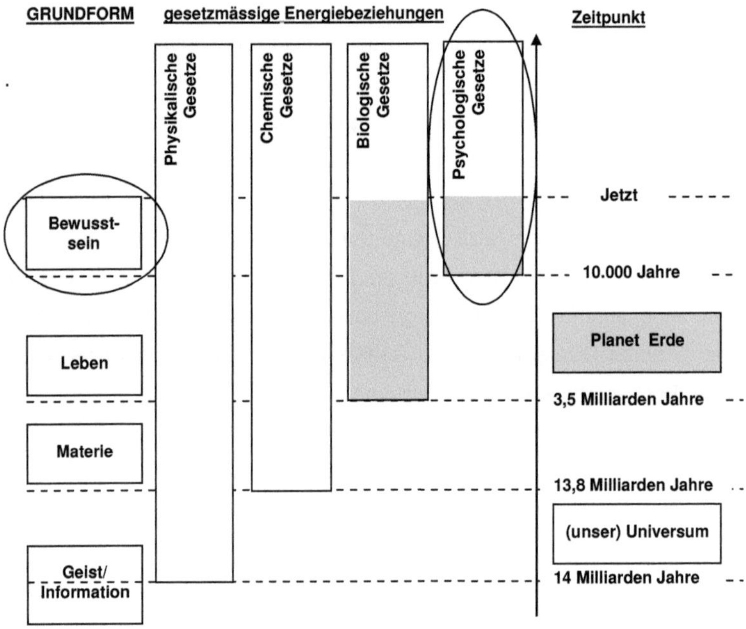

Abbildung 7: universelle Gesetze und erdgebundene Gesetze (II)

Damit sind die wesentlichen Kriterien einer Energieform gegeben: die der Bewegung und die der Wirkung. Das menschliche Bewusstsein solle daher in gleicher Weise als massgeblich prägende Grundform in die universellen Prinzipien integriert werden. Offen bleibt noch ob dieses Prinzip tatsächlich im gesamten Universum volle Gültigkeit besitzt. Weil sich diese formende Kraft (Grundform) jedoch auf der Erde entwickelt hat, ist es zunächst folgerichtig anzunehmen, dass sich Gleiches auch anderswo entwickelt haben könnte. Solche und ähnliche Schlussfolgerungen werden an späterer Stelle noch einmal ausgeführt.

Bisherige Schlussfolgerungen in Kurzform:

- *Alles* um uns herum ändert sich zyklisch-rhythmisch, verhält sich also in einem Gleichgewicht zueinander.
- *Alles* kommuniziert und diversifiziert.
- Energieform ist eine Kraft, und jede Kraft hat genau eine Gegenkraft.
- Die Summe ist „mehr". Dieses „Mehr" bezieht sich auf die Qualität und Quantität von Energiebeziehungen und bestimmt mögliche Wirkungen von Formen.
- Das universelle Prinzip der Kommunikation bzw. Information steht für eine *direkte* raum- und zeitgebundene Verbindung. Zudem ist ein quantenphysikalisches System von *indirekten* Wechselwirkungen bekannt, das sich unserer Wahrnehmung (zunächst) zu entziehen scheint.
- Das Geheimnis liegt im Verständnis der Pole, beziehungsweise deren noch zu definierenden *direkten* und *indirekten* Wechselwirkungen.
- Auch das menschliche Bewusstsein ist eine formende Kraft.

3 Die Raum-Zeit-Information, kosmische Gesetzmässigkeiten

Ziel des vorliegenden Kapitels ist es eine (alles) verbindende Struktur aufzuzeigen. Dazu werden in einem ersten Schritt die drei Aspekte *Zeit, Raum* und *Information* eingeführt. In einem zweiten Schritt werden sie speziell unter kosmischen Gesichtspunkten betrachtet.

3.1 Aspekt Zeit

Was ist Zeit? Wie lange dauert sie? Ist es möglich, dass die Zeit rückwärts verläuft? Können wir vielleicht irgendwann einmal durch die Zeit hindurch reisen? Diese und andere Fragestellungen werden schon seit langem diskutiert. Zumeist entsprechen die Antworten eher denen von Glaubensbekenntnissen, als denen des Wissens. Dabei gilt heute als allgemein anerkannt, dass *Zeit*

ein „nicht umkehrbares, nicht wiederholbares
Nacheinander von Veränderungen und Ereignissen in der Natur“

darstellt.
Immerhin steckt selbst in dieser leicht verschlüsselten Erklärung bereits mehr Wissen, als es zunächst erscheint. Wird nämlich die Aussage noch ein wenig erweitert, so wird das bislang Unfassbare plötzlich „einfach und klar“. Im Grunde genommen ist *Zeit* „einfach“ übersetzt nichts anderes als *Veränderung* bzw. *Bewegung*. Denn nur dort, wo sich etwas *bewegt*, kann auch *Zeit* vergehen. Egal ob ein kürzerer oder längerer Zeitraum betrachtet wird - es gilt:

Bewegt sich nichts, so verändert sich auch nichts.

Unserer Wahrnehmung nach, laufen alle Veränderungsprozesse, die wir beobachten können, maximal mit Lichtgeschwindigkeit oder deutlich darunter ab. Schlägt beispielsweise eine Person mit einem Hammer auf eine grosse Blechplatte, so wird der Unterschied zwischen Schall- und Lichtgeschwindigkeit durch entfernte Betrachtung schnell nachvollziehbar. Beide Übertragungsgeschwindigkeiten unterscheiden sich deutlich voneinander. Schallwellen werden mit etwa 340 Metern pro Sekunde übertragen, wohingegen Lichtwellen nahezu 1000 mal schneller übermittelt werden. Für beide übermittelten Ereignisse vergeht Zeit, bis sie vom Betrachter wahrgenommen werden, - doch messen wir nur jene Prozesse tatsächlich, die deutlich langsamer als die Lichtgeschwindigkeit ablaufen. Dafür empfinden wir alles in Verbindung mit Licht Stehende als absolut schnelle Bewegung, bzw. maximal empfindbare Geschwindigkeit. Licht ist unserer Wahrnehmung nach die einzige, absolut uneinholbare Verbreitungsgeschwindigkeit. Diesem Sachverhalt kann entnommen werden, dass zeitliche Ereignisse - unserem Empfinden nach - immer mit *Veränderung* bzw. *Bewegung* in Verbindung stehen, - auch wenn sie durchaus mit verschiedenen Geschwindigkeiten ablaufen[32].

Noch genauer betrachtet ist jedoch erst die Relativ*Bewegung* von Formen dafür verantwortlich, dass Zeit in unserem Universum gemessen werden kann. Eine relative Bewegung von Formen im Raum, wird demnach zur Anfangsvoraussetzung für Zeit, denn erst, wenn es sich bewegt, vergeht auch Zeit. - Hinsichtlich der Möglichkeit von Zeitreisen kann es folglich nur ein Ding der Unmöglichkeit sein, sich „durch die Zeit hindurch bewegen zu wollen". Erst recht aufgrund der Verknüpfung mit Bewegung wird es unmöglich, jemals rückwärts durch die Zeit hindurch reisen zu wollen. Der Begriff „Reisen in der Zeit", also „Reisen in der Bewegung" sagt es eigentlich schon aus: Wer *reist*, der bewegt sich ja bereits und kann sich damit nur schwerlich noch zusätzlich durch die Zeit selbst hindurch bewegen.

Sobald sich eine Form relativ zu anderen Formen oder Räumen bewegt, ist sie eine Form von Energie, für die „messbare" Zeit vergeht....

Auch „Formen von Energie" sind schon vorab in Verbindung mit einer (Relativ-)Bewegung definiert worden. Um so mehr erstaunt es nun, dass auch Betrach-

[32] Einer der populärsten Beweise Einsteins war es aufzuzeigen, dass sich Zeit durch Geschwindigkeiten dehnt. Unser Zeitempfinden wird verlangsamt, je schneller sich ein Körper oder Gegenstand selbst bewegt. Somit entsteht ein unterschiedliches Zeitempfinden, wenn sich Körper oder Gegenstände mit unterschiedlichen Geschwindigkeiten bewegen.
Im Gegensatz dazu kann eine Verbreitung von Information per Überlichtgeschwindigkeit nicht mehr mit sinnlicher Empfindung, sondern nur noch mit moderner Messmethodik als zeitlicher Ablauf *re*konstruiert werden.

tungen von Zeit im Zusammenhang mit allgemeiner (Relativ-) Bewegung stehen sollen. Dieser Zusammenhang wird um so deutlicher, wenn der Begriff des „Zeitraums“ näher beleuchtet wird, denn ein „Zeit-Raum“ gibt bereits seinem Wortlaut nach darüber Auskunft, wieviel Bewegung eine Form bei der Durchquerung eines Raumes (bereits) erfahren hat. Ob Formen lediglich in (Relativ-)*Bewegung* zu anderen Formen stehen, oder ob sie dabei auch *Veränderung ihrer Eigenschaften* erfahren, soll zukünftig voneinander unterschieden werden. Unser allgemeines Augenmerk ist dabei jedoch weniger auf etwaige Relativbewegungen von Formen ausgerichtet. Ganz gleich ob ein Zeitraum von Sekunden, Minuten, Stunden oder Jahre bzw. Jahrmillionen betrachtet wird: wir wollen im Allgemeinen weniger über die Bewegung von Formen, als vielmehr über ihre möglichen *Veränderungen* erfahren. Betrachtete Formen durchlaufen über einen längeren Zeitraum sehr unterschiedliche Entwicklungszyklen. Manch unbelebte Formen wie z.B. Steine, Mineralien oder atomare Teilchen verändern sich in Bruchteilen von Sekunden, - andere hingegen in Jahrmillionen. Und obwohl sich die Formen durch Diversifikation und Rediversifikation zeitweilig gar nicht zu verändern scheinen[33], vergeht auch für sie - wegen der gegebenen Relativbewegung - weiterhin Zeit. Folglich sollen selbst Zeiträume *ohne erkennbare Veränderung* zukünftig nicht mehr als „Stillstand von Zeit“ interpretiert werden. Vielmehr sollen sie als langsam ablaufende Prozesse oder gar als *Pausen der Eigenschaftsveränderung* verstanden werden. Ein absoluter Stillstand in unserem Universum, bei dem sich nichts mehr relativ zueinander bewegt, kann ganz offensichtlich nicht beobachtet werden. Somit kann festgehalten werden: Überall *bewegt* es sich in unserem Universum, und fast überall *verändert* es sich zusätzlich. *Bewegung* soll zukünftig als *Zeit* aufgefasst werden können, die zusätzlich noch *Veränderungen* in den Formen umfassen kann.

Nur wenn es sich bewegt, vergeht auch Zeit. (Bewegung im Raum)
Veränderungen beruhen auf wechselnden Eigenschaften in den Formen.

[33] Alle Formen von Energie korrodieren, zersetzen sich oder zerfallen schliesslich langsam. Auch die toten oder unbelebten Formen werden irgendwann im Laufe der Rediversifikation von anderen Formen aufgenommen, also in andere Energiebeziehungen integriert.

Ein weiteres Kennzeichen von Zeit ist, dass sie *unendlich* gross ist. Diese Unendlichkeit kann offensichtlich jedoch nur dann fortdauern, wenn zugleich entsprechende Antriebe in Verbindung mit Unendlichkeit in den Formen gegeben sind. Augenscheinlich stehen also Antriebe der Bewegung mit einem unendlich grossen Antriebsprinzip in Verbindung. Dass unendlich schnelle Bewegung (Zeitlosigkeit) gegeben sein kann, wurde schon vorher bei der *indirekten* Wechselwirkung ausgeführt. Es liegt daher nahe zu vermuten, dass Dipole, die ihrerseits für den Antrieb der Bewegungen stehen, ebenfalls mit dem unendlichen Prinzip der *indirekten* Wechselwirkung in Verbindung stehen müssen. Damit stehen also auch *Zeit* (Bewegung) und *indirekte Wechselwirkung* (Information) in engem Abhängigkeitsverhältnis zueinander.
Für den Aspekt Zeit ergibt sich aber neben der erwähnten *indirekten* Wechselwirkung noch eine weitere Verbindung zur Unendlichkeit. Auch sie steht wieder in Verbindung zum Raum, jedoch diesmal nicht als *Zeitraum*, sondern als „RaumZeit". Auch herkömmliche (physikalische) Definitionen von Energie gehen davon aus, dass Energie von einem *Ort* zu einem anderen transportiert werden kann und die Überführung von einer Form in eine andere gilt längst als allgemein anerkannt. Dies wird auch über den Energieerhaltungssatz zum Ausdruck gebracht: *Nichts* geht bei deren Umwandlung verloren, sondern wird in andere Formen überführt. „Raum" und „Umwandlung der Formen" sind danach Begriffe, die schon seit längerem im Zusammenhang mit Energie betrachtet werden. Allein aus dieser Tatsache lässt sich ableiten, dass auch die Begriffe „Raum" und „Zeit" mit dem Begriff der „Energie" verbunden sind. *Raum*, weil Formen mit ihren Eigenschaften von einem Ort zum einem anderen überführt werden können. *Zeit*, weil dies immer mit *Bewegung* und sich vollziehender Wandlung verbunden ist.
Wenn also nach einer gemeinsamen verbindenden Struktur gesucht werden soll, muss neben dem Begriff der *Zeit,* auch der des unendlich grossen *Raumes* mit dem Begriff *Energie* in enger Verbindung stehen. Raum und Zeit wurden im allgemeinen Sprachgebrauch (leider) nicht nur zum *Zeitraum*, sondern auch zur *Raumzeit* zusammengefasst. Die *Raumzeit* wird oft sogar mit der „vierten Dimension" in Verbindung gebracht. Durch diese Begriffsprägung wird jedoch das eigentliche Wesen des Raumes verdeckt. Sinnvoller scheint es daher - zumin

zumindest bei der *Raumzeit* - beide Begriffe zunächst voneinander zu trennen.

3.2 Aspekt Raum

Wie wichtig unsere Vorstellungen vom uns umgebenden Raum sind, zeigte ein eindrucksvoller mathematischer Nachweis von Peter Plichta. Er erkannte, dass im gegebenen (universellen) Raum nur ganze **81** Elemente stabilen Bestand haben dürften. Alle anderen Grundstoffe dürften nach seinem Raumverständnis keinen dauerhaften Bestand haben, weil sie einem radioaktiven Zerfall unterliegen, also von sich aus instabil sind.

Der Umstand, dass nur 81 Elemente unseres Periodensystems stabil sind, sei bisher unbeachtet geblieben, weil die radioaktiven Elemente im Allgemeinen erst ab der Ordnungszahl 84 oder darüber zu strahlen beginnen. Wer versucht Zusammenhänge zwischen dem Raum und den stabilen Elementen zu finden, wird mit der Anzahl 83 zu einen vielversprechenden Ergebnissen kommen können. Peter Plichta wurde bewusst, dass es genau zwei Ausnahmen im Periodensystem gibt: die Elemente 43 und 61 (Technetium und Promethium). Auch sie strahlen radioaktiv, sind also in der gegebenen Raumstruktur ebenfalls *instabile* Formen. Allerdings besitzen sie, im Gegensatz zu den sonstigen bekannten radioaktiven Substanzen, eben deutlich weniger als 84 Protonen und Neutronen.

Element	**Stabile Elemente**	**Radioaktive Elemente**
Element 1 - 42	42	
Element **43**		**1**
Element 44 - 60	17	
Element **61**		**1**
Element 62 - 83	22	
Summe	**81**	**2**
Element 84 -	-	diverse

Tabelle 7, Elemente im vierdimensionalen Raum

Die beiden radioaktiven Elemente sind also innerhalb der stabilen Elemente mit niedrigen Ordnungszahlen quasi „versteckt“. Und weil dieses Prinzip nicht so ohne Weiteres zu durchschauen ist, brauchte es auch so lange, dem Geheimnis der stabilen Elemente - in Verbindung mit dem Raum(!) - überhaupt auf die Spur zu kommen.

Dass eine modellhafte, mathematische Erklärung zwingend ein drei- bzw. vierdimensionales *Raumbild* erfordert, ist sicherlich eine beeindruckende geistige Leistung. Mit Hilfe eines entwickelten „Primzahlkreuzes" zeigte er auf, dass neben den bekannten drei Raumdimensionen auch eine *vierte* Raumdimension gegeben sein muss. Der vierdimensionale Raum lässt sich mit der Grundstruktur des Primzahlkreuzes einfach darstellen und besteht geometrisch aus zwei rechtwinklig zueinander stehenden Flächen (x^2, y^2). Sie können, stark verkürzt, auch zwei aufeinander senkrecht gespiegelte Dimensionen verstanden werden. Mit dem Primzahlkreuz und diversen komplexen Zahlenspielen lassen sich jedoch alle bekannten (und erdenkbaren) atomaren Strukturen nachvollziehbar herleiten und erscheinen schliesslich sehr viel weniger geheimnisvoll. Vor allem die dargestellten Erkenntnisse zum Raum bringen zum Ausdruck, dass allein die Anzahl der Dimensionen den gegebenen Raum charakterisiert.

Die Unendlichkeit des Raumes

kann durch Abstufungen der Raumdimensionen untergliedert werden.

Die „einfache" Dimension ist eine Linie, die „zweite" Dimension ist eine Fläche und die „dritte" Dimension ist unser dreidimensionaler Raum (Höhe, Breite, Länge, x,y,z)[34]. Jeder der dargestellten Räume verfügt also über unterschiedliche Raumstrukturen, die grundsätzlich jeweils nur dann entdeckt werden können, wenn sie aus einer höheren Dimension heraus betrachtet werden.

Uns Menschen ist dabei der dreidimensionale Raum vertraut. Nur aus der Perspektive der „dritten" Dimension heraus ist es (uns) möglich, eine „zweite" oder „erste" Dimension sicher zu identifizieren. Peter Plichta vertritt die Auffassung, dass wir genau in einem drei- bzw. vierdimensionalen Raum leben. Dass also für manche Formen ein dreidimensionaler und für andere wieder eine vierdimensionaler Raum gegeben sein muss. Er begründet damit die Anzahl der sta-

[34] Ein vierdimensionaler Raum lässt sich mit der Grundstruktur des Primzahlenkreuzes darstellen und besteht geometrisch aus zwei rechtwinklig zueinander stehenden Flächen (x^2, y^2). Der vierdimensionale Raum ist jedenfalls nicht die allseits bekannte, so genannte „Raumzeit".

bilen Elemente und führt dazu das Beispiel von Insekten an, die ohne Mühe kopfüber an Decken oder schrägen Flächen landen können, ohne dabei das Gleichgewicht oder die Orientierung zu verlieren. Erklärbar wird dies für ihn, indem *Insekten* z.B. den Raum als *vierdimensional* begreifen, also als eine Verschränkung von zwei senkrecht ineinander stehenden Flächen. Wer sich in einem derartigen Raum bewegt, empfindet kein oben oder unten, sondern immer eine *unendlich grosse* Fläche, auf der jederzeit gelandet werden kann[35]. Räume charakterisieren sich also im besonderen Masse durch die Anzahl der bestehenden Raumdimensionen. Aus dem bereits Ausgeführten kann folgende Schlussfolgerung gezogen werden:

Die Anzahl der räumlichen Dimensionen bestimmt die Eigenschaften der darin enthaltenen Formen.

Auch wenn uns Raumdimensionen als unendlich (gross oder klein) erscheinen mögen, so ergibt sich in Hinsicht auf ihre maximale Anzahl doch noch eine erstaunliche Endlichkeit. Die Räume mögen zwar unendliche Grösse besitzen, (ähnlich wie die Zeit), doch die Anzahl der Raumdimensionen - und damit auch darin bestehenden (elementaren) Eigenschaften - scheinen hingegen nur begrenzt, also endlich zu sein.

Spätesten an dieser Stelle soll wieder ein Bezug zu den aktuellen Wissenschaften hergestellt werden. Neueste physikalisch-mathematische Theorien deuten auf eine Bestätigung der vermuteten Endlichkeit der Dimensionen hin. Obgleich ein vier- oder fünfdimensionaler Raum mit menschlichem Geist kaum mehr fassbar ist, aktuelle mathematische Theorien lassen schon jetzt sehr viel mehr Ebenen zu. Bereits ganze 11 bzw. 22 räumliche Dimensionen sind inzwischen erforderlich, damit die mathematisch-logischen Modelle in sich auch aufgehen. Rein praktisch betrachtet kann damit noch nicht wirklich viel erklärt werden. Doch allein aus solchen Überlegungen heraus ist es nicht sinnvoll, unendlich

[35] Dass es ähnliche Entwicklungen aufgrund der Zahlenarithmetik geben muss, erklärt Peter Plichta in seinem Buch „Gottes Formel". Er führt viele beeindruckende Beispiele an, die letztlich aufzeigen, dass die mathematische Logik in sich konsequent und durchgängig gegeben ist. (Dass hat das I Ging auch schon gezeigt, wenngleich nicht so detailliert, aber mit der Grundaussage, dass im Zahlenraum eine verborgene Ordnung enthalten ist).

viele Raumdimensionen einführen zu wollen, - aber eben doch noch einige mehr, als wir uns heute gedanklich vorstellen können. Wie so oft sind auch hierbei die mathematischen Werkzeuge den physikalischen Anwendungen noch um einige Schritte voraus.

Die mathematischen Schlussfolgerungen halten eine Mehrdimensionalität allein schon aus der uns lange vertrauten Ja-Nein-Logik heraus für zwingend erforderlich.

Würde es uns gelingen über ein Logiksystem noch mehr Zustandsbeschreibungen als die bisherigen „wahr/ fasch- Aussagen" zu integrieren - und wären diese dann auch gedanklich beherrschbar, - so dürften noch ganz andere Schlussfolgerungen als bisher zu erwarten sein. Wirklich entscheidend ist bei dem ganzen Vorgehen jedoch, dass die bereits bestehenden mehrdimensionalen Modelle deutlich mehr gedankliche Freiheitsgrade beinhalten. Sie bieten (Frei)Raum für neue Gedankenmodelle, mit deren Hilfe bislang noch unerklärbare Phänomene zukünftig etwas verständlicher werden könnten.

Nachdem die Aspekte der *Zeit* und des *Raumes* beschrieben worden sind, drängt sich noch einmal eine Schlüsselfrage dieses Kapitels auf: Warum sollten Raum und Zeit auch weiterhin als „Raumzeit" miteinander verschmolzen bleiben? Nichts spricht dafür, dass *Raum* und *Zeit* zwingend miteinander gekoppelt sein müssen. Schliesslich gilt:

Raum kann auch existieren,
ohne dass Bewegung bzw. Zeit darin vergeht[36].

Egal wie die Wissenschaft sich weiterentwickelt, keine fünfte oder zweiundzwanzigste Dimension lässt sich wohl nach menschlichen Vorstellungen mehr in eine greifbare Endlichkeit fassen. Jede betrachtete Dimension besteht jedoch

[36] Eine Umkehrung des Satzes ist hingegen nicht möglich. Auch diese Tatsache unterstützt die These, dass Raum und Zeit vermehrt getrennt voneinander betrachtet werden sollten. Dem Aspekt des Raumes kommt somit eine besondere Bedeutung zu.

immer aus unendlicher Grösse, und damit ist der *Raum* ein Teil einer unendlich grossen universellen Grundstruktur[37].
Am Rande des Undenkbaren zu denken, zu spüren oder gedanklich zu realisieren, was uns umgibt, und dabei weiterhin in der Realität des Lebens zu stehen, wird auch weiterhin eine der Herausforderungen des menschlichen Bewusstseins bleiben.

3.3 Aspekt Information

Um das Phänomen der Bewegung im Raum weiter zu veranschaulichen bedarf es noch weiterer, überzeugender Erläuterungen. Die Antriebe der Bewegung dauern offensichtlich unendlich lange an und gelten für unendlich viele Bewegungen. Damit brauchen sie jedoch ein Prinzip, das uneingeschränkten, unendlich schnellen Informationsaustausch für die Koordination der vielen Bewegungen erlaubt. Gäbe es hingegen keine Informationsübertragung, würde alle Bewegung in einen spezifischen „idealen" Gleichgewichtszustand übergehen und dort im bewegungslosen (toten) Zustand unendlich lang verweilen. Dass derartige Zustände nicht beobachtet werden können, ist unumstritten. Nur wirklich erklärt werden kann ein solches Phänomen noch nicht, insbesondere weil Informationsübertragung bislang - wegen der noch ausstehenden Informationstheorie - noch nicht modellhaft erklärt werden kann. Dabei kann dem überaus tödlich wirkenden Gleichgewichtszustand über den Austausch von Information wirksam entgegengewirkt werden. Und eigentlich wird mit etwas Überlegung auch klar, dass jegliche Bewegung von Gleich- oder Ungleichgewichtszuständen, ohne gleichzeitige Übertragung von Information nicht koordinierbar wären. Die Formen würden ansonsten entweder für immer auseinander driften oder in sich zusammenfallen und ewig in diesem Zustand verweilen.
Glücklicherweise besitzen die bereits erwähnten *indirekten* Wechselwirkungen alle nötigen Voraussetzungen, um solche Anforderungen zu erfüllen. Sie wurden von Einstein, Podolsky und Rosen physikalisch erdacht, durch John Bell mathematisch hergeleitet und durch Experimente zur Überlichtgeschwindigkeit

[37] Die erste Dimension - die eines Punktes - ist selbstverständlich unendlich klein.

bereits bewiesen! Nur haben sie noch keinen Einzug in physikalische Modellvorstellungen erhalten.

Unendlich viele Bewegungen,
die unendlich lange andauern,
brauchen ein unendlich schnelles,
zeitloses Kommunikationsprinzip
(von indirekten Wechselwirkungen).

Die hier formulierte Vermutung lautet: Mit Hilfe der indirekten Wechselwirkung kann jegliche Bewegung/ Veränderung als Information übermittelt werden. Folglich stünden *Information* und *Zeit* (Bewegung/ Veränderung) in enger Beziehung zueinander. Die Vermutung kann wie folgt ausgeführt werden: Gäbe es kein unendliches Informationsprinzip, wären auch keine unendlichen Antriebe steuer- bzw. regelbar - und damit auch keine unendlich andauernde Bewegung der Dinge (Zeit) gegeben.

Unabhängig vom verbindenden Gedanken der Zeit, soll Information auch in einen gedanklichen Zusammenhang mit den Zahlen gestellt werden. Mit ihnen lässt sich jegliche Information ausgesprochen gut darstellen, sogar unendlich viel (Information). Zahlen-Computer mit grossen Informationsgehalten können schon heute ausserordentlich schnell rechnen. Einzelne Informationseinheiten basieren dabei auf der Zusammensetzung von Bits und Bytes, also auf diversen Zahlenfolgen von Nullen und Einsen. Theoretisch liessen sich auch diese zu unendlich grossen Informationsgehalten kombinieren. Nur dass sie bei unendlicher Grösse auch unendlich lange verarbeitet werden müssten - kein besonders effektives Verfahren in der Informationsverarbeitung. Um unendliche Informationen sinnvoller verwalten zu können, bedient sich die Programmiertechnik eines Tricks. Mehr Information wird geschaffen, indem mehr Verknüpfungen unter den ansonsten isolierten Datensätzen erzeugt werden. Ein „Mehr" an Information entsteht aus den Verknüpfungen, aus den Informationsbeziehungen (siehe Abbildung 1, S. 32). Die Datensätze auf der Basis von Zahlen beginnen auf einmal miteinander zu kommunizieren. Sie stehen wie in *indirekter* Verarbeitungsweise zueinander. Auch *Information* und *Zahl* sind also aus Sicht des menschlichen Geistes grundsätzlich untrennbar miteinander verbunden.

Aspekt der Zahl

Der Mensch kann mit Hilfe der *Zahlen* aber noch sehr viel mehr Informationsgehalte verbinden: Er unterteilt die Welt in kleinste und allerkleinste Grundeinheiten. So bilden beispielsweise die berüchtigten vier Quantenzahlen die Bausteine unserer materiellen Welt (siehe Anhang, S. 237). Grosse oder grösste Unterteilungen werden hingegen mit der Zahl Vier durchgeführt. Die vier „Elemente“: Feuer, Wasser, Erde, Luft, - die vier Himmelsrichtungen (im Raum) oder die vier Jahreszeiten. Es gäbe genügend Beispiele mit der die Zahl Vier, die in Zusammenhang mit Formen gebracht werden ....
Und ohne nun in grosse Zahlenmystik zu verfallen, kann an dieser Stelle festgehalten werden: Es gibt noch eine weitere Zahl, die Drei, die essentielle Informationen enthält und die einen Bezug zu *Strukturen* aufweist. Alles andere widerspräche bisherigen mystischen Weisheiten. Soll also die *Struktur* der Dinge aufgezeigt werden, müsste sie mit der Zahl *Drei* verbunden sein. Wird hingegen das Wesen der *Formen* betrachtet, müsste die Zahl *Vier* darin enthalten sein.

Drei ist die Struktur und Vier ist die Form.

Innerhalb „unseres“ Universums ist ein drei- bzw. vierdimensionaler Raum gegeben, der wiederum ganze 81 Elemente als Grundform der Materie enthält. Wird nun ein erstes Koordinationsprinzip durch die Verwendung von Zahl (Information) genutzt, so ergibt sich folgende Betrachtung:

3 hoch 4 = 81 (stabile !) Elemente [38]

[38] Hierbei handelt es sich um eine Erkenntnis von *Peter Plichta*, die u. A. in seinem Buch „Gottes geheime Formel“ niedergeschrieben ist. Wer sich vertiefend mit Atommodellen, komplexen Zahlen und verschiedenen Raumdimensionen auseinandersetzen möchte, dem sei die im Anhang aufgeführte Literatur nahegelegt.
Erweiterte Anmerkung: Die Vorstellung von einem vierdimensionalem Raum verfestigt sich zunehmend. Auch *Lisa Randall* geht in ihrem Buch „Verborgene Universen, Eine Reise in den extradimensionalen Raum“ von vier Raumdimension unseres Universums aus.

Die Schlussfolgerung lautet: Struktur (3) potenziert mit der Dimension des umgebenden Raumes (4) ergibt genau 81 mögliche *stabile* Elemente. Sollte das Prinzip voll anwendbar sein, liessen sich weitere, allerdings nicht mehr beweisbare Schlussfolgerungen für andere Universen herleiten. Vor allem aber basiert die Idee auf einer Unterteilung des Raumes in vier Dimensionen. Dem Grundverständnis der vorliegenden Theorie liegt jedoch weniger die exakte Anzahl von diversifizierten Raumdimensionen zugrunde, als vielmehr das Wissen um die Unterteilung des Raumes.

Hinsichtlich der vorliegenden Theorie bleibt nun zu klären, worin die besagte Dreier-Struktur besteht[39].

[39] Im Buch "absolut imaginär" werden Strukturen schliesslich mit Hilfe von hyperkomplexen und imaginären Zahlen noch deutlich differenzierter dargestellt. Insbesondere die nun vorgestellte universelle Grundstruktur, wird schliesslich als eine absolut imaginäre Grundstruktur beschrieben.

3.4 Universelle Grundstruktur

Der Urgrund der Dinge ist Drei.

Der Zahlenmystik nach setzt sich eine Struktur aus drei Aspekten zusammen und genau drei der bisher erläuterten Prinzipien sind durch die Unendlichkeit gekennzeichnet: Unendliche Grösse des *Raumes,* der *Zeit* und der *Information.* Sie umfassen unendliche Grösse, die verbunden ist mit unendlicher Vielfalt.
Analog dem Prinzip von tragenden Säulen werden auf der folgenden Seite die drei strukturellen Grundaspekte nebeneinander aufgeführt. Über die drei Säulen hinweg sind ausgewählte Begriffe aufgeführt, die auf unterschiedliche Art und Weise mit dem Prinzip der Information korrespondieren. Sie alle beinhalten ausgewählte, aber nur schlagwortartig aufgeführte Zusatzaspekte der universellen Grundstruktur. Beispielsweise werden Ausdrücke wie *Zahl*, *Entropie* und *Enthalpie* zu einer Begriffsgruppe zusammengefasst. *Zahl* gilt als Hinweis auf die Informationseinheit, *Enthalpie* als Hinweis auf den inneren Energiegehalt eines Systems und *Entropie* als Hinweis auf den Ordnungszustand eines gegebenen Systems. Auch wichtige elementare Grundeinheiten wie *Gravitation, Licht, Materie* oder *Fundamentalteilchen* werden in der Darstellung aufgeführt. Ihr elementarer Unterschied beruht auf der Eigendrehung, dem Spin, der wiederum über eine spezielle Quantenzahl charakterisiert wird (siehe Abbildung 38, S. 237). Auf indirekte Weise wird damit betont, welch essentieller Stellenwert den aufgeführten Eigenschaften zugestanden wird.
Die Zusammenstellung in der folgenden Abbildung wird an späterer Stelle auch als „Symbol von absoluter Energie“ bezeichnet. Von oben nach unten gelesen nehmen darin die Strukturen hinsichtlich ihrer Komplexität ab, bis sie über die kleinsten Struktureinheiten, den *Strings* schliesslich in absolute Energie (Raum-Zeit-Information) übergehen.

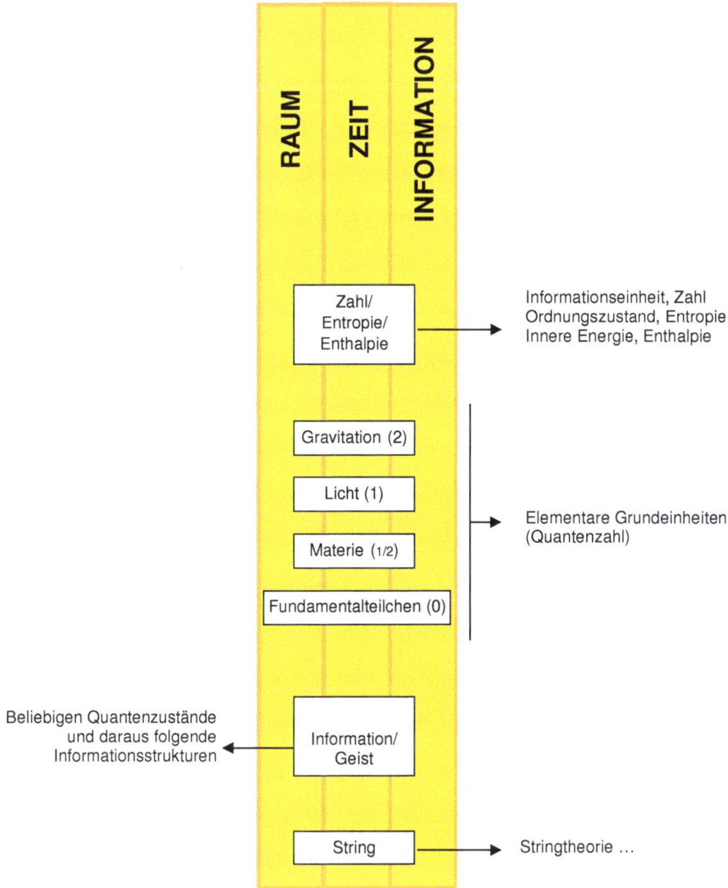

Abbildung 8: universelle Grundstruktur

Das dargestellte Symbol soll an dieser Stelle verdeutlichen, dass aus der universellen Grundstruktur unendliche Grösse und unendliche Komplexität hervorgeht. Folglich repräsentiert die universelle Grundstruktur eine strukturelle Bedingung für die Entstehung der vielzahligen Energieformen. So kann jetzt schon hervorgehoben werden, dass jede Form von Energie nur deshalb besteht, weil sie letztlich eine Diversifikation aus dem Higgsfeld darstellt. Alle Formen von Energie gehen damit aus dem Einen - und nur aus dem Einen - hervor. (Siehe auch Abbildung 2, S.34.)

Geburt des Universums

Ob die Entstehung eines Universums, wie oftmals angenommen, auf einem Dichteunterschied im Energiefeld (Higgsfeld) beruht oder ob es sich aus der unendlichen Zeit und dem unendlichen Raum heraus entfaltet, bleibt auch weiterhin nur reine Spekulation. Wichtig ist, dass die allumfassende *Information* zusammen mit der universellen *Bewegung* und dem kosmischen x-dimensionalen *Raum* einen wesentlichen Teil einer alles bestimmenden Grundstruktur unseres Universums darstellt. Je nachdem welcher Raum aus dem Higgsfeld diversifiziert, entstehen Grundformen, die ihrerseits zu diversen weiteren Energieformen diversifizieren. Dieser Sachverhalt ist noch einmal abschliessend in der folgenden Tabelle schematisch dargestellt.

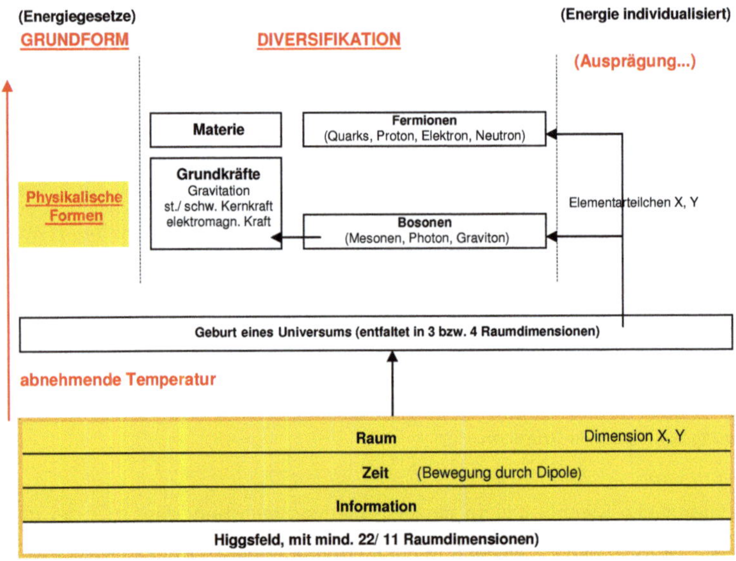

Abbildung 9: Geburt des Universums

3.5 Vom Universum zum Kosmos

Die Begriffe „Universum“ und „Kosmos“ scheinen auf den ersten Blick zunächst Gleiches bzw. durchaus Ähnliches auszudrücken. Eine Unterscheidung wird jedoch erforderlich, weil Kosmos durchaus auch als etwas sehr viel Umfassenderes betrachtet werden kann. Nach der hier vertretenen Auffassung beinhaltet ein Kosmos grundsätzlich alle nur denkbaren Universen. Denn selbst Universen lassen sich wiederum aufgrund noch näher zu erläuternden Eigenschaften voneinander unterscheiden. Wenn wir Menschen also von „unserem“ Universum sprechen, dann meinen wir all jene Eigenschaften, die uns in „unserem“ Universum bzw. auf „unserem“ Planeten Erde begegnen. Dass es jedoch auch ganz andersartige Universen geben kann, die mit völlig anderen Eigenschaften versehen sein können, soll an dieser Stelle über den Sammelbegriff „Kosmos“ zum Ausdruck gebracht werden.
Wurde bislang in den vorherigen Ausführungen lediglich von „universellen“ Prinzipien gesprochen, so bedeutet dies, dass einige davon auch zu „kosmischen Prinzipien“ erhoben werden können. Sie haben dann nicht nur Gültigkeit für Sterne, Sonnensysteme, Milchstrassen, Galaxien oder Galaxiehaufen, sondern für alle denkbaren Formen aller denkbaren Universen. Das verbindende Element zwischen den Universen bildet die universelle Grundstruktur, die in der Abbildung 8, S. 83 bereits als tragende bzw. verbindende Säule dargestellt wurde, - ein Hinweis auf eine mögliche Verbindung zwischen den Universen.
Eigentlich hat die mit der Unendlichkeit verbundene Grundstruktur sogar ideale Voraussetzungen, die Bedeutung eines kosmischen, allübergreifenden Prinzips zu erlangen. Immerhin besitzt die Raum-Zeit-Information alle Grundvoraussetzungen, die für die Existenz von Formen zwingend erforderlich erscheinen. Gehen wir nun davon aus, dass Formen mit x-beliebigen Eigenschaften durch die Bedingungen der *Bewegung* und *Wirkung* bereits auf ein maximales Minimum reduziert sind, dann müsste die Existenz eines Universums in Verbindung mit der Existenz von Formen gegeben sein. Völlig unerheblich ist dabei der Grad, wie sehr Formen mit unterschiedlichen Eigenschaften bereits diversifizierten. Vielmehr zählt als Kriterium für die Existenz eines Universums der (lebendige) innere Bewegungsablauf und eine unterschiedliche Ausprägung der Räume (Raumdimensionen).

Kein Universum ohne Raum,
kein Universum ohne Bewegung (Zeit) und
kein Universum ohne ein Prinzip der direkten und indir. Wechselwirkung.

Ohne eine Raum-Zeit-Information würden Universen nur aus
formloser Bewegungslosigkeit bestehen.

Genau genommen bleibt eine Betrachtung aus *kosmischer* Sicht für immer fiktiv. Kein Mensch konnte bisher auf einen anderen Stern oder Planeten gelangen. Und die Entfernungen zu den nächstliegenden Galaxien scheinen - gemessen am menschlichen Lebenszyklus - auf ewig unerreichbar weit entfernt zu sein. Doch nicht nur die Entfernungen in unserem Universum werden für uns ein Hindernis bleiben, auch theoretische Überlegungen sprechen (vorläufig) gegen die Möglichkeit, andere Universen überhaupt jemals bereisen zu können. Doch worin besteht nun der eigentliche Unterschied zwischen den Universen und dem allübergreifenden Kosmos? Sicher ist es zunächst einmal die Grösse, weil der Kosmos alle anderen Universen umfasst. Aber es ist nicht nur das Eine. Es geht vor allem um den „kleinen" Unterschied, der sich erst bei detaillierter Betrachtung als riesig gross erweist. Es handelt sich um das Prinzip des *Raumes*, dass innerhalb der Grundstruktur einen ganz besonderen Stellenwert einnimmt, insbesondere dann, wenn es sich bei der Unterscheidung um Raumdimensionen handelt. Denn nur dieser Aspekt ist mit einer zusätzlichen Kenngrösse charakterisiert: Der dazu gehörigen Anzahl von (entfalteten) Raum*dimensionen.*

Universen unterscheiden sich demnach nicht hinsichtlich der universell übergreifenden Struktur, wohl aber hinsichtlich ihrer diversifizierten Raumdimensionen. Unser Universum besteht beispielsweise aus drei bzw. vier Raumdimensionen[40]. Genauso können andere Universen aus fünf, sechs oder zehn Dimen-

[40] Im Rahmen der Theorie wird von nun ab immer von drei bzw. vier Raumdimensionen gesprochen werden. Mit diesem Vorgehen wird auch die von Peter Plichta angestossene Diskussion weiterhin offen gehalten, ob in Zukunft das Modell der drei Raumdimensionen oder besser das der vier Raumdimensionen für Erklärungen heranzuziehen ist. Dass mit einem vierdimensionalen Raum durchaus interessante Ideen zur Anzahl der stabilen Elemente hergeleitet werden

sionen bestehen. Der Unterschied zwischen den Universen wird mit einem Mal so gross, dass Erklärungen nur noch in Verbindung mit Glaubenssystemen möglich sind. Der hier noch von den Stringtheorien inspirierte Glaubensaspekt besagt:

Die diversifizierten Raumdimensionen können sich durchaus von Universum zu Universum voneinander unterscheiden.[41]

können, stellt nur einen Aspekt dar, der beispielhaft für die Verwendung des vierdimensionalen Raumes spricht. Von all dem bleiben jedoch die hier aufgestellten Fragen in Bezug auf die Verhaltensweisen von Energie, Energieformen und den Dipolen grundsätzlich unberührt. Hier geht es vorrangig um Muster und Verhaltensweisen und weniger um die konkrete Anzahl stabiler Formen. Des Weiteren dürfte der Glaubensaspekt der Raumgliederung auch in absehbarer Zeit kaum bewiesen werden können.

[41] Anmerkung: Gemäss meinem neuem Buch "absolut imaginär" gibt es nur noch ein Universum. Die Begründung der Raum- und Zeitdimensionen wird dort mit Hilfe der imaginären Zahlen neu hergeleitet.

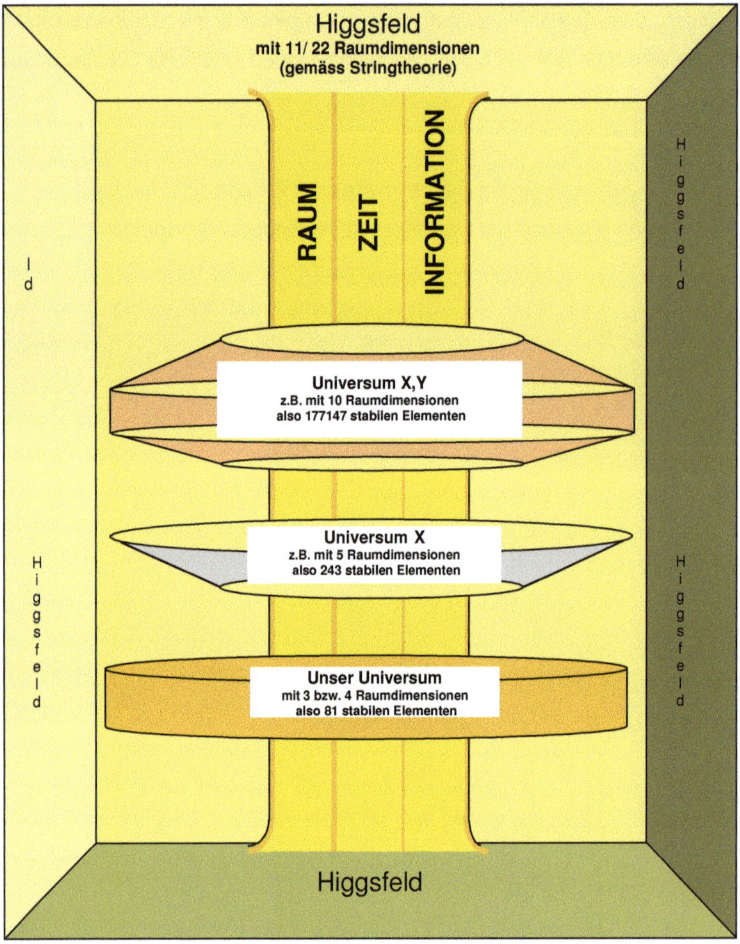

Abbildung 10: Kosmos und Universum

Genau deshalb erscheint eine Betrachtung aus „kosmischer" Sicht auch so interessant. Es eröffnen sich neue *Räume* für neue Gedankensysteme... Dabei scheint es, als implizierten am Ende vor allem die diversifizierten Raumdimensionen, wie viele mögliche Elemente sich in ihr als *stabile* Formen entwickeln können. Grundsätzlich gilt: Je mehr Dimensionen, desto mehr stabile Elemente können darin bestehen.[42]

Aus kosmischer Sicht betrachtet muss die Festlegung auf drei bzw. vier Raumdimensionen nicht unbedingt zwingend sein. Warum sollte sich nicht irgendwo anders im Kosmos eine andere Anzahl von Raumdimensionen entfaltet bzw. diversifiziert haben?

Bleibt es bei der Erkenntnis, dass die Struktur aus *drei* Aspekten bestehen muss, würde dies bei einem Universum mit beispielsweise zehn Raumdimensionen bedeuten, dass sich möglicherweise ganze 177‘147 stabile Grundformen (Elemente) entwickeln könnten (3 hoch 10). Den Beweis hierfür werden wir wohl für immer schuldig bleiben. Kein Mensch wird wohl ein derartiges Universum je bereisen können. Die Entfernungen erscheinen bereits in unserem Universum unendlich gross und damit unüberwindbar. Ausserdem würden wir in einem derartigen Universum wohl kaum bestehen können. Die 177‘147 Grundformen und deren noch sehr viel zahlreicheren Diversifikationen dürften unseren 81 Grundformen und Diversifikationen in Hinsicht auf Beständigkeit und Spezialisierungsgrad bei weitem überlegen sein! Dies muss nicht so sein, doch es erscheint hoch wahrscheinlich. Der Diversifikationsgrad der enthaltenen Formen ist abhängig von der Anzahl der Raumdimensionen, - und je mehr Raumdimensionen bestehen, desto mehr Elemente erweisen sich bei niedrigeren Temperaturen als stabil.

All diese Überlegungen zeigen, dass der Aspekt Raum durchaus kosmische Bedeutung erlangt, vor allem, weil er in den Universen die Anzahl der elementaren Eigenschaften bestimmt. Doch nicht nur der Raum allein prägt den Kosmos massgeblich, es ist auch das Prinzip der Zeit, das aus *Kraft* und *Gegenkraft* entsteht und in allen Universen für (koordinierte) Bewegung sorgt.

Die Dipole der Bewegung (Zeit)

Eine der Kernthesen der vorliegenden Philosophie besagt, dass die Zeit unendlich gross ist, weil unendliche Antriebe gegeben sind, die aus miteinander verbundenen Dipolen bestehen. Doch wie sehen diese Dipole der Bewegung aus?

---

[42] Anmerkung: Im Buch "absolut imaginär" werden derartige kosmische Darstellungen, die hier noch deutlich von den physikalischen Stingtheorien inspiriert sind, nicht mehr weiterverfolgt.

Wie sehen sie aus - die Antriebe der Zeit? Warum bewegt sich in unserem Universum alles so unendlich lange?
Zunächst war es die Theorie vom Urknall, die das Prinzip der steigenden oder sinkenden Temperatur in Verbindung zur Entwicklung des Universums stellte. Der Urknalltheorie nach, kühlt sich unser Universum ständig ab. Doch warum entstehen in unserem Universum bisweilen Orte mit unterschiedlichen Temperaturfeldern? Warum können noch immer neue Sterne entstehen, obgleich sich das Universum doch abkühlt[43]?
Ein Schlüssel zum Verständnis liegt wohl im Wesen von Dipolen verborgen. Diversifikationen entstehen nach Auffassung der Urknalltheorie, weil sie mit *Temperaturen* in Verbindung stehen. Die ist zwar ein Aspekt für die Betrachtung der „inneren Energie“ eines Systems, doch Temperatur allein genügt nicht. Nach dem Verständnis von Dipolen bedarf sie einer adäquaten Gegenkraft. Doch worin sollte die bestehen? Die Erkenntnis klingt einfach, wenn sie bekannt ist, - und doch handelt es sich um eine der letzten Erkenntnisse, die im Zusammenhang mit Dipolen stehen:

In unserem Universum wird die
Gegenkraft zur Temperatur durch den *Druck* hergestellt.

Temperatur und Druck zusammen bestimmen den inneren Energiegehalt unseres Universums. Verändern sich Druck und/oder Temperatur in einem System, so ändert sich auch die Bewegung der darin enthaltenen Energieformen. Hohe Temperaturen erfahren eher hohe Drücke, genauso wie niedrige Temperaturen eher niedrigere Drücke erfahren. Entscheidend bei der Betrachtung der Dipole ist, dass keine Temperatur ohne einen bestimmten Druck bestehen kann. Kein Druck kann jemals gemessen werden, ohne dass dazu eine bestimmte Tempe-

[43] Die Supernova ist ein gutes Beispiel für die Entstehung von neuen Formen bei bestimmten Schlüsseltemperaturen. Nur dass diesmal nicht sinkende, sondern steigende Temperaturen dafür verantwortlich sind, dass sich neue Formen herausbilden. Im Grunde genommen ist dies aber derselbe Prozess. Die Subenergien werden bei hohen Temperaturen innerlich durchmischt und diversifizieren bei darauf eintretender Temperaturabkühlung. An den Schlüsseltemperaturen entstehen immer wieder exakt dieselben Formen (Elemente wie die Metalle oder Schwermetalle). Jeder der allein hohe Temperaturzustände für die Entstehung der Elemente heranzieht, meint damit genau den Diversifikationsprozess durch Symmetriebruch an Schlüsseltemperaturen, der immer wieder gleiche Formen hervorbringt.

ratur gemessen werden könnte. Oder anders ausgedrückt: Erst Druck und Temperatur zusammen charakterisieren den (inneren) Energiegehalt im Universum bzw. im betrachteten Raum. Beide Aspekte bilden quasi den Urgrund der Antriebe, - den Urgrund für Zeit.

Egal welche Prozesse auch betrachtet werden, unsere Aufmerksamkeit ist im Allgemeinen besonders auf die Temperatur gerichtet. Der dazu herrschende Druck wird nur selten berücksichtigt. Solche Vorgehensweise wird vor allem allgemein anerkannt, weil sich der Druck in einem adäquaten Zustand zur Temperatur befindet, zumal wir uns auf der Erdoberfläche in einem sich kaum verändernden Druckbereich befinden. Die Auswirkungen von Druckschwankungen im Millibar-Bereich sind sehr viel geringer, als die von Temperaturen im Bereich von 10 oder 20° C. Etwaige Druckschwankungen interessieren uns im Alltag höchstens im Zusammenhang mit dem Wetter, weshalb sie auch bei praktisch allen anderen Prozessbetrachtungen keiner gesonderten Erwähnung mehr erfahren.

Interessant im Zusammenhang mit kosmischen Betrachtungen erscheint der übergreifende Charakter von Temperatur und Druck. Wenn Bewegung in (und auch zwischen) den Universen erklärt werden soll, bedarf es der beiden treibenden Aspekte, die automatisch zu kosmischen Aspekten heranwachsen. Beide stehen für die Bewegung der Dinge. Beide stehen im Grunde genommen auch für den Aspekt der Zeit, der überall in den Universen des Kosmos gegeben ist.

Der Einfachheit halber wird in den nachfolgenden Überlegungen meist nur noch von der Temperatur gesprochen, obgleich klar ist, dass dazu auch ein entsprechender Gegendruck gegeben sein muss.

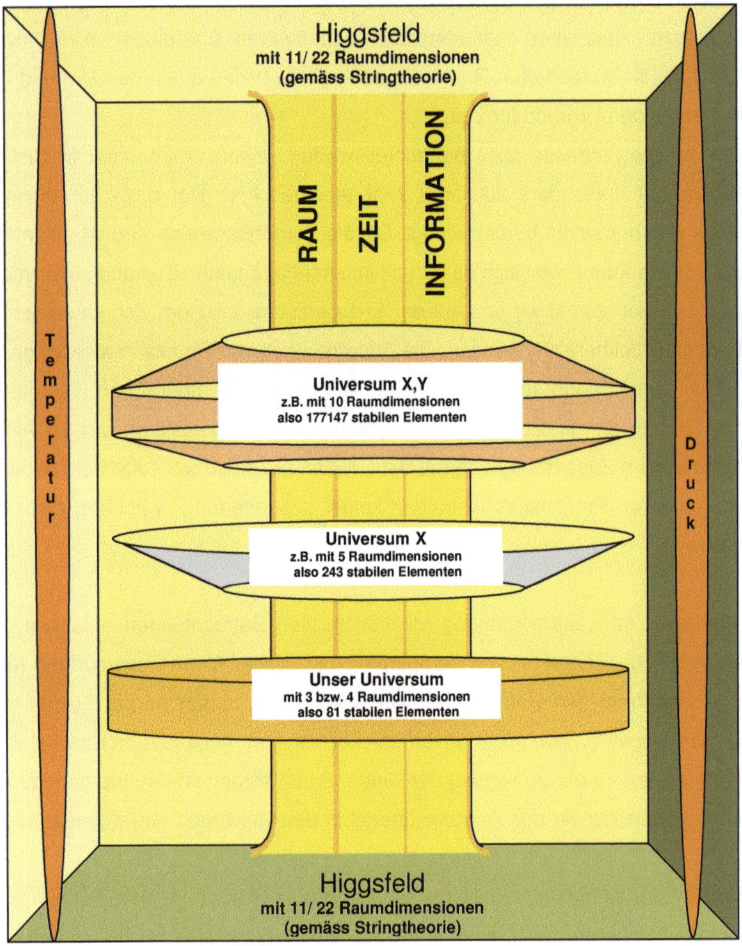

Abbildung 11: Kosmos und innere Energie

3.6 Aspekte der Diversifikation

Die Entwicklung der Formen, die so derartig viele Eigenschaften hervorgebracht hat, fasziniert immer wieder. Durch Schwankungen von Temperatur (und Druck) eröffnen sich in Hinsicht auf die Veränderungen der Eigenschaften verschiedene Wege. Zuvor wurde dazu schon bei der Betrachtung der Zeit zwischen absoluter *Bewegung* und der *Veränderung* der Eigenschaften unterschieden. Nun zeigt sich, dass analog nahezu identische Schlussfolgerungen auch auf die Entstehung der Formen übertragen werden können. Zwar geht es aus Sicht der Diversifikation weniger um Bewegung im Allgemeinen, sondern vielmehr um die Mechanismen der Veränderungen; und dennoch treten im Zusammenhang mit Zeit durchaus ähnliche Entstehungsmuster zutage. Sollen jedoch am Ende alle Dinge, die auf uns einwirken als *Form von Energie* betrachtet werden, so wird es besonders wichtig die *Entstehungsmuster der Formen* zu kennen bzw. erklären zu können... Sie werden nun im Folgenden aufgeführt.

Formen von Energie entstehen physikalisch betrachtet entweder *kontinuierlich* - durch „Kommunikation bzw. Wechselwirkung", oder aber *grundlegend,* also plötzlich und abrupt durch eintretenden *Symmetriebruch*/ Phasenübergang. Damit sind zusätzlich zu den üblichen Wechselwirkungen also noch weitere *strukturelle Veränderungsmechanismen* vorhanden. Auch diese speziellen Mechanismen der Veränderung helfen dabei, weitere Wesenszüge der Diversifikation zu charakterisieren. Ziel des vorliegenden Kapitels ist es daher, etwas mehr Ordnung in die schwer zu durchschauenden Mechanismen der Diversifikation zu bringen, - die allein aus biologischer, chemischer oder physikalischer Sicht kaum erkennbar sind. Dabei ist es einer übersichtlichen Betrachtung hinderlich, dass die strukturellen Veränderungsmechanismen zusätzlich noch von zwei grundlegenderen *Prägungsmechanismen* überlagert werden. Diese Prägungsmechanismen werden erkennbar, sobald in allgemeines Temperaturverhalten - beziehungsweise wie eingangs erwähnt - in den zeitlichen Verlauf der Veränderung unterschieden wird. Zunächst wird an dieser Stelle nach den grundlegenden Prägungsmechanismen unterschieden.

1. *Lineare* Bewegung (Zeit)
Plötzlich und abrupt eintretende *Veränderungen*, - allein durch die Abnahme der Temperatur (Symmetriebruch/ Phasenübergang).

2. *Zyklische* Bewegung (Zeit)
Kontinuierliche Veränderungen, die aus den verschiedensten Gleichgewichtszuständen heraus entstehen - bei annähernd gleichbleibender Temperatur.

Lineare Bewegungen, Prinzip der grundlegenden Veränderung

Verändert sich die innere Energie eines Systems kontinuierlich, so treten an bestimmten „Schlüsseltemperaturen" ganz besondere Veränderungssprünge in den Energieformen auf, die als Symmetriebruch bezeichnet werden. Am besten lässt sich das Phänomen mit einem gefüllten Wasserglas verdeutlichen. Wie auch immer das Glas mit der Flüssigkeit gedreht wird, die Anordnung der Moleküle bleibt dabei grundsätzlich gleich. Man sagt auch, die Flüssigkeit verhalte sich rotationssymmetrisch, weil sich Licht in alle Richtungen mit gleicher Geschwindigkeit ausbreitet. Sinkt jedoch die Temperatur unter die 0° C Grenze, bilden sich plötzlich Eiskristalle. An irgendeiner Stelle tritt spontan eine Unregelmässigkeit, eine Abweichung von der Rotationssymmetrie auf. Weil sich die Atomanordnung von aneinander liegenden „Flüssigkeitsfäden", hin zur einem kristallinen Gitternetz verändert, entstehen nun drei räumlich ausgerichtete Hauptachsen. Fortan sind auch nicht mehr alle Richtungen gleichberechtigt. Deutlich wird es, wenn das gefrorene Wasserglas aus verschiedenen Richtungen betrachtet wird. Je nach Blickrichtung ergeben sich unterschiedliche Lichtspiegelungen.
Aufgrund der Abkühlung kam es zu einem *Phasenübergang* vom Flüssigen zum Festen. Damit änderten sich die bis dahin vorherrschenden Eigenschaften der Lichtausbreitung erheblich. Zunächst war eine ungerichtete symmetrische Lichtausrichtung, dann eine dreiachsig gerichtete Lichtausrichtung gegeben. Physikalisch gesehen besteht darin ein erheblicher Unterschied, der als *Symmetriebruch* bezeichnet wird. Es handelt sich hierbei um ein allgemeines Phä-

nomen, das bestimmte „Schlüsseltemperaturen" in einem sich abkühlenden Raum umfasst und bei dem völlig abrupt eintretende Eigenschaftsveränderungen hervortreten. Auf die Theorie Kommunikation und Diversifikation bezogen bedeutet dies (übersetzt): Die Energie „Wasser" gab durch Abkühlung in ihr liegende Eigenschaften mittels Symmetriebruch frei. Weil der Energiegehalt vom Kalten zum Warmen zunimmt, ist „Eis" eine bislang verborgen gebliebene Phase in der Energieform „Wasser". Das beschriebene Phänomen ist allein durch die Abkühlung der Umgebung hervorgetreten.

Das gleiche Prinzip, aber mit noch weitreichenderen Auswirkungen, wird im Übrigen auch bei der Entstehung der vier Grundkräfte vermutet. Auch diese Kräfte waren im super heissen Higgsfeld ursprünglich völlig symmetrisch, bis sich durch Abkühlung an bestimmten Temperaturbereichen plötzlich die unterschiedlichen Eigenschaften der Grundkräfte entwickelt haben (Abbildung 9, S. 84).[44] [45]

Neue Energien oder die Entfaltung neuer Eigenschaften entstehen also beispielsweise durch die strukturellen Veränderungen mittels Symmetriebruch durch Phasenübergang. Dabei entstehen entweder völlig neue Formen (z.B. die Grundkräfte) oder aber die Formen verändern nur einige ihrer bisherigen Eigenschaften (z.B. Wasser wird zu Eis).

Für die Betrachtung der Diversifikation ist das Phänomen von besonderer Bedeutung. Da die Temperatur zusammen mit dem Druck für den „inneren Energiegehalt" eines Systems (Universums) steht, ergeben sich bei absinkender Temperatur - abhängig von der Form - diverse *Schlüsseltemperaturen.* Der entsprechende Prozess wird hier deshalb (vereinfacht) als *lineare* Veränderung verstanden, - eben insbesondere, weil die Entstehung von Symmetrie oder Symmetriebrüchen bei *linear veränderter Temperatur* gegeben sind[46].

[44] Nach Mario Livio: Bei „nur" noch 10^{32} Kelvin (diversifizierte) die Gravitation. Bei „nur" noch 10^{28} Kelvin dann die elektrostarke und elektroschwache Wechselwirkung. Als nur noch 10^{15} Kelvin herrschten, diversifizierten die elektromagnetische und schliesslich die elektroschwache Kernkraft.

[45] In der Fachzeitschrift Spektrum der Wissenschaft, Dossier 03/2005 wird der Anfang der Welt, mit dem „Beginn der Raumzeit" bei 10^{-43} Sekunden und bei 10^{32} Kelvin angegeben. Die von Uwe Reichert publizierte Modellvorstellung geht - wie im hier vorgestellten Modell der Kommunikation und Diversifikation - davon aus, dass zuerst der Raum diversifizierte.

[46] Interessanter Weise entsteht bei weiter sinkender Temperatur nicht zwingend weiter ansteigende Formenvielfalt. Zwar führen Phasenübergänge sehr wohl zu veränderten Eigenschaften und tragen auf diese Art zur Entstehung der Formenvielfalt bei. Die Anzahl der maximal mögli-

Phasenübergänge und Symmetriebrüche führen bei bestimmten Schlüsseltemperaturen zur Herausbildung von völlig neuen oder zu exakt wiederkehrenden Eigenschaften.

Es muss jedoch noch einen weiteren, grundlegenden Prägungsmechanismus geben. Einen der weniger auf Temperaturveränderungen beruht, sondern vielmehr darauf, dass die Temperaturverhältnisse annähernd konstant bleiben. Genau dann werden die schon oft erwähnten *direkten* Wechselwirkungen bei den Formbildungen bestimmend.

Zyklische Bewegung: Prinzip der kontinuierlichen Veränderung

Veränderungen in den Formen ergeben sich auf unserer Erde vor allem aufgrund von *direkten* Wechselwirkungen zwischen den Formen. Dass innerhalb einer Temperaturspanne von etwa 100°C (+/- 50°C) vielzählige neue Formen entstehen können, ist auf unserem Planeten besonders eindrucksvoll erkennbar. Treibendes Prinzip sind vor allem die *direkten Wechselwirkungen* zwischen den Formen selbst, die ihrerseits auf dem Prinzip von Kraft und Gegenkraft beruhen. Bekannt sind zum Beispiel die Energiebeziehungen innerhalb von Nahrungsketten (Räuber, Beute), die Wechselwirkungen zwischen einem Teilchen und seinem Antiteilchen oder aber eine mögliche Wirkung, die sich z.B. aus sprechender und angesprochener Person ergibt. Die Anzahl der miteinander kommunizierenden Wechselwirkungen sind extrem vielfältig ... Darauf aufbauend bilden alle auf der Erde wirkenden Formen ganz spezifische Gleichgewichtszustände aus, unter denen dann beispielsweise die Formen des Lebens recht gut existieren können. Bei solchen Wechselwirkungsprozessen spielen die Temperaturbereiche eine eher untergeordnete Rolle. Genau das Gegenteil ist sogar gegeben: Temperatur muss sich für die Form des Lebens auf annähernd gleich bleibendem, relativ niedrigem Niveau bewegen, damit direkte Wechselwirkungen zwischen den Formen bestimmend sind. Werden sie hinge-

chen, verborgenen Symmetriebrüche sind jedoch mit der Entstehung der Formen, bereits gleich von Anfang an „festgelegt“. Bislang können sie nur entdeckt werden, indem der innere Energiegehalt auf künstliche Weise stark variiert wird.

gen von den linearen Temperaturveränderungen überlagert, drohen die komplexen Gleichgewichtsbeziehungen und damit auch die Grundlagen der Lebewesen plötzlich und abrupt zu zerfallen.

3.7 Prägungsmechanismen und Mechanismen der Diversifikation

Zusammenfassend sind damit zwei wichtige Prägungsmechanismen beschrieben: Für unser Universum betrachtet war es zunächst die *sinkende Temperatur*, die durch physikalisch bedingte Symmetriebrüche an bestimmten Schlüsseltemperaturen neue Energieformen hervorbringen konnte. Somit konnten zuerst die Grundkräfte und schliesslich die Grundbestandteile der Materie diversifizieren. Aus ihnen heraus diversifizierten die 81 Elemente und daraus wieder all die Formen der Materie, die wir kennen. Weil dabei die Temperatur von massgeblich prägendem Einfluss ist, wurden die beschriebenen Veränderungen als Prägungsmechanismus der *linearen Bewegung* verstanden. Doch zeigte sich deutlich, dass Temperatur allein noch keine hinreichende Bedingung für die Entstehung derartig vielfältiger Diversifikationen darstellen konnte. Das Leben an sich ist der deutlichste Hinweis darauf, dass auch unter gleich bleibenden Rahmenbedingungen - allein durch *direkte Wechselwirkungen* - völlig neue Energieformen in unserem Universum entstehen (diversifizieren) können. Bei dieser Art der Kommunikation entfalten Kreisläufe und Zyklen eine weitere, massgeblich prägende Wirkungsweise. Quasi nebenbei verstärken sich die direkten Wechselwirkungen und sorgen so für stabile bzw. annähernd gleich bleibende Temperaturbedingungen. Beispielsweise rufen die Wechselwirkungen zwischen kondensierendem und verdunstendem Wasserdampf in der Erdatmosphäre einen eindeutig stabilisierenden Temperatureffekt hervor. In der Folge werden Temperaturschwankungen deutlich minimiert. Die Bewegung zwischen den Energieformen ist damit nicht mehr linear, sondern *zyklisch* und stellt somit einen weiteren Prägungsmechanismus für die Herausbildung neuer Energieformen (Diversifikationen) dar.

Werden nun Prägungsmechanismen und Mechanismen der Diversifikation miteinander kombiniert, so ergibt sich daraus folgende Gegenüberstellung:

Prägungsmechanismus	**Mechanismen der Diversifikation**
Lineare Bewegung f(T fallend)	Symmetriebruch Phasenübergang
Zyklische Bewegung f(T = konstant)	Kommunikation (direkte Wechselwirkung) Phasenübergang

Tabelle 8, Diversifikationsmechanismen, Übersicht

Deutlich wird, wie wichtig sowohl die Temperaturführung, als auch die Kreisläufe und Zyklen für die Formbildung sind. SIe zeigen die wichtigsten Wesenszüge der Diversifikation auf. Werden nämlich alle bislang erwähnten Mechanismen miteinander kombiniert, so entstehen drei verschiedene Grundaussagen bezüglich der Diversifikation: Ein betrachtetes Energiesystem verhält sich demnach entweder *re*diversifizierend, diversifizierend oder es entstehen Kombinationen, die hinsichtlich der Prägungsstruktur nur unbedeutende Auswirkungen auf die Formbildung hervorrufen. Rediversifizierende Formen nehmen homogene Eigenschaften an, wodurch Symmetrien erschaffen werden. Diversifizierende Formen nehmen hingegen neuartige Eigenschaften an, - wobei bestehende Symmetrien gebrochen werden. Damit entstehen neue Formen also vor allem durch sinkende Temperaturen oder durch Kommunikation/ Wechselwirkung von Kraft und Gegenkraft.

Zusammengefasst kann ohne die Betrachtung von Zyklen folgende Vereinfachung gemäss Tabelle 9 gelten:

Prägungs-strukturen	**Mechanismen der Diversifikation**	**Eigenschaften (Diversifikationen*)**
lineare Bewegung f(T fallend)	Symmetriebruch	Neue Eigenschaften
	Phasenübergang	Wiederkehrende Eigenschaften
	(direkte (u. indirekte) Wechselwirkungen)	(unbedeutende Auswirkung)
zyklische Bewegung f(T = konstant)	direkte (u. indirekte) Wechselwirkungen	Neue Eigenschaften
	Phasenübergang	Wiederkehrende Eigenschaften
	(Symmetriebruch)	(unbedeutende Auswirkung)

*** in Bezug auf die Prägungsstruktur**

Tabelle 9, Diversifikationsmechanismen

Die dargelegten Überlegungen können noch um einen letzten Gedankenschritt erweitert werden, indem den Aspekten der Diversifikation auch *kosmische* Wirkungsweisen zugeschrieben werden.

Diversifikation als kosmisches Prinzip

Formen entstehen, weil Zeit-Raum-Information, als auch Wechselwirkungen zwischen Dipolen gegeben sind. Die „Raum-Zeit-Information" wurde wegen ihrer grundlegenden Bedeutung schon vorab als kosmisches Prinzip deklariert. Folglich implizieren die Überlegungen, dass auch die Mechanismen der Diversifikation allübergreifend gültig sein müssen. Dafür soll nun die Bedeutung der universellen Grundstruktur in Verbindung mit den Mechanismen der Diversifikation aufgezeigt werden.

Die Grundlage bildet der Glaubensgrundsatz, dass kein Universum ohne eine universelle Grundstruktur bestehen kann, und jedes Universum aus Formen verschiedener Eigenschaften besteht. Inwiefern derartige Formen diversifizieren, bestimmt das Prinzip *Raum* über seine Anzahl von diversifizierten Raumdimensionen. In unserem Universum sind es drei/ vier Raumdimensionen. Die im Raum enthaltenen Elementarteilchen diversifizieren insbesondere durch lineare Bewegung bei abfallenden Temperaturen. Jedoch: Je grösser die lineare Bewegung, desto mehr Schlüsseltemperaturen sind gegeben, die zu Formaufspaltungen führen. Bestehen auch nur wenige dieser Grundformen/ Kräfte, so treten bereits erste direkte (und indirekte) Wechselwirkungen zwischen den Formen auf. Aus ihnen bilden sich nach und nach immer komplexer werdende Beziehungsgeflechte, die auch als Gleichgewichtsbeziehungen aufgefasst werden können. Solche Wechselwirkungen führen zu weiteren, noch sehr viel umfassenderen Diversifikationen, und wurden bereits als Prinzip zyklischer Bewegungen beschrieben. Folglich führen nur lineare und zyklische Bewegungen zusammen zur Herausbildung aller Formen. Sollen nun kosmische Gesetzmässigkeiten zusammenfassend formuliert werden, bedarf es

- einer kosmischen Grundstruktur - bestehend aus *Raum, Zeit* und *Information* (Kommunikation bzw. Wechselwirkung),
- der Existenz von Dipolen - die die Bewegungen antreiben, einem Prinzip der *Diversifikation*, - das über verschiedene Mechanismen die Entstehung der Formenvielfalt erklärt (Tabelle S. 99).

Sicherlich basiert unser eigenes Universum auf diesen Prinzipien. Ob auch alle anderen Universen so funktionieren, wird wohl auf ewig ein Glaubensaspekt bleiben müssen. Niemand wird den Nachweis erbringen können, weil er sich kaum lebend in einem anderen Raum bzw. in einem anderen Universum aufhalten können wird. Im Ergebnis ist dies auch völlig irrelevant. Der menschliche Geist sollte weiterhin daran arbeiten, bestehende Informationsbeziehungen zu verstehen. Zumindest wird so das Verständnis vom eigenen Planeten und Universum nach und nach klarer werden.
Wie sich jedoch die dabei treibenden Dipole genau zueinander verhalten, blieb bislang ungeklärt. Dafür wurde inzwischen deutlich, wie tiefgreifend sich Dipolverbindungen in den Universen auswirken. Die folgende Aufgabe besteht nun darin, sowohl *direkte* als auch *indirekte* Wechselwirkungen im Zusammenhang mit Dipolen aufzuzeigen, beziehungsweise Merkmale von Dipolbeziehungen noch sehr viel konkreter zu erläutern.

4 Das Dipol-Modell/ Wirkungsmodell

4.1 Einleitung

> *Energie ist direkte Wirkung (Arbeit), wenn Spannungen an verschiedenen Orten - im gleichen Raum - ausgeglichen werden. Zugleich wirkt Energieform aber auch indirekt, allein durch das Band der allgegenwärtigen Information.*

Um den Begriff der Energie oder den des Energieflusses genauer zu untersuchen, müssen vorab zwei grundlegende Unterschiede im Wesen der Energieform herausgestellt werden. Eine Energieform kann nämlich einerseits eine Kraft darstellen, die direkt wirkt und entsprechende Veränderungen im gegebenen Raum hervorruft. Dabei handelt es sich um direkte, wahrnehmbare Wechselwirkungen, die uns von den Wissenschaften her bekannt sind und zumeist sogar berechnet werden können (Tabelle 4, S. 19 ff). Analog den Ausführungen des letzten Kapitels gibt es aber andererseits auch *indirekte* Wechselwirkungen, die in Verbindung mit Energieformen stehen. Das vorliegende Kapitel soll nun versuchen, Energie hinsichtlich ihrer gesamten Wirkungsweisen zu betrachten. Eine solche Sichtweise eröffnet sich, indem weitere grundsätzliche Überlegungen von einer Macroebene aus angestossen werden. Von ihr aus betrachtet besteht alles um uns herum nur aus *Formen von Energie*. Alle Formen können entsprechend dem Energieerhaltungssatz in andere Formen überführt werden und jede Form setzt sich gemäss der ablaufenden Diversifikation aus unterschiedlichsten Subformen zusammen. Energieformen können also allein oder mit anderen Formen zusammen die Subform für weitere bzw. neue Energieformen darstellen (siehe Abbildung 1, S. 32). Was Energie demnach für uns ausmacht, sind ihre unterschiedlichen Formen und die daraus resultierenden unterschiedlichen Eigenschaften, - und Wirkungen. Eine wichtige Abgrenzung einzelner Energieformen besteht daher darin, dass sie sich in mindestens einer Eigenschaft voneinander unterschieden müssen, - ein Kriterium das im Übrigen eng mit dem einleitend dargestellten Prozess der Diversifikation verbunden ist. Doch mit all den beschriebenen Aspekten gelingt es noch lange nicht eine allumfassende Energie, - eben die, die ausserhalb der Formen besteht, endlich zu definieren. Es fehlt noch eine Erklärung für spezifische Antriebe, die sich gut mit dem Wesen von *Dipolen* herleiten lässt.

Energie ist überall um uns herum. Sie wird von Dipolen angetrieben und fliesst bzw. verändert sich, obwohl wir sie nicht immer direkt spüren. Manchmal gelingt es uns sogar, ihre exakte Form mittels unterschiedlichster Werkzeuge sichtbar oder gar nutzbar zu machen. Ein bekanntes Beispiel ist der magnetische Fluss, der uns nur über eine Kompassnadel angezeigt werden kann. Gäbe es keinen Nord- oder Südpol, so gäbe es auch keinen magnetischen Fluss, den wir mit der Kompassnadel für uns erfahrbar machen könnten. Genauso entsteht der elektrische Strom (Wirkung) nur im Zusammenspiel von Plus und Minus- *Pol*....

Somit wird klar, dass ein Energiefluss (Wirkung) überhaupt erst entstehen kann, wenn mindestens zwei Pole - innerhalb einer Energieform - gegeben sind. Doch wie bilden sich diese Dipole? Was genau ist ein Pol und wie lässt er sich räumlich zuordnen?

Ein eindringliches Beispiel für die schwierige Erfassung von Dipolen ist die bereits angeführte Problematik der magnetischen Pole. Wo genau ist beispielsweise der Nordpol der Erde? Warum meinen wir, ihn z.B. auf der Oberfläche der Erde finden zu müssen - etwa nur, weil niemand von uns weiss, wie tief in die Erde vorgedrungen werden muss? Zehn Meter, einen Kilometer oder etwa gar 6000 km tief bis zum Erdmittelpunkt? Wie tief auch immer wir nach ihm suchen, auf diese Weise wird er kaum gefunden werden können. Versuchen wir ihn hingegen auf der Oberfläche der Erde zu finden, so zeigt sich ein weiteres Geheimnis der Dipole, denn am vermeintlichen Nordpol ist keine Wirkung mehr über die Ausrichtung einer Kompassnadel erkennbar. Die Kompassnadel dreht sich in alle Richtungen. Obwohl wir uns am richtigen Ort befinden, gelingt es nicht den Pol mit der Kompassnadel genau zu lokalisieren. Es bleibt die Frage, was denn nun einen Dipol kennzeichnet? Vor allen Dingen aber: Woher „weiss" die Magnetfeldlinie (Energiebahn), dass es einen Nordpol und einen entgegengesetzten Südpol gibt? Warum sucht sich die Magnetfeldlinie nicht einen Punkt im Raum und stellt eine Verbindung zu diesem x-beliebigen Punkt her?

Offensichtlich sind derartige Fragestellungen bislang kaum herleitbar, und es bleibt eine der spannendsten Fragen, wie sich die Dipole untereinander erkennen und in welcher Art von Wechselwirkung sie zueinander stehen. Eine erste Antwort darauf lautet wieder klar und einfach: Das Geheimnis der Dipolverbindungen liegt in der zuvor beschriebenen *indirekten* Informationsübertragung, einem Prinzip, das für die Beschreibung der Energieform zwingend erforderlich wird. Dipole müssen mit einem Prinzip von *indirekter* Wechselwirkung in Verbindung stehen, weil nur so eine zeit- und raumübergreifende Informationsverbindung zwischen zwei Polen sichergestellt werden kann. Um nun dem Wesen von Energieformen über eine einfache Modelldarstellung näher zu kommen, ist es also erforderlich *direkte* und *indirekte* Wechselwirkung zusammen zu berücksichtigen. Zusätzlich bedarf es des Einbezugs von Dipolen, damit verständlich wird, wie sich Formen bzw. deren Dipole überhaupt als solche entwickeln können. Das Grundprinzip kann daher wie folgt dargestellt werden:

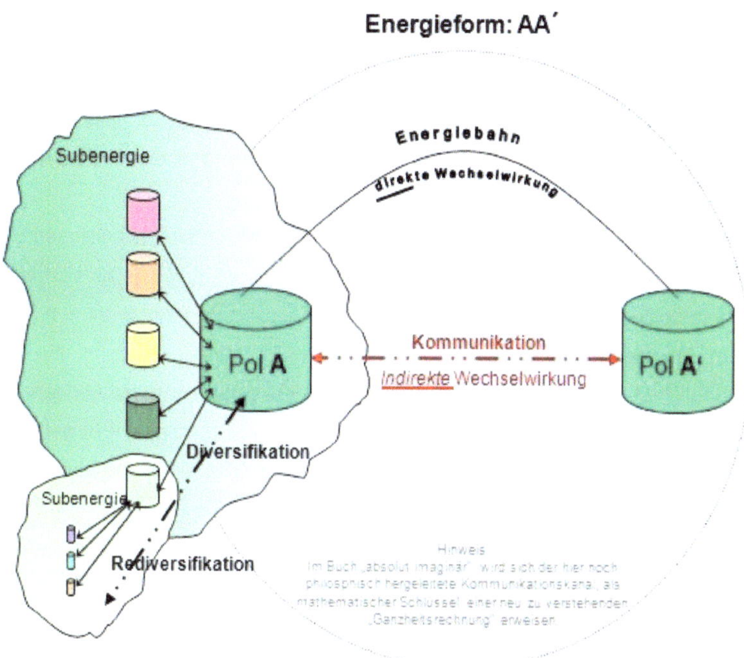

Abbildung 12: Energie und Subenergie mit Dipol

Ein Pol ist ein Dipol,
wenn er in Beziehung zu einem zweiten Pol steht.

In Abbildung 12 wird die Wirkung einer Energieform vereinfacht als geschwungene *Energiebahn* dargestellt. Sie repräsentiert alle direkten Wechselwirkungsprozesse, die sich aus dem Zusammenspiel von (mindestens) einem Pol-Paar (A und A') ergibt. Beide Pole kennzeichnen eine Energieform A-A'. Zusätzlich sind sie über einen *indirekt* wirkenden *Kommunikationskanal* miteinander verbunden. Dieser Informationskanal ist allerdings kein Kanal im herkömmlichen Sinne, sondern repräsentiert die von Einstein, Podolsky und Rosen postulierte Informationsverbindung, die inzwischen mit dem quantenphysikalischen Begriff der „*Verschränkung*" beschrieben ist.[47]
Über Messungen, die an den Polen direkt durchgeführt werden, lässt sich der Zustand jedes einzelnen Pols hinsichtlich seiner *Qualität* und *Quantität* festlegen. Erste Schlussfolgerungen kommen daher zu der Annahme, dass der noch näher zu definierende „Energiefluss" massgeblich von den Eigenschaften der beiden beteiligten Dipole bestimmt wird.
Damit sind erste wichtige Überlegungen zur Energieform bereits vollzogen. Da Energien jedoch in den verschiedensten Formen wirken, und weil sie sich auch in unterschiedlichen Formen gegenseitig beeinflussen bzw. durchdringen, liegt eine Hauptschwierigkeit bei der Definition der Energieformen darin, ihre ursprünglichen Wechselwirkungen (Dipole) auch exakt benennen zu können. Allein die Existenz bestimmter Eigenschaften an einem (einzigen) Pol genügen noch nicht, um Wirkungen hervorzurufen. Dazu bedarf es eines energetisch begründeten Antriebs, der aus mindestens zwei einzelnen Polen bestehen muss. Weitere Details der Dipolverbindungen sollen daher ausführlicher beleuchtet werden.

[47] In den anerkannten Wissenschaften wird unter „Verschränkung" bislang meist nur die direkte Wechselwirkung assoziiert. Indirekte Informationsbeziehungen werden wegen der noch ausstehenden Informationstheorie bestenfalls vermutet, aber bislang (noch) nicht berücksichtigt. Dabei wird das Wesen von Formen und deren Wirkungen erst über die Herausbildung von Informationsscherpunkten verständlich. Vertiefende Überlegungen dazu erfolgen im Kapitel 5.1.

4.2 Qualität und Quantität: direkte Wirkung (Arbeit)

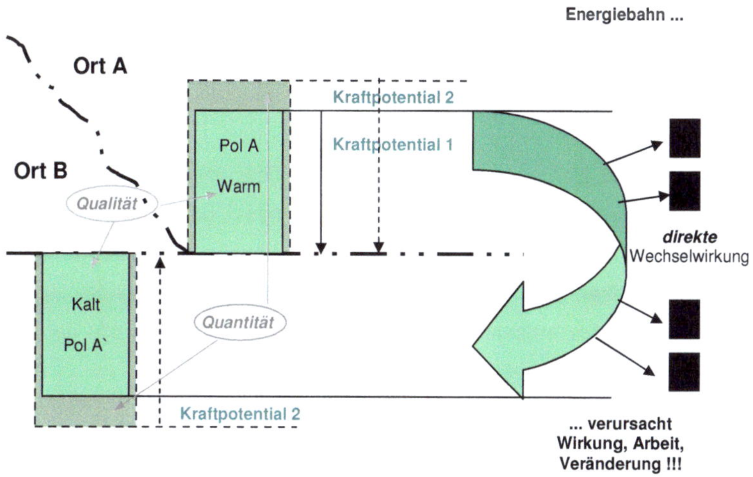

Abbildung 13: direkte Wechselwirkung und Potential (1)

Arbeit ist gleich Kraft mal Weg. Gemäss Abbildung 13 handelt sich dabei um jenen Weg, der im Raum zurückgelegt werden muss und über den hinweg eine Wirkung aufrecht erhalten werden kann. Wirkungen entstehen, wenn zwei genügend grosse, dipolartige Kraftpotentiale gegeben sind, die auf *direkte* Weise miteinander in Wechselwirkung treten. Ist der Weg zwischen zwei Polen zu gross oder das Kraftpotential zu klein, wird eine (messbare) Wirkung ausbleiben. Bildlich betrachtet würde sich der Wirkungspfeil (rechts) im gleichen Verhältnis verkleinern, wie sich die Höhe der Pole, also deren Kraftpotentiale verkleinern. Oder anders formuliert, die *Quantität* der Pole sinkt mehr ab, je mehr Wirkung bereits vollzogen (abgearbeitet) worden ist. Steigt das Kraftpotential jedoch an - sind also beispielsweise beide Dipole mit einem grösseren Kraftpotential 2 ausgestattet - so nimmt auch die resultierende (direkte) Wechselwirkung der betrachteten Energieform zu. Sie nimmt zu, weil sich ihre (Aus)Wirkungen auf andere Formen verstärken, oder weil - bei gleichbleibender Wirkung - ein grösserer Weg zwischen den Polen überbrückt werden kann. Beide Vorgänge lassen sich als entladende Wirkung verstehen, die sich immer

über „Energiebahnen“ hinweg vollziehen.
Physiker assoziieren übrigens mit dem Begriff „Energie“ auch den Begriff „Potentialunterschied“. Er stellt das physikalische Vermögen dar, „tätigend“ zu wirken (lat. potentialis, „nach Vermögen, tätig wirkend“). Derartig „tätigende“ Wirkungen erzeugen schliesslich die erwähnten Veränderungen *in* den Formen und die erwähnten Bewegungen *an* anderen Formen. Und beide Arten, die Veränderung und die Bewegung, können wieder über ablaufende *Zeit* gemessen werden, weil sie über Entladungsbahnen mess- oder spürbar werden. Strom beispielsweise lässt sich über die Energiebahn von Stromleitungen transportieren. Warme Luft wird mit Hilfe der Energiebahn des Windes zur kalten Luft geführt. Die erdenklichen Übertragungswege sind am Ende genauso vielfältig, wie die daraus resultierenden möglichen Wirkungen.
Alle aufgeführten Überlegungen gelten zunächst nur für einzelne Energieformen. Unsere Realität umfasst jedoch vielzählige Wirkungen zwischen verschiedenen Energieformen. Die Energieform *Wind* hat beispielsweise formende Wirkung auf viele in der Umwelt bestehende Formen. Die jeweilige Auswirkung des Windes kann stark, schwach oder gar nicht gegeben sein. So beeinflusst beispielsweise der *Wind* die Form des Wassers oder aber die Form des Pflanzenwachstums. Hingegen hat *Wind* beispielsweise keine direkte (messbare) Auswirkung auf das Erdmagnetfeld oder auf die chemischen Vorgänge im Gehirn eines Tieres. Wind verrichtet also hinsichtlich anderer Energieformen nicht zwingend eine Wirkung (Arbeit). Dies genauer zu bewerten, bleibt allein eine Frage der aufeinander treffenden *Qualitäten* (Eigenschaften). Dabei ist zu klären, ob und wie eine Form auf andere Formen (ein)wirken kann.
Mit dem Vorhandensein von „Energie“ ist also noch lange keine direkte Wirkung auf andere Energieformen gegeben. Wir erkennen wirkende Energien jedoch immer daran, dass Energieformen (z.B. Wind) Veränderungen an anderen Formen (z.B. Pflanzen) bewirken.

Energieform wirkt,
sobald sich Veränderungen im gegebenen Raum vollziehen.

Und doch ist diese direkte Wirkung allein noch kein eindeutiges Kriterium für die Erklärung von Energie. Wohl aber stellt das Prinzip eine erste Erklärung für die Wirkungsweisen von Energieformen dar.

4.3 Indirekte Wechselwirkung - Prinzip Information

Um sich dem Wesen der Energieformen noch weiter zu nähern, müssen nicht nur die Aspekte von Qualität und Quantität betrachtet werden. Sehr viel besser kann der Energiefluss nämlich verstanden werden, wenn die Dipole mit einem Informationsprinzip ausgestattet sind. Wie der Name bereits verrät, übernehmen *indirekte* Wechselwirkungen die *Steuerung* von Dipolen, indem sie den jeweiligen Qualitäts- bzw. Quantitätszustand von einem Pol zum anderen übermitteln. Hierbei handelt es sich aber keineswegs um einen Energiefluss im Sinne von herkömmlicher Wirkung, bzw. Arbeit. *Indirekte* Wechselwirkungen stehen vor allem für den *Austausch von Informationen zwischen Dipolen.*

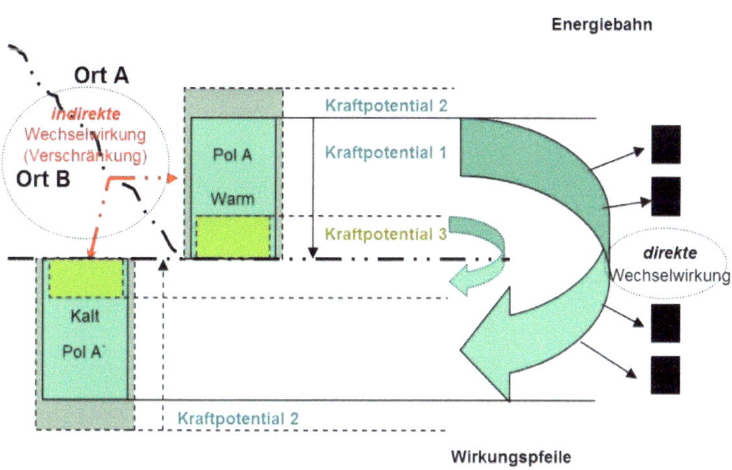

Abbildung 14: Potential einer Energieform A/ A‘

Das Spezielle an den indirekten Wechselwirkungen ist, dass sie sich zeit- und raumübergreifend vollziehen und damit schneller sein dürfen als das Licht. Sie könnten auch gar keine direkten, zeitgebundenen Wirkungen hervorbringen, weil sie unabhängig von raum- bzw. zeitabhängigen Strukturen operieren. Dieser Unterschied zur direkten Wechselwirkung wird in Abbildung 14 durch die Gegenüberstellung der Wechselwirkungen, rechts direkt und links indirekt, zum Ausdruck gebracht.

Indirekte Wechselwirkungen stehen also für den immens wichtigen Informationsaustausch zwischen Dipolen zu ihrer (indirekten) Steuerung. Auch die Begriffswahl der „indirekten" Wechselwirkung scheint besonders geeignet, weil uns die genauen Mechanismen der Informationsübertragung, aus Gründen der Unabhängigkeit von Zeit und Raum verborgen bleiben werden. (Kap. 2.6.)

Dass *indirekte* Wechselwirkung dennoch wirkt und zwar nicht nur indirekt, sondern auch über direkte, zeitabhängige Prozesse, ist bereits angeklungen und wird an späterer Stelle noch einmal aufgegriffen. In den nun folgenden Detailbetrachtungen soll verdeutlicht werden, wie sich formgleiche Pole hinsichtlich Qualität und Quantität durch Informationsübermittlung einander angleichen können. Es erfolgen Ausführungen, die das Wesen der Dipole noch weiter verdeutlichen.

4.4 Der Dipol

Am Beispiel des Windes lässt sich das Wesen von Dipolen am einfachsten aufzeigen, weil Wind nur aufgrund von mindestens zwei verschiedenen Temperaturzuständen (in einem bestimmten Raum) entstehen kann. Als Besonderheit gilt, dass diese beiden Temperaturfelder (warm/kalt) örtlich abgrenzbar und zusätzlich durch Informationsübertragung *indirekt* miteinander verbunden sein müssen. Bildet sich also an einer Stelle eine Erwärmung, so muss zeitgleich - im gleichen Beziehungsraum - ein Gegenpol gegeben sein, damit sich eine Wirkung in Form des Windes vollziehen kann. Das Prinzip der Information übermittelt dabei lediglich nur den jeweiligen Zustand bzw. die jeweilige Zustandsänderung des einen Pols zum anderen Pol. Doch allein durch die Informationsübermittlung kann sich noch keiner der beiden Pole an den Orten verändern. Sie allein genügt also noch nicht, dass sich ein Gegenpol auch hinsichtlich seines Energiegehaltes, bzw. Kraftpotentials verstärken oder verringern kann. Doch wie kann eine solche Veränderung verstanden werden?
Aus dem bislang Beschriebenen kann Folgendes hergeleitet werden: Ein Dipolpaar muss sich zeitgleich bilden und beide Pole müssen sich innerhalb der gleichen Raumeigenschaften (Dimensionen) befinden. Sie können von unterschiedlicher Intensität sein, also über unterschiedlich grosse Energiegehalte (Kraftpotentiale) verfügen. Gemäss Abbildung 14 kann durch ein kleines Kraftpotential nur ein Energiefluss mit sehr geringer Wirkung über eine kleine Entfernung hinweg aufrecht erhalten werden. Doch aufgrund der ständig währenden Informationsübertragung kommt noch ein weiteres Bezugsmerkmal zur Geltung. Es lautet: Je stärker bzw. schwächer der eine Pol, desto stärker bzw. schwächer ist auch dessen Gegenpol.

Über das Prinzip der indirekten *Wechselwirkung,*
der jeweiligen Zustandsübermittlung,
streben beide Pole den gleichen Energiegehalt an.

Massgebend für eine resultierende Wirkung ist grundsätzlich immer der schwächere Pol mit dem kleinsten Kraftpotential. Dies wird in der Abbildung 14 über den Flächeninhalt eines Dipols dargestellt. Das jeweils kleinste Kraftpotential bestimmt die maximal mögliche Wirkungsstrecke, die im jeweiligen Moment über die beiden Pole aufgebaut werden kann. Sinkt das Kraftpotential weiter ab, weil z.B. gerade eine Wirkung vollzogen wird, so bedarf es wieder neuer (Potential) aufbauender Wechselwirkungsprozesse, damit sie wenigstens auf dem bereits niedrigen Wirkungsniveau weiter aufrecht erhalten werden kann.

Auch eine Neutralisation der Wirkung kann damit verstanden werden. Voraussetzung dafür ist, dass sich das Potential mindestens eines Pols komplett abgebaut hat. Beispielsweise kann das Kraftpotential 3 der Abbildung 14 auch weiter gegen Null tendieren. Dann jedoch würde keine Bewegung mehr stattfinden, kein Wind würde mehr wehen oder keine Kompassnadeln könnten sich mehr ausrichten. Ein derartiger Zustand kann schon allein aufgrund des potentialabbauenden Energieflusses eintreten.

Die *Quantität* eines Pols bestimmt demnach die maximal mögliche Kraft, die zur Verfügung steht, um eine Arbeit (Wirkung) zwischen zwei verschiedenen Orten aufrecht zu erhalten. Hingegen bestimmt die *Qualität*, welche Art von Wirkungen sich aus den Eigenschaften der Dipole heraus entladen können.

4.5 Information und Gleichgewicht an gleichförmigen Polen

Sich vollziehende Wirkungen verringern also das Kraftpotential ihrer Dipole. Damit Wirkungen auch dauerhaft aufrecht erhalten werden können, bedarf es parallel ablaufender *Auf*bauprozesse. Vollziehen sich nämlich *Ent*ladungen über Energiebahnen schneller als *Be*ladungen an den Polen, so sind (Wechsel-) Wirkungen nicht mehr zu spüren oder zu messen. Dieser Vorgang kann wieder am Beispiel von magnetischen Polen weiter erläutert werden:

Allgemein bekannt ist, dass sich die Entladung eines magnetischen Feldes nur langsamer oder maximal gleich schnell vollziehen kann, wie Nord- und Südpole aufgeladen werden, weil ansonsten der magnetische Strom zum Erliegen kommen müsste, - was aber offensichtlich in der Natur so nicht gegeben ist. Energetisch betrachtet bedeutet dies: Nur wenn den Polen mehr Energie (Subenergien) zugeführt werden kann, als über die Energiebahnen abgebaut wird, kann auch eine *direkte* Wirkung (in dem Fall also der magnetische Fluss) aufrecht erhalten werden.

Aus der nächsten Abbildung wird ersichtlich, dass sich ein magnetischer Fluss prinzipiell erhöhen kann, wenn entweder beide Pole hinsichtlich ihres Potentials bzw. Energiegehaltes anwachsen oder wenn es zumindest dem bislang kleineren Pol gelingt, sein Kraftpotential an das des anderen anzugleichen. Ob dies den Polen gelingt, ist jedoch nicht unmittelbar von der indirekt übertragenen Information abhängig, sondern vielmehr *von den am Ort vorhandenen Subenergien.* Interessant an dieser Betrachtung ist, dass das Prinzip der Diversifikation und Rediversifikation dabei eine ganz besondere Bedeutung erlangt.

Die Abbildung 15 der Seite 112 zeigt detailliert, dass sich Pole in ständig ablaufenden Diversifikations- und Rediversifikationsprozessen befinden. Je mehr geeignete aufbauende Subenergien am betrachteten Ort bereitstehen, desto grösser wird beispielsweise der Energiegehalt (der Flächeninhalt) am Süd-Pol A'. Da die Zustände über das Band der Information sofort an den Gegenpol A übertragen werden, entsteht auch dort die Tendenz, einen quantitativ (und qualitativ) adäquaten Energiegehalt zu erlangen. Solange der Energiegehalt hinsichtlich Qualität und Quantität noch nicht ausgeglichen ist, besteht also eine Potentialdifferenz zwischen den Dipolen, - bei der nur das kleinste verfügbare Potential die maximal mögliche Wirkung bestimmt.

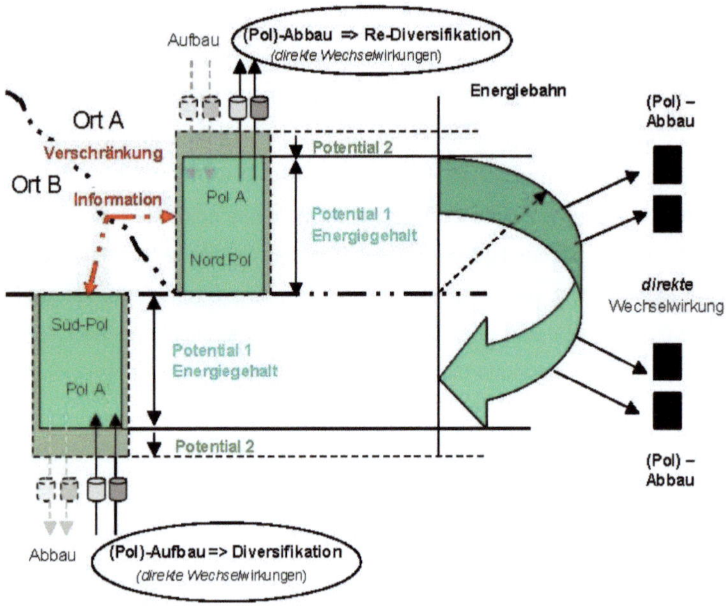

Abbildung 15: Potential und Diversifikation

Für die Angleichung eines einfachen Gleichgewichtszustandes ist es nun lediglich erforderlich, dass auch am Ort des Gegenpols A genügend geeignete Subenergien für Diversifikationsprozesse bereitstehen. Sind die erforderlichen Subenergien (mit den erforderlichen Eigenschaften) auch tatsächlich in genügender Anzahl vorhanden, so kann auch die initialisierte Tendenz zur Angleichung der Subformen auf Basis von direkten Wechselwirkungen in Gang gesetzt werden. Damit steigen die Potentiale wieder an, wodurch am Ende ein „idealer" Gleichgewichtszustand zwischen den Polen durch Diversifikation und Rediversifikation ständig neu einstellbar wird. Der Angleichungsprozess zwischen ungleichen Dipolen vollzieht sich damit vollständig über wissenschaftlich bekannte, (meist berechenbare) physikalische oder chemische Wechselwirkungen.

Alle Formen und damit alle erdenklichen Dipole stehen in derartigen, ständig ablaufenden Auf- und Abbauprozessen. Genau genommen verändern sich daher auch die Potentiale an den Dipolen fortlaufend. Offensichtlich sind in unserem Universum dabei mehr *Aufbau*- als Abbauprozesse an den Polen gegeben. Entsprechend der universellen Tendenz beruhen die Pol-Abbautendenzen mehr auf direkten, polabbauenden Wechsel-*Wirkungen,* - und weniger auf Rediversifikationen.

Potentialabbau an den Dipolen vollzieht sich vor allem aufgrund von direkten (abbauenden) Wechsel-Wirkungen zwischen Dipolen, und weniger aufgrund von Rediversifikationen an einzelnen Dipolen.

Auf diese Weise kann sich auch eine *Neutralisation* einer Form verschiedenartig einstellen. Sie kann eintreten, wenn Dipole in Wechselwirkung zueinander stehen, jedoch nicht mehr ausreichend Diversifikationsprozesse am jeweiligen Pol vollzogen werden können, weil z.B. keine geeigneten Subenergien am Ort verfügbar sind. Das Kraftpotential beider Pole verringert sich Schritt für Schritt, bis schliesslich keine direkte Wirkung mehr aufrecht erhalten werden kann. Aber auch eine allgemeine Temperaturerhöhung am Ort der Dipole kann eine Neutralisation hervorrufen. Dann werden an diesem Ort - entgegen des universellen Prinzips - vermehrt *Re*diversifikationen angestossen. So rediversifizieren mehr Subenergien als in selben Moment diversifizieren. Das Kraftpotential des einen Pols tendiert gegen Null und die resultierende Wirkung kommt zum Erliegen.

Eine weitere Möglichkeit der Neutralisation besteht auch in der Aufhebung der räumlichen Trennung zwischen den Dipolen. Unabhängig von den Raumdimensionen ist Arbeit gleich Kraft mal Weg. Wird nämlich der Weg zwischen den Dipolen zu gross oder das verfügbare Kraftpotential an den Polen zu klein, so wird die maximal mögliche Wechselwirkung wieder gegen Null tendieren, diesmal aber abhängig von der Distanz zwischen zwei Orten, an denen sich die beiden Dipole befinden[48].

[48] Die Distanz zwischen zwei Orten kann auch als Spannungsbogen zwischen den beiden Dipolen verstanden werden. Ist die Distanz gering und das Potential der Dipole hoch, steigt auch der Radius des Spannungsbogens an. Wird bei gleichem Potential der Abstand zwischen den Polen vergrössert, verringert sich der Spannungsbogen, der Radius tendiert praktisch gegen un-

Verblüffend erscheint dabei, dass bereits mit der Neutralisation eines einzelnen Dipols (schon) *keine* Wirkung mehr erzielt werden kann. Veränderungen, die einst von Dipolen angetrieben wurden, kommen in solchen Fällen ganz einfach zum Erliegen. Damit vergeht aus Sicht der betrachteten Form plötzlich keine „partielle" Zeit mehr. Zwar bewegt sie sich noch relativ zu anderen Formen, jedoch erfährt die Form eine *Veränderungspause*, sobald die Dipole , - wegen zu geringfügiger Kraftpotentiale - nicht mehr wirken können. Weil alle Formen von Energie nach diesem Prinzip funktionieren müssen, kann folgende Verallgemeinerung formuliert werden:

Es vergeht partielle Zeit, (eine Veränderung der Eigenschaften)
solange sich direkte Wechsel-Wirkungen über Energiebahnen vollziehen;
so lange also,
wie Pole in direkter (und indirekter) Wechselwirkung zueinander stehen.

Schon aufgrund der Einsteinschen Überlegungen ist unser Zeitverständnis untrennbar mit direkten, zeit- und raumgebundenen Wechselwirkungen verknüpft. Doch unterstreichen die Ausführungen im Kapitel 3 und 4, dass auch raum- und zeitübergreifende Wechselwirkungen zur Erklärung der direkten Wechselwirkungen zwischen Dipolen zwingend erforderlich werden. Gemäss Abbildung 16 sollen darum zukünftig - je nach Art der betrachteten Wirkung - einerseits Raum und Zeit übergreifende, *indirekte* Wechselwirkungen und andererseits die Raum und Zeit gebundenen *direkten* Wechselwirkungen hinsichtlich der Qualitäts- und Quantitätsveränderungen betrachtet werden.

---

endlich, weil er zu einer Geraden wird. Die Pole sind zwar noch miteinander verbunden, sie können aber aufgrund der grossen örtlichen Entfernung keine Wirkungen mehr hervorbringen.

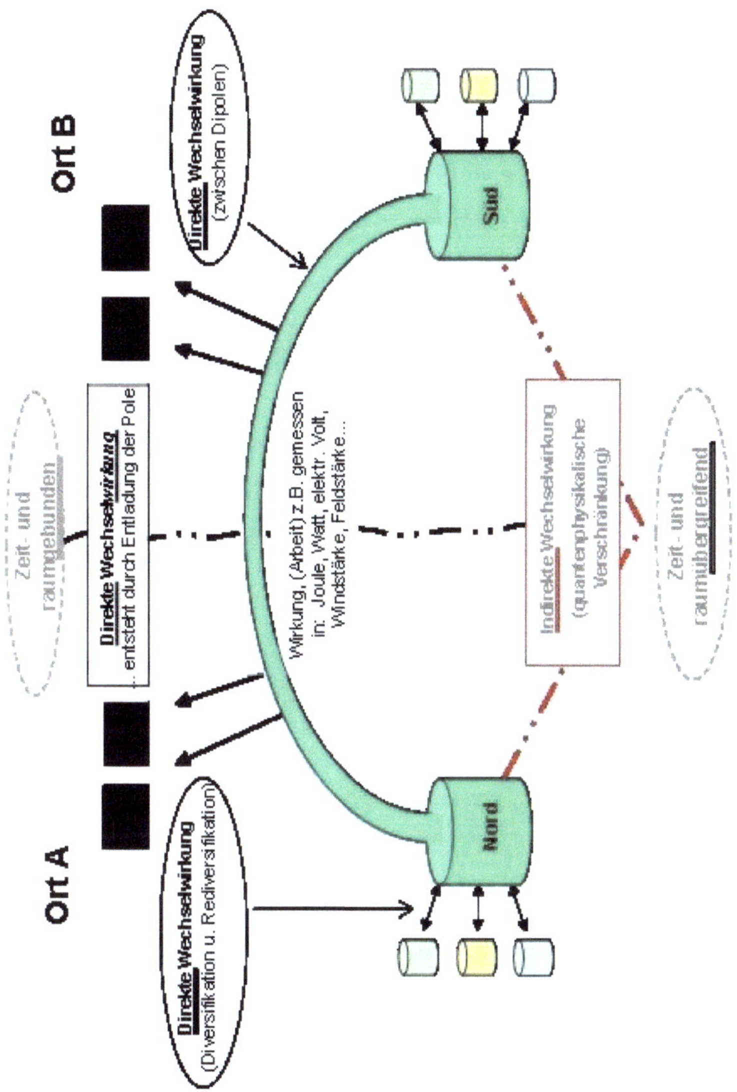

Abbildung 16: Raum/Zeit – Bindung

Zusammengefasst erzeugen Dipole also einen „Energiefluss“ über eine bestimmte Energieform, die für uns stets in Verbindung mit *direkten* Wirkungen wahrnehmbar ist. Derartige Prozesse sind zeitlich gebunden und basieren auf bekannten physikalisch/ chemischen Gesetzmässigkeiten. Gleiches gilt für die Auf- und Abbauprozesse an den Polen, die das Potential bzw. den Energiegehalt der Pole bestimmen. Auch sie sind zeitgebunden, unterliegen den direkten Wechselwirkungen und sind mit Hilfe der Begriffe Diversifikation und Rediversifikation beschrieben.

Um hingegen eine zeit- und raumunabhängige Informationsübertragung zwischen den Polen erklären zu können, bedarf es der von Einstein, Podolsky und Rosen postulierten *indirekten* Wechselwirkungen (*Verschränkungen*). Solche Verbindungen sind insbesondere auf der Ebene der subatomaren Teilchen bereits akzeptiert. Weil alle Dipole wieder aus diesen kleinsten Subenergien bestehen, und - dem legendären Postulat nach - *zeitgleich* miteinander verbunden sind, muss folglich auch das Prinzip der indirekten Informationsübertragung auf alle Energieformen übertragen werden können. Vereinfacht kann es wie folgt formuliert werden:

Formen von Energie wirken direkt (mess- und berechenbar),
aber auch indirekt, also unabhängig vom Raum
und unabhängig von der Zeit.

Unabhängig vom Aspekt der Informationsübertragung bleibt die Frage, ob überhaupt genügend Subenergien für die Bildung des Gegenpols am gegebenen Ort bereitstehen. Aus der indirekten Informationsübermittlung allein lassen sich noch keine Gleichgewichtszustände an den einzelnen Polen aufbauen. Dazu bedarf es dringend der direkten Wechselwirkungen, die sich nach den bekannten Gesetzmässigkeiten verhalten. Vor allem aber bestimmt die Summe aller *direkten* Wechselwirkungen, ob sich ein *Auf*bau- oder ein *Ab*bauprozess am jeweiligen Ort des Dipols vollzieht. Dabei handelt es sich um einen ständig ablaufenden Veränderungsprozess, der impliziert, dass sich Subformen in die bereits bestehenden Pole integrieren müssen. - Doch nicht immer gelingt es den

Subformen mit anderen Subformen direkte Wechselwirkungen einzugehen. Im Ergebnis ist dann zwar die Information vorhanden, die quantitative oder qualitative Unterschiede zum Gegenpol übermittelt und damit einen entsprechenden Angleichungsprozess anstösst. Dieser Angleichungsprozess kann aber eben nur dann realisiert werden, wenn auch die geeigneten Subenergien am Ort vorhanden sind. Zumindest lässt sich schon mal erklären, warum trotz einer zeitlos schnellen Informationsübertragung nicht überall Gleichgewichtszustände zwischen den Polen hergestellt werden können. Vorerst lässt sich das Wesen der Energieformen daher wie folgt kurz zusammenfassen.

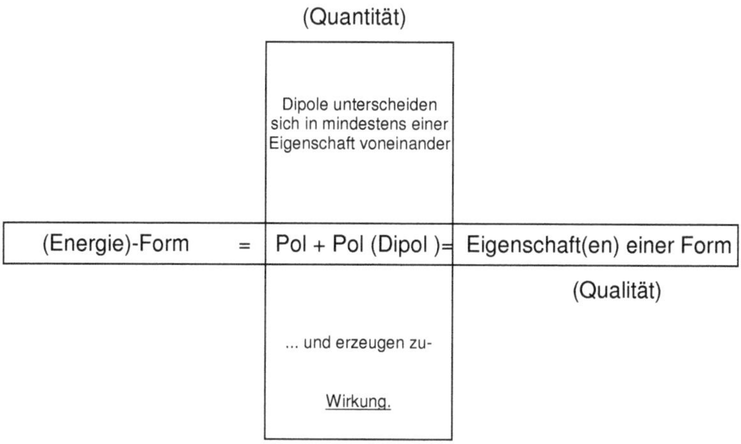

Abbildung 17: Dipol und Energieform (vereinfacht)

4.6 Der Schwerpunkt

Überall in der Natur kann beobachtet werden, dass sich Energieformen zu grösseren Formgemischen zusammenschliessen. Jedoch gibt es wichtige Unterschiede zwischen den Informationsverbindungen von *Subenergien* und denen von *Formgemischen*, die nun im Folgenden genauer betrachtet werden sollen.

Kleinste Subenergien (Formen) werden wegen ihrer geringfügigen Wirkungen von uns nicht wahrgenommen. Sie existieren zumeist nur unter besonderen Laborbedingungen in künstlich geschaffenen, hoch energetischen Feldern. Und dennoch bilden genau diese winzigen Elementarteilchen die eigentlichen Bausteine der wahrnehmbaren Formen. Aus einem Gemisch von unterschiedlichsten Zuständen erschaffen sie durch Diversifikationen vielzählige Eigenschaften (Formen), die ab einer bestimmten Grösse (Masse) schliesslich erkennbar werden. Damit sind besonders in grösseren Formgemischen unterschiedlichste elementare Eigenschaften *direkt und indirekt* wechselwirkend miteinander verbunden. Selbstverständlich gelten solch indirekt wechselwirkende Verschränkungen auch oder gerade für grössere bzw. komplexe Formgemische. Insbesondere in dieser Betrachtungsweise liegt nun eine der wichtigsten Neuerungen der modernen Physik:

Verschränkte Subenergien bilden einen Informationsschwerpunkt aus, der besonders von der Anzahl, also der Quantität der Informationsverbindungen bestimmt wird. (Keine vorhandenen Informationsverbindungen bilden auch keinen vorhandenen Schwerpunkt.) Dabei ist die Qualität, also die übermittelte Eigenschaft selbst, für die Schwerpunktbildung völlig unbedeutend. Quasi jede Form bildet solchen einen Informationsschwerpunkt aus indirekten Wechselwirkungen aus. Bedeutenderweise ist der Informationsschwerpunkt bei materiellen Formen mit dem Gravitationsschwerpunkt identisch [49]. Weil jede einzelne ungebundene Subenergie auch einem speziellen Ort zuzuordnen ist, ist lediglich *eine* Bedingung für die Schwerpunktbildung zu erfüllen: Die Orte der Subenergien müssen direkt wechselwirkend, also chemisch oder physikalisch miteinander verbunden

[49] Dass der (Informations-)Schwerpunkt vor allem bei immateriellen Formen nicht sichtbar oder messbar ist, ist ein Thema, das an dieser Stelle nicht weiter ausgeführt werden soll ..., Es führt zu interessanten Überlegungen über Gravitation und Information, die hier nicht zwingend erforderlich sind.

sein.
Im Prinzip ändert sich dadurch erst einmal nichts, sollte man meinen. Doch ein kleines, aber wichtiges Detail tritt dabei zum Vorschein. Mit der Erhöhung der *quantitativen* Informationsbeziehungen an einem gemeinsamen Schwerpunkt, verändert sich die quantitative Eigenschaft vom „kleinen" hin zum „grossen" Formgemisch. So betrachtet erfahren selbst einförmige Energieformen[50] allein über die Masse der direkten und indirekten Informationsverbindungen eine Veränderung in ihrer Qualität. Auch für *indirekte* Wechselwirkungen gilt damit, dass sie

„im Grossen, wie auch im Kleinen"

offensichtlichen Bestand haben. Das „Kleine" bzw. das „Grosse" wird ausschliesslich von der *Quantität* der Informationsbeziehungen bestimmt, - nämlich ein „mehr", das aus „mehr" Informationsverbindungen besteht.
Nur der Vollständigkeit halber sei an dieser Stelle bereits erwähnt, dass ein „mehr" genauso gut auch aus „mehr"-eren spezifischen Eigenschaften bestehen kann, insbesondere bei Formgemischen. Für eine vollständige Betrachtung der Energieformen bedarf es noch einer grundlegenden Beschreibung der Verhaltensmuster von Energieformen, die bei *direkten* Wechselwirkungen auftreten. Derartige Verhaltensmuster sind wegweisend für die Identifikation von Strukturen, weil sie dabei helfen, die allgemein gültigen Wirkungseigenschaften von Energieformen zu charakterisieren. Vor allem helfen sie dabei, das bisherige Modell noch einmal zu hinterfragen, damit es an späterer Stelle schliesslich präzisiert werden kann.

[50] Einförmig = formgleich (siehe Sachregister unter „formgleich").

4.7 Charaktere der Formen

Formgemische und Gleichgewicht

Dem Energieerhaltungssatz nach geht Energie nicht verloren, sondern wird lediglich umgeformt. Ausserdem kann ein Aufbau oder Fortbestand komplexer Formgemische meist nur aufrecht erhalten werden, wenn *mehr* aufgebaut wird, als im selben Augenblick abgebaut werden kann. Dieser Sachverhalt wird um so deutlicher, wenn nicht nur einzelne Formen, sondern das Zusammenspiel vieler Formen über Kreisläufe und Zyklen betrachtet wird. Beispielsweise kann aus kondensierten Wolken nicht mehr abregnen, als zuvor an Wasser verdunstet ist. Offensichtlich besteht hier zumindest zeitweise ein Ungleichgewicht, bei dem mehr Verdunstung gegeben ist.
Auch am Beispiel des Räuber-Beute-Verhältnisses zeigt sich, dass nur so viele Räuber überleben können, wie sie von Ihrer Beute Energie in Form von verwertbarer Biomasse erhalten. Genau betrachtet ist also in derartigen Energiebeziehungen niemals ein exaktes 1:1-Verhältnis anzutreffen. Dem Ganzen kann entnommen werden, dass auch zukünftig *Ungleichgewichte* in unserer Natur gegeben sein müssen (Abbildung 15, S. 112; beispielsweise ist das Potential 1 des Pols A kleiner, als das Potential 2 des Pols A`).
Dass im Prinzip *kein* „idealer" Gleichgewichtszustand von längerfristigem Bestand ist, sondern Dipole in ununterbrochenen Angleichungsprozessen stehen, erzeugt - wie beschrieben - einen Entwicklungseffekt in den Formen. Nun gilt es auch im Zusammenhang mit Formgemischen zu klären, warum weitere Angleichungen an Dipolen erforderlich sind, obwohl sich diese ja bereits in einem idealen Zustand befinden. Eigentlich bedarf es in permanenten, starren Gleichgewichtsbeziehungen keiner weiteren Diversifikationsprozesse mehr. Weitere Wechselwirkungen wären gar nicht mehr erforderlich. Doch in so einem Zustand befindet sich unser Universum offenbar nicht. Konstant ist nur der Wandel und somit entstehen aus den vielfältigen Ungleichgewichten in den Dipolen zusätzliche Anpassungsprozesse (Antriebe), die wieder neue Veränderungen in den Dipolen hervorrufen.
Trotz all dieser Überlegungen muss festgehalten werden, dass es vor allem zyklische bzw. übergreifende Formverbindungen sind, wie der Kreislauf des Le-

bens oder die Stoff- oder Temperaturkreisläufe, auf denen untergeordnete Gleichgewichtszustände wieder beruhen. Oft ist es sogar so, dass besonders die komplexen Energiebeziehungen sehr empfindlich gegenüber Störungen/ Veränderungen im jeweiligen Gleichgewicht reagieren. Auch sie werden von Dipolen angetrieben, und auch diese scheinbar stabilen Gleichgewichte unterliegen ständigen Angleichungsprozessen. Geradezu erstaunlich erscheint es, dass gerade sie sich trotz ständiger Veränderungen nach aussen hin stabil verhalten. Wie kann nun dieser Sachverhalt mit Hilfe des Dipol-Modells erklärt werden?

Von einer Metaebene aus betrachtet kann Gleichgewicht nur funktionieren, wenn Pole nicht in sich zusammenstürzen, sondern auch über längere Phasen hinweg existieren. Damit dies gelingt, müssen sie über die Möglichkeit verfügen, ihre Dipolverbindungen unter bestimmten Bedingungen aufzulösen - und darüber hinaus neue Dipolverbindungen mit anderen Polen eingehen. Derartige Vorgänge jedenfalls können wir ständig beobachten und müssen sie folglich auch erklären können. Insbesondere darf die Auflösung direkter Wechselwirkungen zwischen Polen *keine* Zerstörung des formgleichen Dipols zur Folge haben. Dies kann mit einem Beispiel verdeutlicht werden, in dem zwei Pole mit ungleichen Potentialen miteinander in Wechselwirkung stehen. An einem Ort hat sich beispielsweise 1000 m^3 warme Luftmasse zusammengefunden, während andernorts nur halb so viel *kalte* Luftmasse bereitsteht. Beide Pole sind direkt miteinander verbunden und erzeugen als Wirkung einen potentialabbauenden Wind. Die thermodynamischen Gleichgewichte an den jeweiligen Orten werden in diesem Fall als unverändert vorausgesetzt, (- damit an den Polen auch keine weiteren Diversifikationen oder Rediversifikationen beachtet werden müssen). Über die Wirkung des Windes werden nun die Potentiale der beiden Pole langsam *ab*gebaut. Weil jedoch die kalte Luftmasse in diesem Beispiel nur über ein halb so grosses Potential verfügt, stellt sich die Wirkung des Windes (schon) wieder ein, sobald das kleinere Potential der kalten Luftmasse verbraucht ist, bzw. mit der adäquaten Menge der warmen Luft in direkte Wechselwirkung getreten ist. Dabei stellt sich jedoch die Frage, was in dem Fall mit dem Restpotential der verbliebenen warmen Luftmasse geschieht? Gemäss dem bislang aufgestellten Dipol-Modell besteht hier noch ein Problem.

Da immer von „formgleichen“ Dipolen ausgegangen wird, wird die Form Wind zwar nicht mehr existent, doch der Dipol der warmen Luftmasse besteht noch immer. Damit existiert ein Dipol, der (zumindest zeitweise) mit keinem anderen Dipol mehr in Wechselwirkung steht. Dem bislang aufgestellten Modell zufolge müsste spätestens dann der noch verbliebene Pol in sich zusammenbrechen bzw. rediversifizieren. Es spricht sogar Vieles dafür, dass der Wechselwirkungsprozess schon vorher abgebrochen wird, nämlich dann, wenn der Radius des *Spannungsbogens* wegen des geringen Potentials bereits zu klein geworden ist, und über die örtliche Entfernung hinweg keine Wirkung mehr aufrecht erhalten werden kann. Doch was geschieht dann mit den Dipolen? Lösen sie sich ein einfach auf? Bedeutet dies, dass Pole rediversifizieren, sobald der Gegenpol über keinerlei Kraftpotential mehr verfügt?

Weiterhin steht noch die Frage im Raum, wie Dipole genau identifiziert werden können, denn nicht immer sind sie so einfach zuzuordnen, wie beim Beispiel des Windes. Aus diesem Grunde sollen zuerst die charakteristischen Eigenschaften der Formen, - die Charaktere der Formen - etwas genauer untersucht werden.

Formgleichheit?

So wie Gleichgewichte und Ungleichgewichte praktisch systemimmanent gegeben sind, so scheint auch von der Makroebene aus betrachtet *Formgleichheit innerhalb von Formgemischen* kein zwingendes Kriterium zu sein. Stirbt oder vergeht eine Form (z.B. Wind), so entstehen offensichtlich aus dem verbliebenen Restpotential nicht zwingend wieder gleich eine neue Wirkung. Gleichgewichtsbeziehungen können wohl auch dann aufrecht erhalten werden, wenn nur noch einzelne Pole bestehen, ohne dass dabei etwaige Dipolbeziehungen zunächst erkennbar wären. Folglich müssen Gleichgewichtszustände mit Hilfe von *übergeordneten Zyklen* aufrecht erhalten werden, - wobei die Zuordnung von miteinander wechselwirkenden Polen, also auch die Identifikation ihrer Wirkungen erheblich erschwert wird. Am einfachsten dürften solche Zustände wieder am Beispiel des Räuber-Beute-Verhältnisses zu verdeutlichen sein.

Ernährt sich eine besonders spezialisierte Art nur von einer einzigen anderen

Art, könnte es geschehen, dass das Nahrungsangebot nicht mehr ausreicht, weil die Räuber beispielsweise sämtliche verfügbare Beute gefressen haben. Im denkbar ungünstigsten Fall sterben dann sowohl Räuber als auch die Beute aus, - und die Dipolbeziehung hätte sich in diesem Fall also selbst ausgelöscht bzw. neutralisiert. (Beispiel, Abbildung 18.)

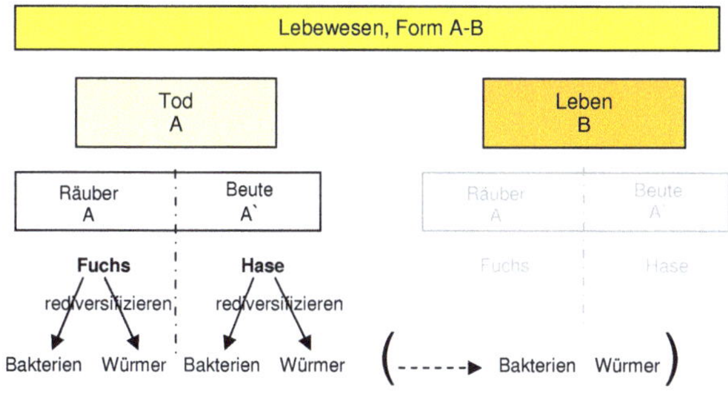

Abbildung 18: Formgleichheit (I)

Der übergeordnete Dipol „Leben" besteht in dem Moment der Betrachtung nicht mehr aus den lebenden Formen „Räuber/ Beute". Hingegen sind um so mehr Formen vertreten, die den übergeordneten Zyklus „Tod" (A) repräsentieren. Bedeutend an diesem durchaus bekannt vorkommenden Umkehrprozess ist, dass beide ausgestorbene Arten zwar mit ihren verbliebenen Formen den Zyklus „Tod" repräsentieren, aber zugleich über ihre Biomasse oftmals die Lebensgrundlage für andere Formen des Lebens darstellen. Zum Beispiel entstehen wieder neue Formen, indem sich Würmer und Bakterien vermehren - siehe Klammer unten rechts.

In Abbildung 19 auf der nächsten Seite wird der Fall erweitert: Die Beute stirbt aus, der Räuber nur nahezu. Formen, die zuerst den Zyklus „Tod" repräsentiert haben, werden zu Formen, die anschliessend wieder den Zyklus „Leben" präsentieren. Das betrachtete Energieverhältnis wird mit einem Mal von den neu entstandenen Formen „Aaserzeuger" und „Aasverwerter" bestimmt. Verblüffend an dieser Betrachtungsweise ist, dass der übergeordnete Zyklus „Lebewesen, Form A-B" die ganze Zeit hinweg aufrechterhalten bleibt, obwohl die zuvor betrachtete Form „Hase“ nicht mehr existiert. Bei diesem durchaus üblichen Vorkommen im Ökosystem, bleibt die übergeordnete Form bestehen, genau *weil* neue Formen mit neuen Formbeziehungen entstanden sind.

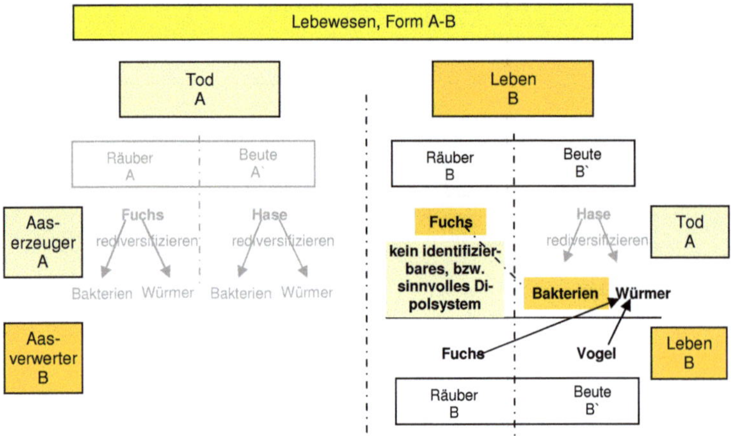

Abbildung 19: Formgleichheit (2)

Wird nun das Beispiel noch weiter vertieft, so ergibt sich folgende, auf das Dipol-Modell bezogen Aussage:

Auch untergeordnete Formen von Energie besitzen die Fähigkeit, neue Wechselwirkungen (und damit auch neue Informationsbeziehungen) mit anderen Formen einzugehen.

Die Aussage scheint damit auf den ersten Blick dem bisherigen Dipolverständnis zu widersprechen. Im aufgeführten Beispiel der Abbildung 19 (links) stirbt die Form „Hase“ ganz und der „Fuchs“ nahezu aus. Doch damit weiteres Leben am Pol B erhalten bleiben sollen, muss geklärt werden, worin dann die im Dipol-Modell postulierten Dipolbeziehungen bestehen. Nun, sie entstehen, indem die überlebenden Füchse beispielsweise ihre Nahrung auf Würmer umstellen und sich daraufhin wieder vermehren, - und sogleich entsteht wieder eine „sinnvolle“, bzw. erkennbare Energiebeziehung zwischen Räuber und Beute. Aus dem ehemaligen Aaserzeuger ist indirekt ein neuer Aasverwerter geworden. Genau-

so einfach bzw. ähnlich müssten sich Dipolbeziehungen verhalten können, damit das Verhalten von Formen erklärt werden kann. Pole wie „Leben“ und „Tod“ oder „Räuber“ und „Beute“ können mit einem Mal wieder einander zugeordnet werden, und das im Dipol-Modell postulierte Gleichgewichtsverhältnis von Pol und Dipol ist wieder identifizierbar.
Diese Vorstellung ist eine Erweiterung zur Auffassung von Form und Pol, wie sie im Dipol-Modell und in der Abbildung 17, S. 117 dargestellt wurde. Es sollte deutlich geworden sein, dass Gleichgewichts- und Informationsbeziehungen(!) zwischen Dipolen offenbar *nicht* in jedem Moment der Betrachtung eindeutig identifizierbar sind.

Zusammengefasst kann festgehalten werden, dass es zumindest solche Zeitpunkte mit entsprechenden Veränderungen geben kann, die *keine* eindeutige Identifikation von Pol und Dipol zulassen. Das eigentliche Zuordnungsproblem besteht wohl darin, möglichst *formgleiche* Dipole identifizieren zu wollen, die sich nur in einer einzigen Eigenschaft voneinander unterscheiden. Innerhalb von komplexen Gleichgewichten treten jedoch, aufgrund der vielfältigen Formgemische, zumeist auch sehr vielfältige Gleichgewichtsbeziehungen auf. Diese werden von komplexen Formgemischen geprägt und scheinen vor allem auf *wechselnden Dipolbeziehungen* mit wechselnden Informationsbeziehungen zu beruhen. Genau dieses kleine, aber wichtige Detail soll an dieser Stelle hervorgehoben werden.

Vermischung und Entmischung der Formen

Ein weiterer, ganz anderer Charakter der Formen lässt sich am Beispiel zweier Stoffe veranschaulichen, die sich im selben (partiellen) Raum aufhalten. In einem ersten Experiment wird eine wässrige Lösung zusammen mit Schwefelsäure in einen Glasbehälter gegeben. Beide Flüssigkeiten werden sich dabei durchmischen bzw. gegenseitig durchdringen. In einem zweiten Experiment wird eine wässrige Lösung mit Öl versetzt. Doch selbst kräftiges Schütteln bewirkt *keine* Vermischung der beiden Formen. Das Öl schwimmt obenauf und Wasser setzt sich im unteren Bereich des Glases ab.

Verschiedene Lösungen (Formen) können sich also entweder in verschiedenen (trennenden) Schichten aneinander anlagern, oder sie durchmischen sich - sie „sympathisieren“. Ob nun das eine oder das andere geschieht, ist allein eine Frage der Eigenschaften der beteiligten Formen. Wirkungen sind in diesen beiden Beispielen nicht gegeben, weshalb gemäss Dipol-Modell in diesem Fall nicht von Polen, sondern vielmehr von *nicht*-miteinander wechselwirkenden *Formen* gesprochen wird. Als Charakteristikum von Energieformen gelten also *Sympathie* oder *Antipathie*. Entweder sympathisieren die betrachteten Formen, indem sie sich durchmischen, oder sie stossen sich gegenseitig ab, indem sie sich (örtlich) voneinander trennen.

Temporäre Dipolbeziehungen

Ein letzter Aspekt charakteristischer Formeigenschaften sollte ebenfalls hervorgehoben werden. Dipole können innerhalb von komplexen Formgemischen zu jedem erdenklichen Zeitpunkt wieder neu *auf*- bzw. auch wieder *ab*gebaut werden, *ohne* dass sich die beteiligten Dipole gegenseitig auslöschen. In der Konsequenz beinhaltet die Aussage noch eine Steigerung zum vorher genannten Aspekt der Formgleichheit zwischen Dipolen. Demnach müsste eine Form nicht mehr zwingend aus zwei Polen bestehen, sondern (sollte) unter gewissen Bedingungen auch *eigenständig* bestehen können. Die Beispiele der lebendigen Gleichgewichtsbeziehungen zeigen, dass jede betrachtete Form (Fuchs, Hase, Wurm oder Bakterium) durchaus auch ohne einen Dipol für sich bestehen könnte - wenn auch nur temporär! Um tatsächlich überleben zu können, müssen sie zwar wieder direkte Wechselwirkungen mit anderen Formen eingehen, dies jedoch offensichtlich nicht ständig. Damit stellen Energieformen nicht mehr zwingend die Summe einer „klassischen“ Dipolbeziehung dar.

Alle diese Überlegungen zeigen, dass das Verständnis von Formen und Dipolen durchaus noch weiter präzisiert werden sollte. Zusammenfassend kann jedoch festgehalten werden, dass sich Formgemische anders verhalten als einzelne (Sub-)Formen. Ausserdem treffen wir in unserer Welt fast nur „unvollkommene“, *nicht*ideale Gleichgewichtszustände an. Neben den sich ständig ändernden Wirkungen sind es vor allem die vielen nichtidealen Gleichgewichtsbeziehungen, die über Diversifikation und Rediversifikation zu weiteren Veränderungen in den Polen führen. Und bezüglich des Charakters von Energieformen kann festgestellt werden, dass Formgleichheit zwischen übergeordneten Dipolen nicht immer zu jedem Zeitpunkt gegeben ist. Damit wird auch die Identifikation von Dipolen nicht in jedem Moment deutlich erkennbar.

Formen von Energie lassen sich anhand ihrer Eigenschaften *qualitativ* charakterisieren. Die wesentlichen qualitativen Unterschiede wurden im vorliegenden Kapitel aufgezeigt. Ein grundlegendes qualitatives Merkmal unterscheidet dabei, ob Formen miteinander sympathisieren, oder ob sie sich gegenseitig abstossen. Auch kann der Natur der Formen von Energie entnommen werden, dass ihren Dipolbeziehungen (ein) temporärer Charakter zugewiesen werden kann. Damit wären einzelne Pole doch sehr viel selbständiger, als es das bislang dargestellt Dipol-Modell zunächst vermuten lässt.

An dieser Stelle schon weitere gedankliche Anpassungen vornehmen zu wollen erscheint nur sinnvoll, wenn endlich die Begriffe „Energie“ und „Energieform“ gegeneinander abgegrenzt werden. Daher erfolgen nun die wohl wichtigsten Unterscheidungen für die beiden Begriffe *Energie* und *Energieform* im nun folgenden Kapitel.

4.8 „Energie“ und „Energieform“

In einem *Raum* ist „Form von Energie“ (direkte Wirkung bzw. Arbeit), wenn ein Spannungsabbau zwischen mindestens zwei Polen stattfinden kann. Erst dann entsteht eine Wirkung, die mit anderen Formen wieder neue Wechselwirkungen eingehen kann. Die erwähnte Spannung entsteht aufgrund von unterschiedlichen Polaritäten zwischen Dipolen, bei denen sich beide Dipole in mindestens einer Eigenschaft voneinander unterscheiden müssen. Wenn beide dann auch noch über ein gewisses Kraftpotential verfügen, gelingt es ihnen sogar eine ganz spezifische Wirkung - über örtliche Entfernungen hinweg - aufrecht zu erhalten. Aus der dabei ablaufenden Entladung der Dipole entsteht schliesslich Bewegung oder Veränderung (Arbeit), die von uns als Zeit empfunden wird. Die dazu erforderlichen Auf-/ Abbauprozesse eines Pols vollziehen sich über zeitgebundene, maximal mit Lichtgeschwindigkeit ablaufende Diversifikationsprozesse. Somit wird Energie zu einem ständig fliessenden System, in dem sich Formen (Eigenschaften) durch *Di*versifikation und *Re*diversifikation fortwährend verändern. Die einzige Konstante dabei ist der Wandel, der vorrangig auf Veränderungen in den Dipolen beruht. - All dies bezieht sich lediglich auf die Entstehung, bzw. Wirkung von Energie-*Formen.* Doch worin besteht dann *absolute Energie?* Was ist *Energie* im Unterschied zu den *Formen von Energie*? Gibt es auch hierbei besondere Kriterien?

Albert Einsteins Energiebegriff beschreibt Massen (Formen), die mit dem Faktor der Lichtgeschwindigkeit zum Quadrat als Energieform in Joule begriffen werden können. Weitere Abgrenzungen zwischen Raum und Zeit waren nicht erforderlich, weil er verständlicherweise von den vorherrschenden Raumbedingungen unseres Universums ausging und erkannte, dass unser Zeitverständnis zwingend im Zusammenhang mit der Lichtgeschwindigkeit betrachtet werden muss. Albert Einstein revolutionierte das damalige physikalische Raum- und Zeitverständnis nachhaltig, indem er den Begriff „Raum-Zeit-Kontinuum“ einführte. Weil jedoch zu damaliger Zeit ein Prinzip *Information* mit *indirekter* Wechselwirkung zwar - als Gegenthese zur Quantenphysik - postuliert wurde, aber weder mathematisch noch experimentell hergeleitet werden konnte, ist bislang auch noch keine *Informationstheorie* in die physikalischen Modelle integriert worden. Information als solche war damals weder physikalisch noch mathematisch akzeptiert. Auch heute hat sich noch keine geschwindigkeitsunabhängige Beschreibung durchsetzen können. Daher kann Energie auch noch nicht umfassend genug verstanden werden.

Für eine übergreifende Definition von Energie und Energieform bedarf es der drei *unendlich grossen* Aspekte - dem *Raum,* der *Zeit* und der *Information.* Die im Kapitel 3 angestellten Überlegungen lassen sogar vermuten, dass absolute Energie dem Urgrund der kosmischen Grundstruktur gleichgestellt werden kann (S. 82, ff.).

Die kosmische Grundstruktur aus
Raum, Zeit und Information
stellt den Urgrund von Energie dar.

Schliesslich muss formlose oder absolute *Energie* unendlich gross sein, wenn wir unendliche Bewegung und unendlich grossen Raum gedanklich verstehen wollen. Der *Raum* wird benötigt, weil die Anzahl der diversifizierten Raumdimensionen die maximal mögliche Anzahl der darin enthaltenen Grundformen bestimmt. Der Aspekt der *Zeit* wird benötigt, weil damit aufgezeigt wird, dass etwas abläuft, d.h. Energie über den Wandel in den Formen „fliesst". Somit liegt in der absoluten Energie die Zeit verborgen, die sich aus den essentiellen Dipolen „Temperatur und Druck" heraus entwickelt (Abbildung 11, S. 92). *Information* wird benötigt, weil nur damit das raumübergreifende und koordinierende Prinzip der indirekten Wechselwirkungen zwischen den zeitantreibenden Dipolen sichergestellt werden kann. Die im vorhergehenden Kapitel entworfene *kosmische Grundstruktur* und der ominös anmutende, *absolute Energiebegriff* gehen so quasi ineinander über.

Die Begriffe „Energie" und „Energieform" werden nun mit dem von Albert Einstein postulierten, aber innerlich von ihm abgelehnten Prinzip der *indirekten* Wechselwirkung verständlicher. Worin bestehen im Einzelnen die wesentlichen Unterschiede zwischen den Energieformen und der absoluten, formlosen Energie?

(Absolute) Energie

Absolute Energie lässt sich allein mit Hilfe der drei oft genannten Begriffe beschreiben. Im Gegensatz zu den *Energieformen* geht es bei *absoluter, formloser Energie* vor allem um unterschiedliche Räume, die über indirekte Informationsverbindungen miteinander wechselwirken (siehe Abbildung 10, S.88). In jedem dieser Räume vollzieht sich Bewegung bzw. Veränderung. Als Zeit empfinden wir dies nur, wenn der Bereich der absoluten Energie bereits verlassen wurde und in den Bereich der direkt wechselwirkenden Formen übergegangen ist. Denn bewusst wahrnehmen können wir unstrukturierte Energie, die aus beliebigen Räumen oder aus unendlich schnellen, indirekten Wechselwirkungen besteht, (nämlich) nicht.
Aus der Metaebene heraus betrachtet kann Zeit also als *ein fliessender Übergang von Formumwandlungen* verstanden werden. Tatsächlich wahrnehmen können wir Energie daher nur, wenn ein Energiefluss mit Veränderungen in den *Energieformen* verbunden ist!

Ein absoluter Energiefluss gleicht einem
indirekt wechselwirkenden (verschränkten) Informationsfluss.
Er kann von uns nur über direkt wechselwirkende Veränderungen, also in Verbindung mit Energieformen wahrgenommen werden.

Absolute Energie sollte also nicht einfach als dahinfliessende Zeit verstanden werden. In unserem drei- bzw. vierdimensionalen Raum vollzieht sich direkte Wirkung (Veränderung) bekanntlich höchstens mit der Geschwindigkeit des Lichtes. Genau darin liegt auch die wichtigste Unterscheidungskomponente zwischen Energie und Energieform: In der Bewegungsart zur Lichtgeschwindigkeit. Es gilt demnach zu unterscheiden in:

- wahrnehmbare, raum, - und *zeit*gebundene *„Formen von Energie"*
- nicht wahrnehmbare, nicht lokale, *„absolute Energie".*

Oder etwas mystisch und verkürzt formuliert:

Das Absolute ist nicht von dieser Welt...

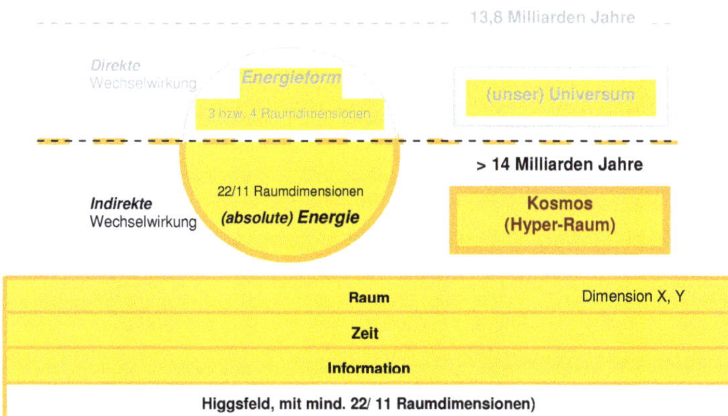

Abbildung 20, absolute Energie

Ist nämlich die Bewegung schneller als Licht, oder sind noch gar keine Formen vorhanden, so kommen nur die *indirekten* - raumübergreifenden - Wechselwirkungen zum Zuge, also solche, die uns als nicht messbar bzw. als nicht real erscheinen. Derartig zeitlose Verbindungen werden vom unendlich schnellen Prinzip „Information“ beschrieben.

Somit wird deutlich, dass viele Querverbindungen zwischen absoluter *Energie* und direkt wechselwirkenden *Energieformen* gegeben sind. Die eigentliche Basis aller Formen ist demnach die absolute Energie selbst. Denn nur aus der kosmischen Grundstruktur, der *Raum-Zeit-Information* heraus, diversifizieren Grundkräfte und Elementarteilchen, - also alle immateriellen und materiellen Formen von Energie.

Die absolute Energie ist die Grundstruktur aller Formen.
Aus ihr heraus diversifizieren die Energieformen.

Energieform

Im Gegensatz zur absoluten Energie sind Bewegungen der Energieformen maximal gleich schnell oder gar deutlich langsamer als die Lichtgeschwindigkeit. Damit eröffnen sich mit den Energieformen der Bereich der *direkten* Wechselwirkungen, - jener Erfahrungsbereich:

- der von Diversifikationen und Rediversifikationen gekennzeichnet ist,
- der wissenschaftlich erfassbar ist, (und jener)
- der sich grundsätzlich wiederkehrend gleich verhält.

Das Verhalten der Energieformen ist für uns nicht nur wahrnehmbar, sondern über die wissenschaftlich hergeleiteten Gesetzmässigkeiten sogar - recht gut - abschätzbar. Fortwährend kann bei der Betrachtung von Energieformen festgestellt werden, dass unzählige kausale Zusammenhänge gegeben sind, die eine Zuordnung von Ursache und Wirkung zulassen. Doch es gilt eben eine wichtige Einschränkung bei derartigen Betrachtungsweisen: Bewegungen *an* oder Veränderungen *in* den Energieformen können (nur) maximal mit Lichtgeschwindigkeit ablaufen. Sie können aber sehr wohl von indirekten Wechselwirkungen gesteuert werden. Alles baut aufeinander auf. Die indirekten Informationsbeziehungen aus absoluter Energie wirken also auch in den Energieformen.
Weiter ist hervorzuheben, dass die Energieformen allein darüber bestimmen, *wie* wir Eigenschaften empfinden bzw. welche Wirkungen mit ihnen in Verbindung stehen. Nicht die absolute Energie ruft unsere Empfindungen hervor, sondern Energieform, die aus der universellen Grundstruktur heraus diversifiziert ist.

Nicht „Energie", sondern „Formen von Energie" kennzeichnen unterschiedliche Eigenschaften und unterschiedliche Wirkungen.

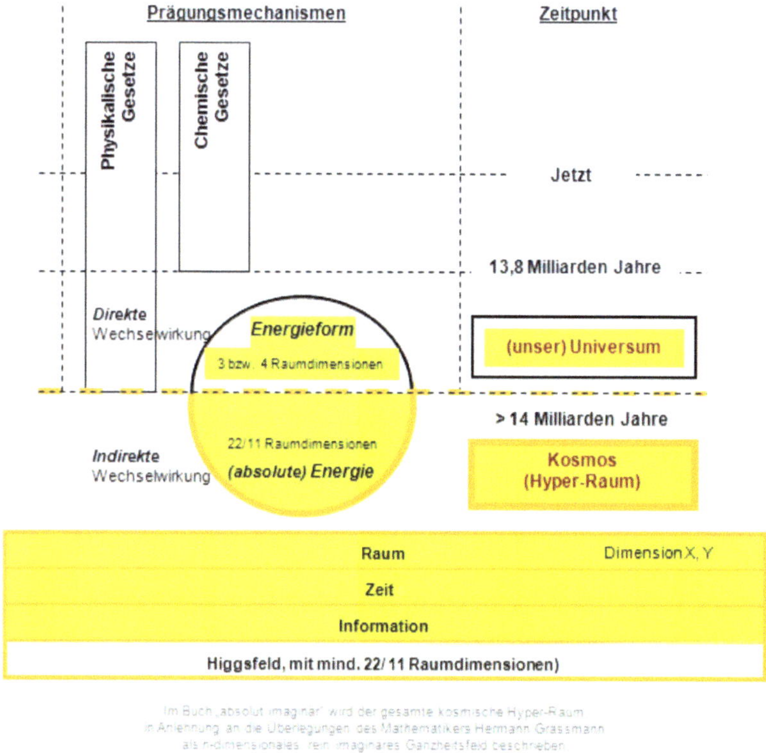

Abbildung 21: Energie und Energieform (I)

Genau, weil der Mensch die verschiedenen Eigenschaften von Energieformen erkennt, versucht er schon seit langem, diese zu sortieren, bzw. auf kennzeichnende Gemeinsamkeiten zurück zu führen. Im Kern geht es bei solchen Fragestellungen um den „Urgrund der Formen“, der im Bereich der kosmischen Grundstruktur verborgen liegt, - der *Raum-Zeit-Information*. Ist dieser erst einmal entschlüsselt, wird rasch erkennbar, welch einfachen Gesetzmässigkeiten die Formen von Energie unterliegen. Die ersten Energieformen unterliegen den physikalischen und chemischen Gesetzen.

Zusammenfassung (Dipol-Modell)

Formlose, *unendliche Energie* besteht aus den drei unendlich grossen strukturellen Aspekten *Raum, Zeit* und *Information.* Aus ihr diversifizieren die uns bekannten *Formen* von Energie mit ihren verschiedenen Eigenschaften. Die Verhaltensweisen der Formen werden verständlich, sobald die verborgenen Mechanismen der Diversifikation entschlüsselt sind. Damit ist das Verhalten der Formen kein mysteriöses Geheimnis mehr, denn es zeigt sich, dass sich jegliches Entstehen und Vergehen nach den gleichen einfachen Mustern vollzieht. Schlussfolgernd lassen sie sich wie folgt zusammenfassen:

- Aus der universellen Grundstruktur, der formlosen, absoluten Energie diversifizieren die Formen.
- Abhängig vom inneren Energiegehalt beschreiben die *Mechanismen der Diversifikation* grundlegende Verhaltensmuster der Formen.
- Alle Formen können miteinander kommunizieren (direkt und indirekt).
- Alle Formen diversifizieren und rediversifizieren in ihre jeweiligen, spezifischen Eigenschaften.
- Formen beginnen zu wirken, wenn sie als Kraft und Gegenkraft in direkter Wechselwirkung zueinander stehen.

- Entsprechend ihrer Eigenschaften lassen sich Energieformen in diverse Grundformen, Hauptformen, Arten und Ausprägungen untergliedern.
- Der Antrieb zur Veränderung entsteht aus miteinander kommunizierenden Dipolen, die mit Hilfe des Dipol-Modells neu verstanden werden können.

Doch bei genauerer Betrachtung sind Dipole nach wie vor noch nicht völlig erklärt, vor allem nicht die Vorgänge in Formgemischen. Demnach können Dipole nicht nur unterschiedlich stark ausgeprägt sein, sondern müssen sich nicht einmal zwingend in all ihren Formen gleichen, um dem Prinzip der Energieerhaltung zu genügen. Es reicht bereits, dass sie sich im Zusammenhang mit Formgemischen nur über Subformen manifestieren können. Zudem können sich Energieformen zusätzlich noch durchmischen oder voneinander trennen. Sympathie steht dabei für die Anziehung verschiedener Formen und Antipathie für die Trennung der Formen.

Allgemein betrachtet werden Pole bei Wechselwirkungen also meist nicht vollständig vernichtet, sondern vermögen sich durchaus aus ihren Wechselwirkungen herauszutrennen. Warum wir bislang nicht verstehen, dass sie dabei nicht in sich zusammenstürzen, liegt wohl daran, dass ihr Wesen noch immer nicht klar genug entschlüsselt ist. Dies soll nun im folgenden Kapitel näher versucht werden.

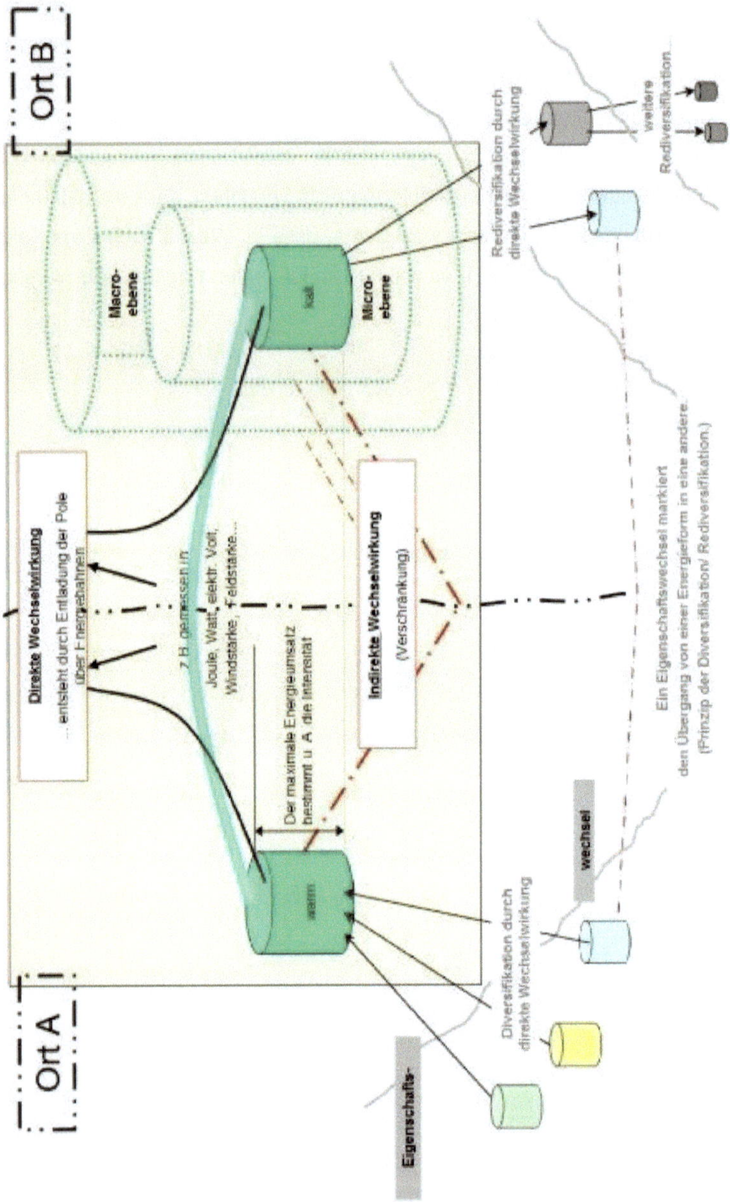

Abbildung 22: Wechselwirkungen in den Energieformen

5 Die Neue Sicht

Der Mensch wird auch in Zukunft versuchen, die umliegende Welt nachvollziehbar zu erklären. Damit werden sich auch unsere Vorstellungen von der *Information, vom Geist, der Materie, dem Leben* oder dem *Bewusstsein* gedanklich entwickeln müssen. Einfach jedoch dürften sich mögliche Antworten nur selten gestalten. Wären sie bereits geklärt, so wären die Unterscheidungen von Geist, Bewusstsein und Information bereits bekannt. In Hinblick auf die Wissensgebiete der Physik, Chemie, Biologie und Psychologie wird jedoch zunehmend deutlich, dass sich unsere Wissenschaften jeweils mit ganz spezifischen Formen bzw. mit einem Teil der spezifischen Eigenschaften befassen. Dabei versucht jeder einzelne Wissenszweig - im Auftrag des Wissens - die von ihm betrachteten Formen, Eigenschaften und Wirkungen als Theorien, Lehrsätze oder mathematische Gesetze zu formulieren.

Ein ähnlicher, aber thematisch übergreifender Ansatz soll nun im vorliegenden Kapitel unternommen werden. Information, Geist, Materie, Leben und Bewusstsein werden dabei nach und nach in Beziehung zueinander gesetzt. Mit den Grundformen des *Geistes* und der *Information* wird begonnen, weil sie einen Bezugspunkt für *alle* Energieformen darstellen müssen. Die gesamte Thematik wird zugleich genutzt, um weiterführende Überlegungen zum Wesen der Dipole zu präzisieren.

5.1 „Energie“ und ihre Bedeutung

Energie und Energieform sind im vorhergehenden Kapitel ausführlich erörtert worden. Nun fehlt noch ein letzter wichtiger Aspekt, - nämlich die Zuordnung zur jeweiligen Grundform. Im Grunde genommen hat das Verständnis von „Geist“ und „Information“ schon immer die vorherrschende gesellschaftspolitische Entwicklung bestimmt. Schliesslich handelt es sich dabei um die ältesten Formen von Energie, - und es war schon immer von hoher gesellschaftspolitischer Bedeutung, *wer* dafür eine verständliche Erklärung bereithalten kann: Eine Glaubens- oder eine Wissensinstitution...

Nach heutigen Gesichtspunkten werden aus Glaubensaspekten immer klarer

ausgeprägte Wissensaspekte. Diesem Verständnis nach muss beispielsweise *Information* - aufgrund der universellen Grundstruktur - schon gleich zu Beginn des Universums vorhanden gewesen sein. Wie jedoch verhält es sich dann mit dem Geist? Was kennzeichnet ihn im Gegensatz zu einer raum- und zeitübergreifenden Information? Ist auch er schon immer vorhanden gewesen?
Das Wesen des Geistes wird gesellschaftlich leider nicht immer gleich verstanden. Klar ist nur, dass er genau so wie die Information, in Verbindung mit Materie stehen muss, - wenn auch mit anderen Aufgaben oder Wirkungsbereichen. Dabei basiert der Geist im Grunde genommen auf dem Prinzip der Information. Kein geistiger Gedanke könnte ohne Information entstehen. Worin sich beide jedoch deutlich voneinander unterscheiden, liegt in ihren Strukturen bzw. Nicht-Strukturen. Denn Geist repräsentiert im Grunde genommen nichts anderes, als „strukturierte Information“. Konkret formuliert:

Geist ist strukturierte Information.

Mit Hilfe des Geistes wird ungeordnete Information in *geordnete Information* überführt. Demnach wird im Moment einer zeitlich unterworfenen Wechselwirkung aus einer geistlosen, ungeordneten Information, eine geistig *geordnete Information.*
In Bezug auf die Ausgangsfrage kann nun auch beantwortet werden, wie Energie und Energieform den beiden Grundformen zuzuordnen ist.

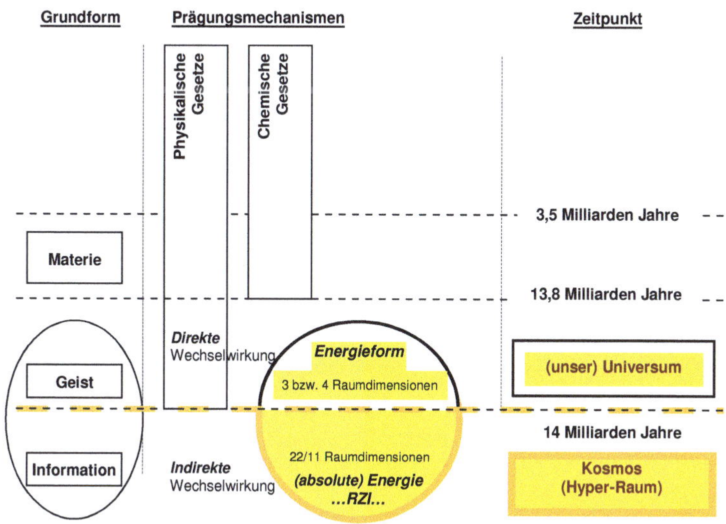

Abbildung 23: Energie und Energieform (II)

Wenn Geist nämlich „strukturierte Information" darstellt, dann muss Information ihrem Wesen nach grundsätzlich unstrukturiert vorliegen. Auch muss absolute und formlose, unstrukturierte Energie mit dem unendlichen Prinzip der ungeordneten Information korrespondieren, - so wie es in den vorhergehenden Abbildungen bereits zum Ausdruck kam.
Alle Formen von Energie, also alles Materielle und Immaterielle, was sich in unserer Welt befindet, korrespondiert hingegen mit dem Prinzip des (wechselwirkenden) Geistes.

Energie hat die Grundform der „Information"
*Energie*form *hat die Grundform des „Geistes"*

Als kennzeichnendes Merkmal sind „Formen von Energie" - im Gegensatz zur „absoluten Energie" - auch nicht mehr von unendlicher Grösse gekennzeichnet. Sicherlich „wirken" zwar auch raumübergreifende, indirekte Wechselwirkungen zwischen Dipolen und damit auch zwischen den Formen von Energie. Alle Formen von Energie unterliegen aber in erster Linie den *direkten*, ortsgebundenen

Wechselwirkungen. Somit umfasst die Grundform des Geistes „alle Informationsverbindungen“, die durch *direkte* Wechselwirkungen (geistig) geordnet wurden. Sie unterliegen endlichen Grössenordnungen, sobald sie dem Prinzip des Geistes zugeordnet werden können. Hingegen ist alles Unendliche, alles Raum- und Zeit- Übergreifende, dem Prinzip „Information“, bzw. den *indirekten* Wechselwirkungen zuzuordnen.
Eindrucksvoll wurde von J. E. Charon in ähnlichen Betrachtungen bereits dargelegt, dass die Grundformen der *Materie* und die des *Geistes* unbedingt zusammen betrachtet werden müssen. Seine Überlegungen zeigen, dass überall dort, wo Materie gegeben ist, auch Geist (geordnete Information) vorhanden sein muss. Damit schliesst sich der Kreis der aufeinander aufbauenden Voraussetzungen. Auch diese Grundformen bauen aufeinander auf.

Ohne Information kein Geist.
Ohne Geist keine Materie.

Wie alle Energiesysteme beruhen sowohl Formen von Energie, als auch absolute Energie auf Dipolbeziehungen. Für absolute Energie konnten die wirkungstreibenden Dipole schon eindeutig identifiziert werden. Der Druck und die Temperatur sind die bislang letzten bekannten, immateriellen Formen, die auf indirekte Weise den Zustand aller materiellen Formen bestimmen. Ihre Veränderungen begründen die Bewegungen der Formen und stellen prinzipiell den Ursprung der vergänglichen Zeit dar. Dafür benötigen sie, quasi als Rahmenbedingung, lediglich einen bereits bestehenden Raum und ein einfaches Kommunikationsmittel, - ein Prinzip der Information(sübertragung). Alle Formen von Energie diversifizieren innerhalb dieser Rahmenbedingungen und lassen sich so als Diversifikationen aus der einen, formlosen, absoluten (symmetrischen) Energie verstehen.

Und worin besteht nun die *Neue Sicht*? Inwiefern sollten sich dadurch unsere Vorstellungen vom Wesen der Welt verändern? Die Antwort lautet einfach: Weil inzwischen klar ist, dass hinter Energie und Energieform letztlich immer *Dipole* stecken. Soll also eine neue Sicht der Dinge erarbeitet werden, erfordert sie dringend, auch die Funktionsweisen der Dipole einzubeziehen. Folglich müssen nun noch die elementaren Eigenschaften der Formen beschrieben werden, - also auch jene sonderbaren Verhaltensweisen der Formen, die bereits bei den „Charakteren der Formen“ aufgeführt wurden, und welche die mit bisherigen Modellen noch nicht ausreichend gut verstanden werden können.

Der Pol und die Form

Gedankliche Konstruktionen von Dipolen sind erforderlich, damit uns Veränderungen in den Formen verständlich werden. Werden nun die Vorstellungen aus dem Dipol-Modell auch auf die Dipole in Formgemischen übertragen, dann werden sogar Phänomene die bislang unerklärlich blieben, nach und nach erklärbarer erscheinen. Und da Dipole unser „Sein“ so offensichtlich bestimmen, muss unbedingt auch erklärt werden können, *wie* sie in Verbindung mit Formgemischen ihren „richtigen“ jeweiligen Gegenpol finden können. Hierin liegt eine der wichtigsten Schlüsselfragen des vorliegenden Gedankensystems, - insbesondere wenn die zunächst widersprüchlich erscheinenden Charaktere der Formen aus dem Kapitel 4.7 betrachtet werden. Denn wenn sich Dipole voneinander trennen, dann müssen sie sich auch auf erklärbare Art und Weise wieder „finden“ können.
Als Voraussetzung für die Existenz einer Dipolverbindung müssen *indirekte* Verbindungen schon bei der Entstehung der Energieformen gegeben sein. So betrachtet ist jedoch eine Polfindung keine echte „Findung“, sondern eher ein Phänomen, das sich aus der Entstehung der Form heraus ergibt. Andererseits besteht die Herausbildung einer Form ja gerade darin, dass sich diverse Elementarteilchen zu ersten „materieförmigen“ Atomen zusammenfinden. Diese Elementarteilchen unterliegen den quantenphysikalisch beschriebenen *verschränkten*, also den zeit- und raum*un*abhängigen indirekten Wechselwirkungen. Aufgrund dieser ständig aufrecht erhaltenen Informationsverbindung bleibt jedes Elementarteilchen, das sich mit anderen zu einem Atom und später zu einem Molekül zusammenfindet, auch weiterhin mit „seinem“ (formgleichen) Antiteilchen *indirekt* wechselwirkend verbunden. Problematischerweise kann sich aber das noch jeweils „freie“ Antiteilchen irgendwo anders im Raum befinden.

Dieses wird *indirekt* wechselwirkend über den veränderten Zustand des Gegenpols informiert und tendiert dann seinerseits dazu, durch *direkte* Wechselwirkungen mit anderen Elementarteilchen den Zustand des Gegenpols anzunehmen. Dies geschieht, indem es sich mit möglichst ähnlichen Elementen verbindet, so wie es sein Antiteilchen bereits getan hat.

Energieform: A/ A'

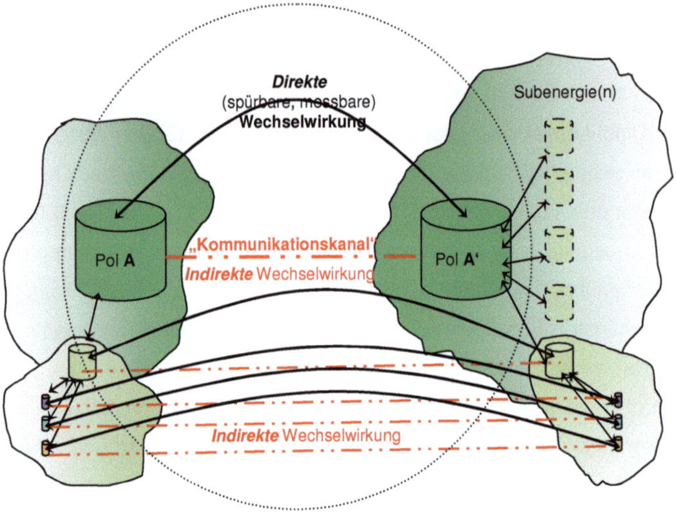

Abbildung 24: Wechselwirkung zwischen Dipolen

Dabei gibt es nur einen kleinen Haken. Denn ob ihm das auch tatsächlich gelingt, ist gemäss vorherigen Ausführungen allein von den am Ort vorliegenden Subformen abhängig. Die Gesetze der Physik und Chemie verdeutlichen uns, dass nicht jede Art von direkter Wechselwirkung mit anderen Formen möglich ist. So kann es letztendlich vorkommen, dass ein Elementarteilchen mit vielen anderen in einer komplexen Lebensform eingebunden ist, - das andere Antiteilchen jedoch nur in einem kleinen, unbedeutenden Atom. Was damit offensichtlich wird, zeigt die eigentliche Vielfältigkeit der Kommunikationsbeziehungen auf.

Formgemische verhalten sich völlig anders als formgleiche Teilchen (und Antiteilchen). Der Mensch beispielsweise stellt ein eindeutiges Formgemisch dar. Alle „seine“ Antiteilchen stehen mit höchster Wahrscheinlichkeit zu völlig verschiedenen Formen in *indirekter* Wechselwirkung. Unsinnig wäre somit die Vorstellung von einem „Antimenschen“ oder einem „Anti-Ich“. Nur folgerichtig ist hingegen die Vorstellung, dass *Alles* mit *Allem* über unzählige, - aber endliche - Informationsbeziehungen verbunden ist. Ein einfaches Prinzip, dem am Ende alle *elementaren* Formen von Energie entsprechen.

Sowohl für formgleiche Dipole als auch für Dipole aus Formgemischen gilt: Je mehr Dipolverbindungen nun direkt miteinander kommunizieren, desto komplexer gestaltet sich auch ihr Informationsaustausch. Ein überaus wichtiges Kriterium für vielzählige Informationsverbindungen ist dabei, dass Elementarteilchen mit zunehmender Grösse der Form ab einem bestimmten Moment über „übergeordnete“ Dipolverbindungen miteinander zu kommunizieren beginnen. Jeglicher Informationsaustausch läuft im Moment der Entstehung eines Atoms nur noch über sich selbst verstärkende *Schwerpunkte*, - ein Sachverhalt der bereits im Kapitel „Der Schwerpunkt“ aufgezeigt worden ist. Somit entstehen also erste Kommunikations-Schwerpunkte, wenn aus Ansammlungen von Elementarteilchen erste Formen der Materie werden, - oder allgemeiner formuliert, wenn Quantität und Qualität in den jeweiligen Formen zu wachsen beginnen.

Im Beispiel der folgenden Abbildung 25 wird eine Zustandsbeschreibung zwischen formgleichen Polen A/ A` übermittelt. *Indirekt* werden die jeweiligen Zustände über Qualität und Quantität an den Gegenpol übergeben, wobei für formgleiche Dipole noch eine Einschränkung gilt: *Formgleiche* Dipole (A/ A‘) sind wegen der exakten einzigartigen Unterscheidung in genau einer Eigenschaft vorrangig nur von *quantitativen* Angleichungen betroffen. Bei ihnen verändert sich die Qualität nur geringfügig, dafür aber um so mehr die Quantität vom Kleinen zum Grossen oder umgekehrt. Durch die unverzügliche Informationsübermittlung erfahren beide Pole die Tendenz, sich hinsichtlich Quantität (und Qualität) aneinander anzugleichen. Letztlich bilden genau diese beiden elementaren Eigenschaftsunterschiede zwischen Dipolen die Grundlage aller nur denkbaren Informationsbeziehungen. Über die Informationsbeziehung wird lediglich übermittelt, welche gegenpoligen Eigenschaften und welche gegenpoligen Potentiale am anderen Ort gerade gegeben sind[51].

In einer weiteren Betrachtung erlangt die *veränderte Informationsverarbeitung* bei Formgemischen eine neue Bedeutung. Demnach ist leicht vorstellbar, dass Informationen aus einzelnen Dipolverbindungen fortan „gebündelt" werden, wenn sie zum Gegenpol übermittelt werden. Nicht mehr die vielzähligen Dipole aus den vielzähligen Subverbindungen eines Pols treiben dann die Bewegungen an, sondern neu entstehende, *übergeordnete* Dipolverbindungen - die auch als „*Informations- oder Verbindungsstellen*" bezeichnet werden können. Derartige Informations- ("verarbeitungs-") Strukturen entstehen bereits in dem Moment, in dem sich erste Formansammlungen zusammenfinden. Damit avancieren die Informations- oder Verbindungsstellen in den Dipolen zu den eigentlichen Informations- und Antriebsstellen[52] der Formen.

[51] Dass eine solche Betrachtung vereinfacht formuliert ist, soll anhand der folgernden Detaildarstellung verdeutlicht werden. Im Rahmen der maximal möglichen Angleichung besteht nämlich zwingend eine kleine, aber wichtige Einschränkung, die sich aus dem Wechselzustand von Energie zu Energieform ergibt: Die unterschiedlichen Eigenschaften auf der Ebene der Elementarteilchen bleiben bei formgleichen Polen - elementar bedingt - vom Angleichungsprozess ausgeschlossen. Sollte ein Elementarteilchen z.B. seine elementare Eigenschaft A durch Ausseneinwirkungen in A` verändern, würde das verbundene Gegenteilchen lediglich (zeitgleich) die elementare Gegeneigenschaft repräsentieren. Ein derartiger Eigenschaftswechsel wirkt sich zwar in elementaren, formgleichen Verbindungen stärker aus als in komplexen, dennoch hat dies entweder einen *hemmenden* oder einen *treibenden* Einfluss auf die bestehenden Wechselwirkungen vor Ort. Folglich wird die Form aufgrund des übermittelten Eigenschaftswechsels entweder diversifizieren oder zu rediversifizieren beginnen.
Bei diesen Überlegungen handelt es sich um Betrachtungen der noch ausstehenden Informationstheorie, die an dieser Stelle absichtlich nicht weiter vertieft werden soll.

[52] Dass die übergeordneten Pole über „Kommunikationskanäle" miteinander kommunizieren, ist eine modellhafte Erklärung, damit die unterschiedlichen Prinzipien der Kommunikation deutlich gemacht werden können. Wirkliche „Kommunikationskanäle" konnten bislang nicht gefunden werden (siehe Ausführungen im Kapitel 2.6). Hier geht es lediglich darum, ein modellhaftes Verständnis für den Informationsaustausch zu entwickeln.

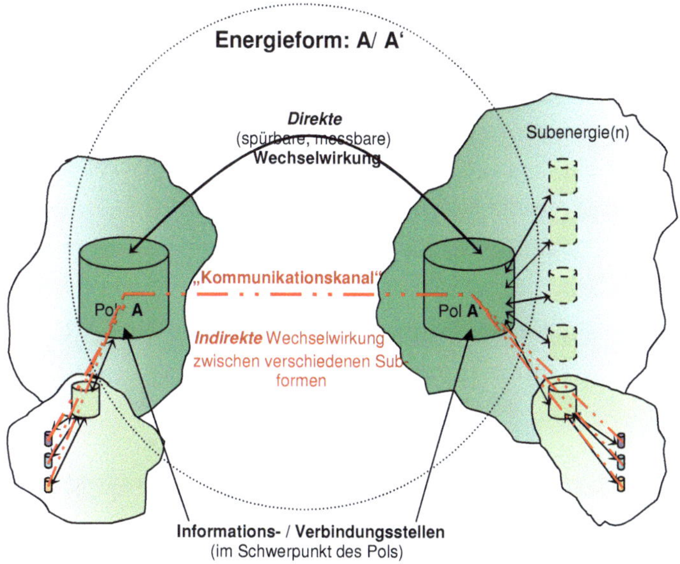

Abbildung 25: Wechselwirkung zwischen formgleichen Dipolen

Allein mit dieser Vorstellung tritt ein völlig neuer Sachverhalt in der Informationsverarbeitung zu Tage. Ähnlich wie der Gravitationsschwerpunkt, der immer im Zentrum einer Form gegeben ist, entwickelt sich auch ein Informations- und Antriebsschwerpunkt in jedem einzelnen Pol. Auch die ersten elementaren (formgleichen) Verbindungen sind von Anfang an durch indirekte Wechselwirkung miteinander verbunden. Sie prägen sich aber aufgrund von direkten Wechselwirkungen im gleichen Moment zu einer Art „Kommunikationsplattform" zwischen Elementarteilchen aus.

Die Lage des Schwerpunktes kann sich natürlich im Laufe der weiter ablaufenden direkten Wechselwirkungen durchaus wieder verändern, - beispielsweise wenn sich weitere Formen an ein Atom anlagern oder wenn sie sich dadurch zu unterschiedlichsten Formgemischen verändern.

So wird allmählich klar, wie die entsprechenden Gegenpole gefunden werden. Im einfachsten Fall - bei formgleichen Polen - entwickeln sich die Informationsverbindungen mit der Form selbst und bilden immer dann übergreifende Dipole

aus, wenn die Anzahl der quantitativen Informationsverbindungen ansteigt. Dieser Vorgang geht in eine komplexe Formbildung aus Formgemischen über, wenn sich weitere Formen über direkte Wechselwirkungsprozesse an einem der Dipole anlagern. Damit verändert sich sowohl die Quantität (das Wirkungspotential) als auch die Qualität der betroffenen Form, - aber zugleich auch deren Schwerpunkt, also die sich kontinuierlich mit der Form entwickelnde Informations- und Antriebsstelle.
Alle betrachteten Kommunikationsverbindungen stellen somit nicht mehr nur starre Verbindungen dar, sondern können in Verbindung mit *direkten* Wechselwirkungen zu durchaus flexiblen Netzwerkstrukturen heranwachsen.

Informationsverbindungen werden flexible,
indirekt wirkende Netzwerkstrukturen,
wenn sie über Schwerpunkte von direkten Verbindungen
miteinander kommunizieren.

Wird nun der komplexe Fall der Dipolbildung noch genauer betrachtet, so sind Dipole, die aus Formgemischen bestehen, letztlich sogar in der Lage, quasi beliebig oft, Verbindungen mit nahezu x-beliebigen Polen einzugehen. Wie es dazu kommt, dass die beteiligten Formen dabei nicht auseinander brechen, erklärt sich wiederum mit Hilfe der direkten Wechselwirkungen. Ein physikalisches Verständnis ergibt sich, wenn die Erkenntnisse zum „Schwerpunkt" herangezogen werden. Je mehr unterschiedliche Formen an einem Ort miteinander kommunizieren, desto öfter verändert sich auch der Schwerpunkt der betroffenen Formgemische. Letztlich ist zwar jeder einzelne Zustand eines jeden Subteilchens für den Gesamtzustand „mitverantwortlich". Jedoch verlaufen bei formübergreifenden Energiegemischen (Formgemischen) die indirekten Wechselwirkungen nicht mehr zwischen den einzelnen Subformen, sondern ausschliesslich über Kommunikations- oder Gravitationsschwerpunkte, wie es in der vorhergehenden Abbildung 25 dargestellt wurde. Was dabei *innerhalb* eines Formgemisches abläuft, ist in der folgenden Abbildung 26 dargestellt.

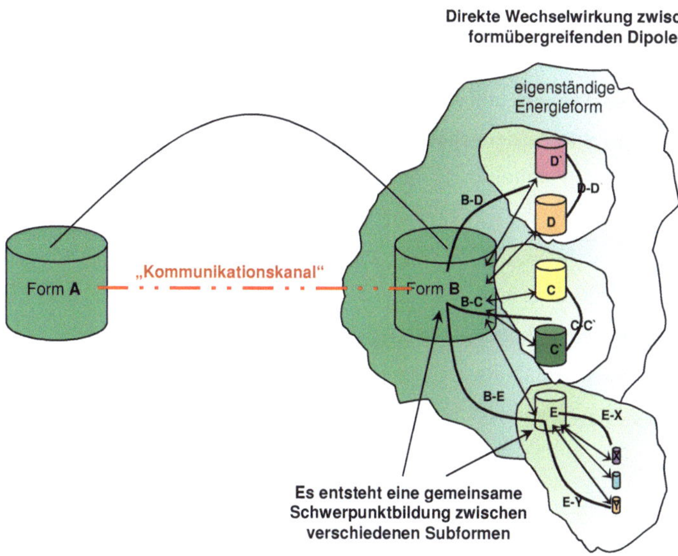

Abbildung 26: Wechselwirkung zwischen formübergreifenden Dipolen

In solch formübergreifenden Gebilden werden die vielen Eigenschaften der beteiligten Subenergien gegenüber der *Gesamteigenschaft* des Pols am betrachteten Ort nach und nach immer unbedeutender. Ausschlaggebend wird, dass der Pol am entsprechenden Ort zunehmend von der Summe *aller* direkten (!) Wechselwirkungen bestimmt wird und so mehr und mehr dem Kriterium einer eigenständigen, in sich *stabilen* Energieform entspricht.

Ein einzelner Pol wird in zunehmendem Mass von der Summe aller direkten Wechselwirkungen bestimmt und entspricht damit mehr und mehr dem Kriterium einer eigenständigen Energieform.

Eindringliche Beispiele für komplexe Formgemische sind wohl die Lebewesen im Allgemeinen. Sie können für sich allein betrachtet durchaus existieren und müssen wegen ihrer relativen Formstabilität nicht zwingend zu jedem erdenklichen Zeitpunkt anderweitige Dipolverbindungen eingehen. Wir wissen, dass Lebewesen über gewisse Zeiträume hinweg auch ohne Dipolverbindungen existieren können. So wird bereits deutlich, dass elementare Dipolverbindungen - auf Basis von Teilchen und Antiteilchen - in komplexer werdenden Strukturen mehr und mehr ihre existentielle Bedeutung verlieren. Die verschiedenen Polaritäten bleiben zwar weiterhin die Grundlage der Form, doch werden komplexe Formgemische vermehrt von grossen Summen direkter Wechselwirkungsprozesse gesteuert. Abbildung 26 zeigt, dass interne Kommunikationsverbindungen aufgrund vielzahliger direkter Wechselwirkungen bereits so komplex sind, so dass die vielen Subenergien gegen aussen eine gemeinsame Eigenschaft repräsentieren. Ein ursprünglich elementarer Pol, der im Verlaufe seiner Entwicklung durch viele verschiedene Subenergien angewachsen ist, repräsentiert so bereits alle Kriterien einer eigenständigen Energieform. Während der Wachstumsphase, in der die qualitativen und quantitativen Formbeziehungen zunehmen, werden nämlich die vielen elementaren Dipolverbindungen immer unbedeutender. Zugleich werden „forminterne" Kommunikationsbeziehungen, auf der Basis von direkten Wechselwirkungen, für die Existenz der Form immer wichtiger (vergleiche Abbildung 26, S. 147 mit Abbildung 25, S. 145).

Je kleiner (elementarer) die Form, desto stärker reagiert sie auf Veränderung, die durch <u>indirekte</u> Wechselwirkungen hervorgerufen wird.

Je grösser und komplexer das Formgemisch, desto stärker reagiert es auf Veränderung, die durch <u>direkte</u> Wechselwirkungen hervorgerufen wird.

In einem weiteren Beispiel könnte die geschilderte Konstellation Folgendes bedeuten: Form/ Pol „A" und Form/ Pol „B" sind zwei verschiedene Lebewesen einer Art. Jedes Lebewesen kann durchaus für sich alleine existieren. Beide müssen jedoch von Zeit zu Zeit mit anderen Formen *direkt* kommunizieren, zum Beispiel um die erforderliche Nahrung aufzunehmen. Aus einer übergeordneten Sicht heraus kann sich ein langfristiger Bestand der Art A/B (irgend eine Tierart)

nur einstellen, wenn beide Formen A und B eine Dipolbeziehung miteinander eingehen, denn letztlich kommt es auf die Wirkung an. Sollte die betrachtete Lebensform wirklich weiter bestehen, bedarf es dringend einer (Wechsel-) Wirkung zwischen zwei Polen, beispielsweise in Form der Zeugung eines neuen Lebewesens.
Ohne die Herausbildung einer Dipolbeziehung zwischen den beiden Lebewesen bestünden lediglich zwei Eigenschaften nebeneinander, die für sich betrachtet nichts Neues bewirken würden. Damit wird deutlich, dass sich beide Formen durchaus voneinander unterscheiden können. Beide haben mit hoher Wahrscheinlichkeit andere Nahrung (Subenergien) zu sich genommen und beide können unterschiedliche Interessen verfolgen. Letztlich sind also beide Individuen von völlig verschiedenen Subformen geprägt worden und unterscheiden sich damit auch in ihren Eigenschaften voneinander. Und dennoch besteht für beide Formen die Möglichkeit, eine Dipolbeziehung - mit resultierender Wirkung - einzugehen. Die Komplexität der Formen ist in diesem Beispiel sogar so weit fortgeschritten, dass sie eine Dipolbeziehung eingehen können, es aber nicht in jedem Moment und an jedem Ort auch müssen. Wenn sie es nicht tun, leidet lediglich die von ihnen vertretene Art darunter, dass immer weniger Nachkommen gezeugt werden, nicht aber (oder weniger) die einzelnen Individuen A oder B.

Zusammenfassend betrachtet können Dipolverbindungen also doch erheblich flexibler sein, als es anhand der scheinbar starren, indirekten Informationsverbindungen zunächst zu vermuten wäre. Dipole können aufgrund der vielen direkten Verbindungen an einem Ort nicht nur zwischen formgleichen, sondern auch zwischen Formgemischen bestehen. Immer kommunizieren sie über spezifische Informations- und Verbindungsstellen, die ihrem Wesen nach dem Schwerpunkt einer betrachteten Form entsprechen.
Was sich mit derartigen Modellen eröffnet, wurde im bisherigen Verlauf bereits angedeutet. Damit sollen die theoretischen Überlegungen zum Wesen der Energie und Energieformen zunächst einmal abgeschlossen werden und erst im Kapitel 6, „Wirkung und Konsequenzen“ noch einmal hinsichtlich der denkbaren Konsequenzen ausgeführt werden. Bei all diesen Überlegungen ist je-

doch nicht nur von Bedeutung, wie sich Formen und Dipole ausbilden oder finden, sondern auch wie sich die Materie grundsätzlich entwickelt hat. Deutlicher wird die Entwicklung, wenn im Folgenden die Urform der Formen, und damit *das Wesen der Materie* näher betrachtet wird.

5.2 „Materie" und ihre Bedeutung

„Alles ist eine Form von Energie" lautet eine der aufgestellten Thesen. Auf die menschliche Sicht bezogen hat Materie noch einmal eine besondere Bedeutung, denn mit ihr stehen wir über unsere verfügbaren Sinne in ständigem, *direktem* Kontakt. Mit Ausnahme der immateriellen Formen, wie beispielsweise dem Licht, ist alles was wir sinnlich erfassen können, letztlich auf Formen der Materie zurückzuführen. Egal ob es ein Gas ist, das wir riechen, eine chemische Substanz, die wir schmecken, oder ein Stein, den wir ertasten. Eine Welt ohne materielle Formen ist nicht vorstellbar, ja ohne materielle Formen würden wir schlichtweg gar nicht existieren können.

Materie steht so zunächst als Oberbegriff für alle sinnlich erfassbaren Verbindungen. Für ihre Entstehung gibt es nur eine einzige, unspezifische Voraussetzung, die sich aus der Existenz von unzählig vielen Elementarteilchen ergibt: Die ihr zugehörigen physikalischen Gesetzmässigkeiten entstehen von dem Moment an, in dem sich die ersten stabilen Materieformen bilden. Ihre Grundbestandteile diversifizieren aus formloser absoluter Energie. Daraus entstehen nach und nach Energieformen, die wir anhand ihrer vielfältigen Eigenschaften klassifizieren können. Alle bekannten Verhaltensweisen der Materie werden inzwischen durch die physikalischen Gesetze beschrieben. Dazu gehört die klassische Physik der Mechanik, Optik oder Akustik genauso wie Kenntnisse von der Gravitation, der Beschleunigung oder dem Wellenverhalten. Und obgleich die Gesetze der Quantenphysik erst vor kurzer Zeit entschlüsselt werden konnten, bestehen auch diese schon seit Beginn der Formbildung, ja sogar seit Beginn der Entstehung der Materie.

Mit der Grundform der Materie werden jedoch nicht nur neue physikalische Eigenschaften erschaffen. Materie ist auch die unabdingbare Voraussetzung dafür, dass sich aufbauend auf ihr die ersten *chemischen* Eigenschaften entwickeln können. Sobald erste Formen der Materie bestehen, können sich neben den physikalisch beschreibbaren Verhaltensweisen auch erste chemisch beschreibbare Verhaltensweisen herausbilden. Sie wiederum entsprechen ihrem Wesen nach genau den inzwischen postulierten chemischen Gesetzmässigkeiten. Hierzu gehört beispielsweise die Stöchiometrie, die Vorstellungen von den Atom-, Ionen- oder Metallbindungen, das Verständnis von Affinität, Wertigkeit oder chemischem Potential, usw. Der Sinn aller bislang aufgestellten (menschlichen) Entschlüsselungsversuche besteht einzig darin, das Reaktionsverhalten der materiellen Formen immer genauer beschreiben und nach Möglichkeit sogar berechnen zu können.

Das Verhalten der Materie lässt sich jedoch nicht allein mit physikalischen oder chemischen Gesetzen beschreiben. Wirkliche materielle Formvielfalt hat sich praktisch erst mit der Entstehung der *biologischen* Eigenschaften ergeben. Doch auch für diese Erkenntnis gilt, dass die meisten der 81 stabilen Elemente der Materie zuvor existieren mussten. Erst auf deren Basis konnten sich die vielfältigen biologischen Eigenschaften entwickeln. Es steckt überall das gleiche, allgegenwärtige Prinzip dahinter ...

Alles baut aufeinander auf. Selbst Grundformen
können nicht ohne die ihnen zugrunde liegenden Formen bestehen.

Im Konkreten benannt bedeutet es für die Existenz der energetischen Grundformen:

Keinen Geist ohne Information.
Keine Materie ohne den Geist.
Kein Leben ohne die Materie.

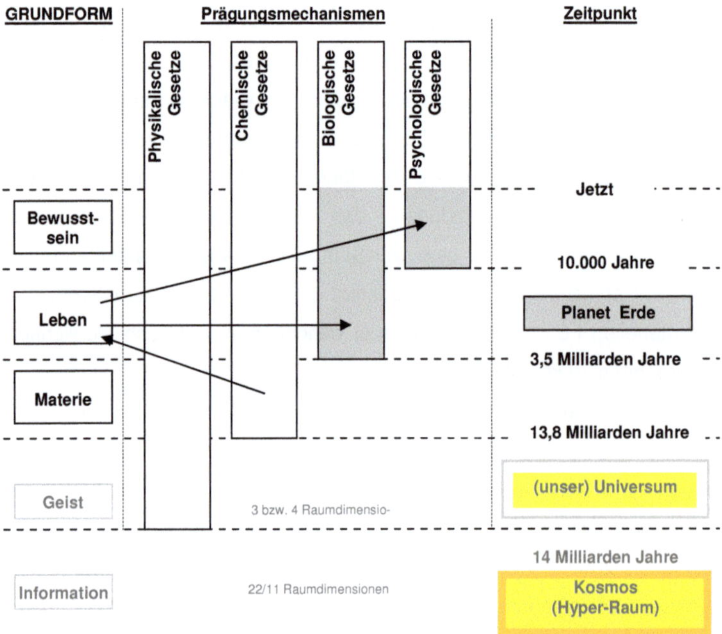

Abbildung 27: Materie und ihre Bedeutung

Weil die materiellen Formen so derartig fundamental auf andere Formen wirken, wird inzwischen sehr viel verständlicher, warum der Mensch bisher so intensiv an den Gesetzen der Materie geforscht hat. Insbesondere die Formen der Materie sind uns ständig über unsere Sinne präsent. Und nur diejenigen, die das Wissen um deren Verhaltensweisen haben, besitzen auch die Macht über die materiellen Wirkungen. Hierbei handelt es sich um einen althergebrachten Antrieb damaliger Alchemisten, die von den heutigen, modernen Wissenschaften natürlich weiter verfeinert wurde. Der ursprüngliche Antrieb nach Macht und Anerkennung ist aber nach wie vor erhalten geblieben. Weiterhin gilt: Wem es gelingt das Formverhalten zu berechnen, der hat die Kenntnis über die materiellen Wirkungsweisen.

Und noch eine oft vergessene Eigenschaft umgibt alle Formen der Materie. Je nachdem durch welche Verhaltensweisen eine betrachtete Form beschrieben werden kann, können Rückschlüsse auf den gegebenen Lebenszyklus der Form vorgenommen werden. *Biologische Formen* sind im Allgemeinen sehr kurzlebig, *chemische Formen* schon recht stabil, während physikalische Formbeziehungen aus unserer Sicht heraus „auf ewig" zu bestehen scheinen. Rein materielle Formen wie Steine oder Mineralien beispielsweise (die nur geringfügigen chemischen Verwandlungen unterliegen) haben nahezu unendlich lange Beständigkeit. Sie scheinen sich kaum zu verändern. - Doch auch solch eine Betrachtung ist nur eine Frage des ausgewählten Zeitraumes. Selbst scheinbar ewige Formen müssen einmal entstanden sein, und auch solche Formen werden irgendwann einmal vergehen.

Nichts steht still.
Auch für unbelebte Formen vergeht Zeit.

Dass sich hierbei die Lebensdauer von Form zu Form unterscheidet, liegt in erster Linie an den unterschiedlichen Eigenschaften der Formen. Folglich gilt für die Materie, dass sie keine „ewige" oder gar unveränderliche Masse darstellt. Selbst für unbelebte Materie vergeht damit Zeit, - weil auch sie sich verändert und erst recht, weil sie sich im Universum bewegt.

5.3 „Leben“ und seine Bedeutung

Formen die auf Basis der Materie entstanden, sind die Formen des Lebens. Diese Grundform hat die markante Eigenheit, dass ausnahmslos alle Lebewesen auf die Zufuhr von materiellen Formen angewiesen sind. Wenn es ganz genau betrachtet wird, sind sogar die meisten Formen des Lebens auf die Einnahme von biologischer Materie angewiesen, - zumindest gilt dies für die höher entwickelten Lebensformen. Es erscheint zunächst grotesk, aber genau darin liegt auch eine der massgeblich bestimmenden Eigenschaften der Grundform des Lebens. Nur verhältnismässig wenigen (niedrigen) Formen des Lebens, wie beispielsweise den Bakterien, gelingt es ihre Existenz auf nichtorganischen Verbindungen aufzubauen. Die überwiegende Mehrzahl der Arten beziehen hingegen ihre „Energie“ aus organischen Verbindungen, - fast ausschliesslich sogar in Form von Biomasse. Sicherlich besteht noch ein Unterschied darin, ob es belebte oder leblose Biomasse ist. Doch markanterweise benötigen selbst Viren für ihre Fortpflanzung andere lebende Organismen, - was in dem einen oder anderen Fall durchaus den Tod des befallenen Individuums zur Folge haben kann. Einzige Ausnahme in diesen Zusammenhängen sind die Pflanzen. Selbst höher entwickelte Pflanzen, die durchaus auch zu den höher entwickelten Lebewesen gerechnet werden können, sind noch in der Lage sich ihre „Energie“ aus dem Licht und den damit verbundenen chemischen Umwandlungsprozessen herzustellen. Im Übrigen ist dies ein Grund, warum unser Perpetuum mobile „Leben“ als solches überhaupt funktioniert. Denn gerade diese Lebensform ist wiederum die wichtigste Energiequelle für zahlreiche andere „höher entwickelte“ Lebewesen.

Wenn nun die komplexeren Lebensformen betrachtet werden und festgestellt werden muss, dass sie nur aufgrund der Einnahme von Biomasse existieren können - und folglich auf den Tod anderer Lebewesen angewiesen sind -, so kann der Sinn des Lebens kaum *im Leben an sich* bestehen. Eine solche Schlussfolgerung wird nur deutlich, wenn die Entstehung aller denkbaren Energieformen im Universum betrachtet wird. Die Grundform *Leben* ist so gesehen nämlich nur eine von vielen Diversifikationen in unserem Universum. Allerdings sind ihre Individuen (auf unserer Erde) so stabil und vielzahlig, dass ihre Verhaltensweisen mit ganz eigenen, biologischen Gesetzmässigkeiten beschrieben werden können.

Lebewesen stehen in durchaus komplexen Gleichgewichten zueinander. Hervorzuheben ist, dass ausnahmslos alle über direkte Wechselwirkungen zueinander finden müssen, weil ihnen nur so die zum Überleben erforderlichen Subenergien überhaupt zugänglich werden. Kaum eine Lebensform kann bekanntlich überleben, sobald sie sich von allen anderen Lebensformen isoliert. Ständige Aufnahme von Subenergien zwingt die Lebewesen zur Aufnahme von direkten Wechselwirkungen. Wird jedoch nur eine dieser vielen, hoch empfindlichen Gleichgewichtsbeziehungen gestört oder zerstört, kann es wie erwähnt zu Krankheit oder Tod eines einzelnen Individuums führen - und möglicherweise sogar zum Aussterben einer ganzen Art (Form).

Als oberste Prinzipien des Lebens sind daher *die Selbsterhaltung und die Vermehrung* anzusehen: Die Selbsterhaltung, weil jedes Individuum für sich selbst zu überleben versucht, und die Vermehrung, weil nur damit der Fortbestand der Form sichergestellt werden kann. Beide Prinzipien gelten für die Formen des Lebens. Alle Lebewesen müssen diesen Grundprinzipien entsprechen, ansonsten gefährden sie sich selbst oder das weitere Überleben ihrer Art. Damit besteht die Grundform Leben - im Gegensatz zur Materie - aus sehr viel empfindlicher (re)agierenden Gleichgewichtsbeziehungen. Wie die beiden lebenserhaltenden Prinzipien von jedem Individuum umgesetzt werden, ist ein sehr viel komplexerer Vorgang, als er bei den rein materiellen Energiebeziehungen zu beobachten ist. Zusätzlich unterstützt wird dieser Effekt durch vielzahlige interne Formbeziehungen, die eigens für die Lebenserhaltung entwickelt worden sind. Denn gerade für die Lebewesen gilt, je höher der Diversifkationsgrad, desto anfälliger wird das Lebewesen, - und das gilt vor allem gegenüber veränderten Rahmenbedingungen, wie sie sich beispielsweise aus Druck- oder Temperaturschwankungen ergeben. Damit sich also solche komplexe Gebilde entwickeln konnten, bedurfte es stabiler, zeitlich konstant gehaltener Rahmenbedingungen. Sie waren beispielsweise auf der Erde in vollem Umfang gegeben.

Doch nicht nur die Form des Lebens konnte auf diesem Planeten diversifizieren.

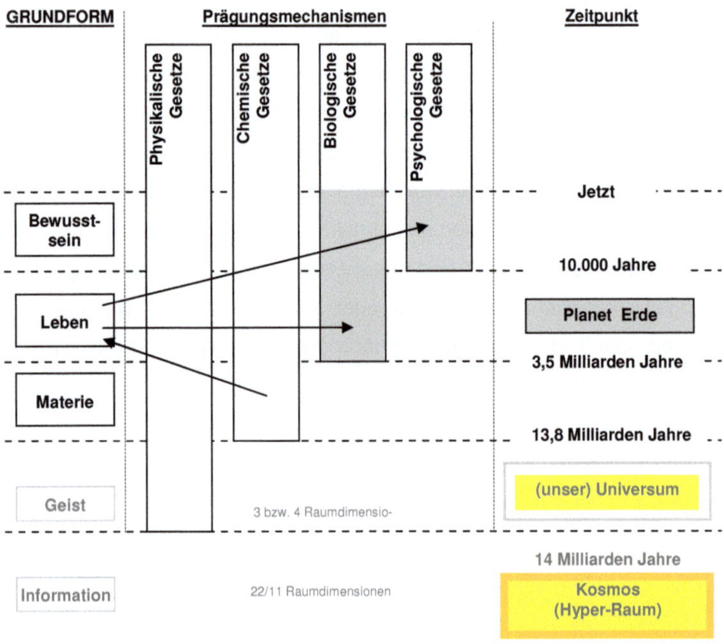

Abbildung 28: Grundform „Leben“

Die grundlegenden Bedingungen waren so stabil und die Diversifikationen so vielzahlig, dass sich sogar noch höhere und noch wesentlich komplexere Formeigenschaften entwickeln konnten. So wurden die Formen des Lebens zwar immer empfindlicher, doch mit neu erschaffenen psychologischen Mechanismen wie *Angst*, *Stress* oder sonstigen *Arten von Empfindungen* konnte ihr Überleben weiter gesichert werden. Es entstand die Grundform des *Bewusstseins* mit ihren *psychologischen* Formgesetzen (siehe Abbildung 28).

Mit dem Leben sind also besonders vielfältige Formen mit besonders vielfältigen Eigenschaften entstanden, doch bei all dem ist auch das Leben nicht mehr als eine energetische Grundform. Es wird durch all die einwirkenden Formen zu dem, was es im Augenblick der Betrachtung gerade ist, - zu einem einzigartigen, individuellen Objekt, zu einem einzigartigen, individuellen Energie(form)objekt.

Es fällt zunächst schwer, uns selbst „nur“ als Energieform zu betrachten, - und dann auch noch unsere Eigenschaften auf übergeordnete, allgemeingültige Gesetzmässigkeiten zu übertragen. Doch nur so wird deutlich, was uns in Vielem von den anderen Formen unterscheidet, bzw. eng verbindet: Es bestehen sehr ähnliche Funktionsweisen, Herkunfts- und Entstehungsweisen oder Wirkungsweisen. Alle Formen kommunizieren und diversifizieren. Egal ob sie belebt sind oder unbelebt, egal ob sie höher entwickelt sind oder niedriger. Wir „Formen von Energie“ funktionieren nach den gleichen Prinzipien. Geradezu phantastisch klingt es, dass ein solches Muster sogar auf psychologisches Formverhalten übertragen werden kann.

5.4 „Bewusstsein“ und seine Bedeutung

Schon im Einleitungskapitel wurde erläutert, worin die Wesenszüge des Glaubens und des Wissens bestehen. Beide Aspekte machen einen wichtigen Teil unseres menschlichen Bewussteins aus. Bewusstsein tritt aber schon in einer sehr frühen Entstehungsphase der Lebewesen auf, nämlich dann, wenn ein Individuum bzw. ein Objekt befähigt wird, Aussenreize mit Informationen des eigenen Körperzustandes abzugleichen. Mit der Kenntnis, dass ein Reiz von aussen auf den Körper einwirkt, kann erstmalig unterschieden werden, ob die gerade auf den Körper einwirkenden Formen dem Überleben des Individuums eher nutzen oder eher schaden. Erst die Reaktion des Körpers (Objektes) auf umliegende Reize erbringt den Schlüssel zur ersten *bewussten* Handlung. Sind nämlich die Reize des eigenen Körpers eindeutig bestimmbar, kann auch ein Zusammenhang zu den von aussen kommenden Energieformen formintern bewertet werden. Gerade darin besteht ein enormer evolutionärer Vorteil. Schon mit dieser primitiven Art des Bewusstseins verbessern sich die Überlebenschancen des Lebewesens enorm. Bewusstsein ist damit nicht etwas, was den Lebewesen einfach so geschenkt wurde, sondern es ist ein eindeutiger Mechanismus, der die *Selbsterhaltung* des lebendigen Individuums massgeblich unterstützt.

Primitive Formen des Bewusstseins sind eigentlich bereits bei allen Formen des Lebens aufzufinden. Selbst Bakterien verfügen über entsprechende Sensoren, mit denen sie mit der Aussenwelt in Wechselwirkung treten. Doch bis sich ein erster Gedanke entwickelt, bedarf es nicht nur einfacher Sinnesorgane und Informations*übertragungs*systeme, sondern auch einer selektiven Informations*verarbeitung*. Der Schlüssel zur Entwicklung eines menschenähnlichen Bewusstseins liegt vor allem in der Informationsspeicherung mit Hilfe des *Gedächtnisses*. Denn erst wenn die Aussenreize mit bekannten Informationsmustern verglichen werden können, ergibt sich endlich die Möglichkeit, dass ein erster individueller „Gedanke" entstehen kann. Das Individuum vergleicht die Muster der einfliessenden Aussenreize mit bekannten Informationen über den Informationsspeicher und entscheidet, ob es sich von der ausgehenden Wirkung entfernt, oder ob es sich der betreffenden Form lieber nähert. In Folge des Informationsabgleichs *weiss* das Lebewesen also schon, dass ihm eine bestimmte Umgebung eher schadet oder nutzt. Mit der Entscheidung zu verweilen oder sich einer anderen Form weiter zu nähern, *glaubt* das Individuum, so seinem Körper etwas Gutes anzutun.

Damit also erste Formen von primitiven *Gedanken* entstehen können, ist neben der trennenden Verarbeitung von Innen- und Aussenreizen auch ein Gedächtnis erforderlich (Wissen), das Informationsspeicherung und deren Bewertung sicherstellen kann.

Sollte die Frage aufkommen, welche der vielfältigen Lebewesen über derartige Fähigkeiten verfügen, dann wird schnell einzugestehen sein, dass dies nicht nur der Mensch allein ist. Sicherlich gestalten die von ihm weiterentwickelten Werkzeuge der *Sprache* und *Logik* die Form des Bewusstseins noch sehr viel wirkungsvoller. Auch unterstützen diese Werkzeuge die Diversifikation von bestehenden Gedanken noch einmal zusätzlich. Doch schon das sehr viel primitivere Bewusstsein vieler handelnder Tierformen verändert bzw. bewirkt etwas in unserer Umwelt. Denken wir nur an den Biber, der mit Staudämmen ganze Landschaften verändert. Auch hier, wo der gedankliche Fokus nur auf den Wasserstand seiner Behausung gerichtet ist, werden seine Handlungen durch die Wahrnehmung von Innen- und Aussenreizen angetrieben. Die Auswirkungen auf die Umwelt können dabei trotzdem von enormer Wirkung sein.

Im Einzelnen soll es hier jedoch nicht um den philosophischen Streit des Bewusstseins gehen. An dieser Stelle soll lediglich verdeutlicht werden, dass es sich bei dieser Form wieder um eine relativ neue, prägende Grundform handelt. Die Grundform des Bewusstseins. Über den genauen Entstehungsbeginn möge man sich an anderer Stelle auseinander setzen, denn das, was all die hier betrachteten Grundformen gemeinsam kennzeichnet, ist ihre massgebliche, spezifisch prägende Wirkung auf ihre Umgebung. Jede jeweilig spezifische Wirkungsweise lässt sich mit dazugehörigen spezifischen Gesetzmässigkeiten beschreiben.

Das Wesen der Formbildung über die Physik.
Das der Materie über die Chemie.
Das des Lebens über die Biologie.
Das des Bewusstseins über die Psychologie.

Alles baut aufeinander auf, nichts kann ohne die vorherige Grundform bestehen. So erfordert beispielsweise die Form des Bewusstseins zwingend die Existenz einer lebendigen Form.

5.5 Die Einzigartigkeit und ihre Bedeutung

Auch wenn es die bisher dargestellten Gesetze nicht vermuten lassen: Sie alle beschreiben zwar wiederkehrende Verhaltensweisen, die fast ausnahmslos exakte bzw. sehr wahrscheinlichkeitsnahe Voraussagen zulassen; dennoch ist festzustellen, dass unsere Welt nicht aus Einförmigkeit, sondern aus einer ganz besonderen, einzigartigen Vielfalt besteht. - Besteht hier etwa noch ein Widerspruch?

Wir versuchen uns zwar diese Vielfalt mit Hilfe von gedachten und bewiesenen Gesetzmässigkeiten auf einfache und strukturierte Art begreifbar zu machen, doch wirkliche Vorhersagen komplexer Sachverhalte bleiben uns trotz enormer wissenschaftlicher Fortschritte noch immer verborgen (z.B. bei der Wettervorhersage). Selbst diejenigen, die alle Gesetze zu kennen und zu verstehen glauben, können mit ihrem Wissen nicht mehr als einfache Wahrscheinlichkeitsvorhersagen entwickeln. Diese sind nur dann exakt bzw. nahezu hundertprozentig wahrscheinlich, wenn die geltenden Systemgrenzen sehr eng abgesteckt sind oder der Zeitraum gegenüber weiterer Entwicklungen deutlich eingeschränkt ist. Werden hingegen zusätzliche Variablen in die Systemgrenzen integriert, verringert sich die Vorhersagewahrscheinlichkeit drastisch. Die angewendeten Gesetze erscheinen um so ungenauer, je exakter das Detail festgelegt werden soll (z.B. auf atomarer Ebene: die Unschärferelation) oder je mehr lebendige, eigenständige Entscheidungsmöglichkeiten den betrachteten Prozess beeinflussen.

Man kann daher durchaus zu dem Schluss gelangen, dass es sich bei unseren kreierten Gesetzmässigkeiten doch nur um eine Gedankenstütze bzw. um ein einzelnes geistiges Werkzeug handelt, mit dessen Hilfe versucht wird, etwas mehr Systematik in das gegebene Chaos der Dinge zu bringen. Doch es gibt die berühmten *Ausnahmen* von der Regel, - die unberechenbare, unlogische oder paradoxe Verhaltensweisen berücksichtigen. Zugleich wird damit ein wichtiges Kennzeichen von Gesetzmässigkeiten verdeutlicht:

Gesetze beschreiben die
Gleichheit in einer bestehenden Vielfalt.

Nur jene Dinge, die sich gleich verhalten, also strengen Wechselwirkungsprozessen unterliegen, können über Gesetze beschrieben werden. Bei genauer Betrachtung ist jedoch festzustellen, dass sich die Dinge gar nicht so gleich verhalten, wie es auf den ersten Blick zu vermuten ist. Jedes einzelne Individuum unterscheidet sich nämlich stark von den anderen, und das ganz besonders bei komplexeren Formen. Der Unterschied liegt aber vielmehr im Detail der Dinge als im allgemein berechenbaren Verhalten. Jeder einzelne Stein unterscheidet sich zum Beispiel von anderen Steinen, keiner ist exakt gleich. Soll jedoch die Fallgeschwindigkeit berechnet werden, so sind ihre Besonderheiten unwichtig, dafür werden aber *einfache,* berechenbare und vorhersagbare Wechselwirkungen bestimmend. Nur in ähnlicher Weise gleicht ein Mensch den anderen oder ein Grashalm den anderen Grashalmen. Sie gleichen sich zwar im allgemeinen Verhalten, lassen sich aber sehr wohl im Detail bzw. im einzelnen Objekt differenzieren. Dies kann zusammenfassend auf folgende Kurzform reduziert werden:

Objekte einer Form zeigen zwar formgleiches (Grund-)Verhalten.
Dennoch gleicht kein Objekt exakt dem anderen, weil sich die Summe aller
einwirkenden Formen, stets voneinander unterscheidet.

Dies wird um so offensichtlicher, je komplexer sich die Formen gestalten. Insbesondere kompliziert gestaltete Formen, also solche, die sich entweder aus vielen einförmigen oder aus vielen unterschiedlichen Formen zusammensetzen, nehmen tendenziell gesehen eigenständige, „individualisierte“ (Wesens-)Züge an.

Dieses beschriebene Phänomen tritt nicht nur bei Menschen, Tieren oder Pflanzen auf. Es findet sich bereits schon bei der Materie selbst. Je grösser die Anzahl von Bestandteilen, die eine ganz spezifische Form bilden, desto mehr Stützmechanismen müssen beispielsweise bei zunehmender Grösse bzw. Masse entwickelt werden, damit die Form nicht ihre innere Stabilität verliert. Allein durch winzige Unterschiede in der Form entstehen erste individuelle Unterschiede zwischen den Objekten. Diese zunächst geringfügigen individuellen Unterschiede vermehren sich jedoch mit höher werdendem Komplexitätsgrad, was besonders gut bei den Menschen zu beobachten ist. Hier sind die individuellen Unterschiede so gross, dass fast nur noch die diversifizierte Vielfalt im Mittelpunkt der Betrachtung steht. Die Erkenntnis, dass sich die jeweiligen Formen im Prinzip dennoch gleich verhalten, gerät mit der Betrachtung der diversifizierten Vielfalt leicht in Vergessenheit.

Anhand dieses kleinen Beispiels soll verdeutlicht werden, dass nichts exakt gleich ist, selbst wenn sich Individuen einer Form gleich verhalten. Mit zunehmender Komplexität der Form unterscheiden sich Individuen zunehmend voneinander. Sie repräsentieren zwar weiterhin die gleiche Form, indem sich deren Individuen grundsätzlich gleich zueinander verhalten, jedoch muss der Aspekt der zunehmenden individuellen Ausprägungen noch einmal näher beleuchtet werden. Schliesslich steckt das Prinzip der diversifizierten Vielfalt dahinter, - eine Vielfalt, die sich allein aus individuellen und damit *einzigartigen Summen von unzählig vielen Formverschränkungen* ergibt.

In den vorherigen Kapiteln wurde bereits erwähnt, dass erst die Summe von vielzähligen Kommunikationsverbindungen ein gewisses „Mehr“ erbringt, ganz gleich, ob dieses „Mehr“ qualitativ oder quantitativ betrachtet wird. So benötigt beispielsweise ein Atom mit zwei Elektronen genau zwei Protonen, um (form-)stabil zu sein. Steigt jedoch die Anzahl der Elektronen an, müssen ab einer bestimmten Grösse zusätzlich Neutronen in den Atomkern integriert werden, weil nur so die Stabilität der Form aufrecht erhalten werden kann. Folglich steigt so die Komplexität in der Form.

Die betrachtete Form wird „Mehr“, je mehr Subenergien an ihrer Existenz beteiligt sind. Doch dieses „Mehr“ ist letztlich nichts anderes als ein „Mehr“ an Einzigartigkeit, das damit erschaffen wird. Denn wie in den vorhergehenden Beispielen erwähnt: Je mehr Subenergien direkt wechselwirkend miteinander in Verbindung stehen, desto mehr *einzigartige* Individuen können entstehen.

Doch nicht nur neue Individuen können aus diesem „Mehr“ entstehen, sondern auch neue Formen mit neuen Eigenschaften. Sie entstehen aus Individuen, die sich zu einem gemeinsamen neuen Objekt zusammenfinden. Nehmen wir dazu das Beispiel einer Fussballmannschaft: Erst viele Spieler zusammen erschaffen eine (neue) Fussballmannschaft. Erst die vielen Individuen zusammen bilden quasi ein neues Objekt, das nun in Form einer neuen „Fussballmannschaft“ existiert. Doch damit allein besteht noch keine neue Form. Von einer neuen Form kann erst dann die Rede sein, wenn sich mehrere Mannschaften aus vielen anderen Individuen heraus zu einem gemeinsamen Handeln zusammenfinden - indem sie also in Wechselwirkung zueinander treten. Solange sie nicht miteinander wechselwirken, kann nach hiesigem Verständnis nicht von Formen, sondern nur von Eigenschaften gesprochen werden. Wenn sich jedoch diese Eigenschaften auf eine bestimmte Art und Weise gleich verhalten, können wir die diversen Ansammlungen von einzelnen Individuen als „Fussballmannschaften“, bzw. als neue Formen identifizieren oder einordnen. Kennzeichnend ist, dass sich die Objekte prinzipiell gleich verhalten. Fussballmannschaften verhalten sich beispielsweise dahingehend gleich, dass sie alle gewinnen wollen, dass sie alle ähnliche Aufbau- und Entwicklungsprozesse durchlaufen, oder dass sie über gewisse (individuelle) Stärken oder Schwächen verfügen.

Viele Individuen zusammen können also durchaus eine neue Form erschaffen. Sie werden jedoch erst dann zu einer neuen verbindenden Form, wenn sie sich aus verschiedenen beteiligten Subenergien zusammensetzen und *mehrere* Objekte mit gleichen Verhaltensweisen herausbilden. Und genau so werden sie für uns (gesetzlich) fassbar!

Analog zu den beschriebenen Gemeinsamkeiten verfügen diese neu geschaffenen, hoch komplexen Formen aus individuellen Objekten jedoch über ein immenses Mass an mannschaftlicher Individualität bzw. Einzigartigkeit. Ein besonderer Schlüssel liegt gerade in dieser individuellen Eigenart, denn darin besteht im Wesentlichen auch die Stärke von komplexen Formen. So verhält sich jede Mannschaft, wie es die daran beteiligten Subformen (Objekte) mit ihren gegeben Eigenschaften zulassen - also abhängig von jedem Spieler, Trainer und den sonstigen an der Mannschaft beteiligten Personen inklusive Publikum. Das Ergebnis der neu erschaffenen Form ist eine charakteristische Spielweise der Mannschaft, eine spezielle Kreativität, die jedoch in allen Situationen immer wieder neu umgesetzt werden kann. Dass damit auch die Spiele immer wieder

„einzigartig" werden, erklärt sich damit ganz von selbst[53]
Die *Einzigartigkeit* besteht also darin, dass in einem einzigartigen Moment einzigartige Individuen miteinander wechselwirken. Eine Gewehrkugel wird sich mit grosser Wahrscheinlichkeit immer wieder gleich verhalten. Hingegen wird ein Fussballspieler, der z.B. bei Freistosssituationen ständig anschossen wird, seine Verhaltensweise in zukünftigen Situationen mit grösster Wahrscheinlichkeit andauernd ändern[54].
Damit wird nicht allein „das immer Wiederkehrende" zum Schlüssel der Entwicklung, sondern die darin enthaltene Einzigartigkeit; eine die sich wohl nie exakt berechnen lassen wird.

Die Wiederkehr der Einzigartigkeit
bestimmt das Wesen der Dinge.

Wenn also dem Wesen nach alles aus „einzigartigen" Individuen bestehen soll, worin bestehen dann die Folgerungen für unser Universum? Gibt es einen Zusammenhang zwischen individueller Entwicklung und den formumspannenden Gesetzen? Interessant scheint, dass sich immer wieder grosse *Gruppen einzigartiger Individuen* zu gleichen bzw. formgleichen Verhaltensweisen zusammenfinden. Es bleibt die Frage, wie alle bekannten Formen und Gesetze auf sinnvolle Weise einander gegenüber gestellt werden können.

[53] Das gleiche Prinzip gilt auch für Schachspieler, und so wird erklärlich, warum die so oft wiederholten Varianten, die von vielen tausend anderen Spielern schon einmal gespielt wurden, dennoch so einzigartig sind. Sie werden es durch die individuellen Spieler, die jeweils in einer speziellen Situation (neu) beurteilen.

[54] Je mehr Formen beteiligt sind (Quantität) und je mehr Formen die gegebene Eigenschaft bestimmen (Qualität), desto höher ist die Komplexität des Individuums selbst und desto unvorhersehbarer wird es in jedem Moment auch reagieren. Durch eine erhöhte Wahrnehmung reagiert es sehr viel öfter auf andere umgebende Energieformen. Die Anzahl der auf das Individuum einwirkenden Energieformen steigt somit drastisch an und das Verhalten wird praktisch nicht mehr vorher bestimmbar. Niemand weiss mehr, wie das Individuum in der jeweiligen Situation reagieren wird.

5.6 Diagramm der Formen und Hierarchien

Die vorhergehenden Kapitel zeigten auf, durch welche Gesetzmässigkeiten unser Universum bestimmt wird. Als Besonderheit gilt es nun noch zu verdeutlichen, dass sich - stark abstrahiert - letztlich alle Wissenschaften den vier Bereichen Physik, Chemie, Biologie und Psychologie zuordnen lassen. Selbstverständlich sind diverse weitere Verhaltensweisen von Formen bekannt, die durch unsere Wissenssysteme beschrieben werden, beispielsweise die ökonomische Gesetze, die unser Wirtschaftsgeschehen beschreiben, oder die ökologischen Gesetze, die das Zusammenspiel der verschiedenen, in der Natur vorkommenden Stoffkreisläufe erklären. Letztlich vertiefen jedoch beide Wissensgebiete Teilaspekte der vier erwähnten Grundformen. So lassen sich ökologische Zusammenhänge über chemische und/ oder biologische Verhaltensweisen erklären, - und wirtschaftliche Zusammenhänge, die einen kleinen aber wichtigen Teilaspekt des menschlichen Zusammenwirkens beschreiben, werden praktisch ausschliesslich von psychologischen Aspekten bestimmt. Derart betrachtet kann also jedes erdenkliche Teilgebiet einem der vier erwähnten Grundgesetze zugeordnet werden.

Das Zusammenspiel der Wissenschaften und ihre Abhängigkeiten von den Formen sind in der nun folgenden Skizze zusammenfassend dargestellt. Das dafür erschaffene „Diagramm der Formen und Hierarchien" soll dabei helfen, bisherige Betrachtungsweisen vom Universum zu überdenken. Schlussfolgernde Aspekte werden dann auf den nachfolgenden Seiten näher ausgeführt.

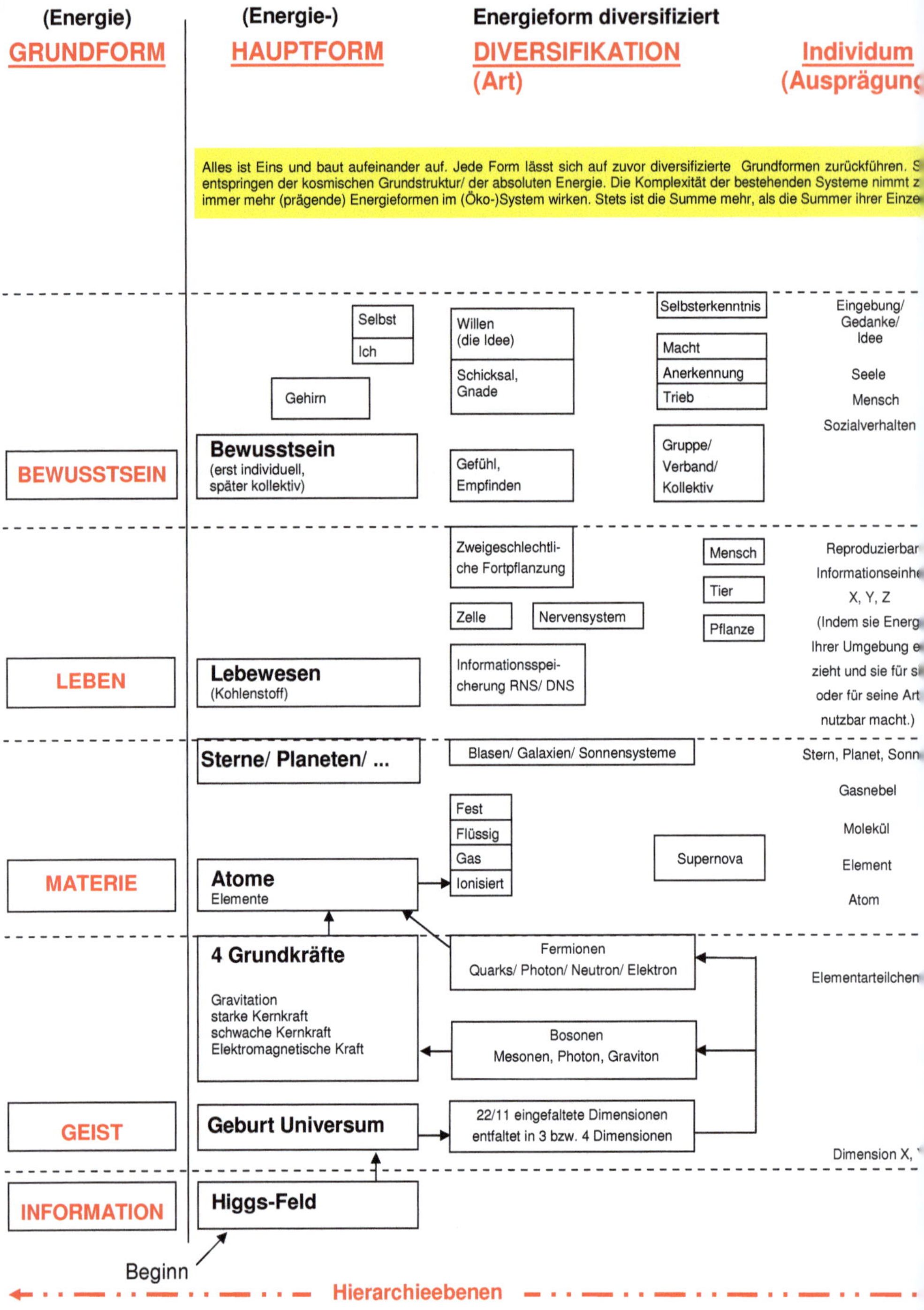
(Energie)
GRUNDFORM
(Energie-)
HAUPTFORM
Energieform diversifiziert
DIVERSIFIKATION
(Art)
Individum
(Ausprägun
Alles ist Eins und baut aufeinander auf. Jede Form lässt sich auf zuvor diversifizierte Grundformen zurückführen.
entspringen der kosmischen Grundstruktur/ der absoluten Energie. Die Komplexität der bestehenden Systeme nimmt
immer mehr (prägende) Energieformen im (Öko-)System wirken. Stets ist die Summe mehr, als die Summer ihrer Einz
Selbst
Ich
Gehirn
Willen
(die Idee)
Schicksal,
Gnade
Selbsterkenntnis
Macht
Anerkennung
Trieb
Eingebung/
Gedanke/
Idee
Seele
Mensch
Sozialverhalten
BEWUSSTSEIN
Bewusstsein
(erst individuell,
später kollektiv)
Gefühl,
Empfinden
Gruppe/
Verband/
Kollektiv
Zweigeschlechtli-
che Fortpflanzung
Mensch
Tier
Pflanze
Zelle
Nervensystem
Reproduzierba
Informationseinh
X, Y, Z
(Indem sie Energ
Ihrer Umgebung
zieht und sie für s
oder für seine Art
nutzbar macht.)
LEBEN
Lebewesen
(Kohlenstoff)
Informationsspei-
cherung RNS/ DNS
Sterne/ Planeten/ ...
Blasen/ Galaxien/ Sonnensysteme
Stern, Planet, Sonn
Gasnebel
Fest
Flüssig
Gas
Ionisiert
Supernova
Molekül
Element
Atom
MATERIE
Atome
Elemente
4 Grundkräfte
Gravitation
starke Kernkraft
schwache Kernkraft
Elektromagnetische Kraft
Fermionen
Quarks/ Photon/ Neutron/ Elektron
Elementarteilchen
Bosonen
Mesonen, Photon, Graviton
GEIST
Geburt Universum
22/11 eingefaltete Dimensionen
entfaltet in 3 bzw. 4 Dimensionen
Dimension X,
INFORMATION
Higgs-Feld
Beginn
Hierarchieebenen

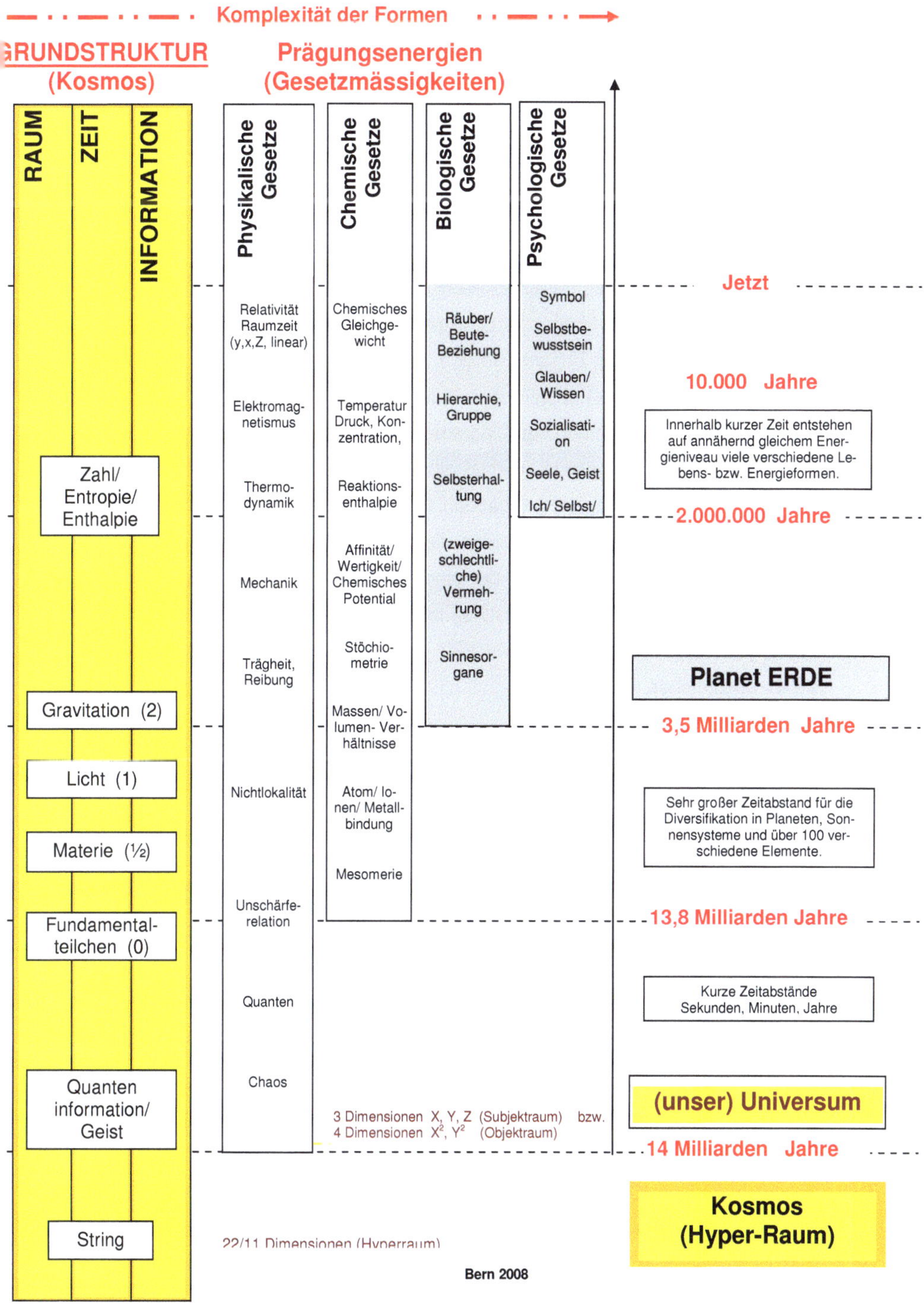

Komplexität der Formen
GRUNDSTRUKTUR (Kosmos)
Prägungsenergien (Gesetzmässigkeiten)
RAUM
ZEIT
INFORMATION
Physikalische Gesetze
Chemische Gesetze
Biologische Gesetze
Psychologische Gesetze
Jetzt
Relativität Raumzeit (y,x,Z, linear)
Elektromagnetismus
Thermodynamik
Mechanik
Trägheit, Reibung
Nichtlokalität
Unschärferelation
Quanten
Chaos
Chemisches Gleichgewicht
Temperatur Druck, Konzentration,
Reaktionsenthalpie
Affinität/ Wertigkeit/ Chemisches Potential
Stöchiometrie
Massen/ Volumen- Verhältnisse
Atom/ Ionen/ Metallbindung
Mesomerie
Räuber/ Beute-Beziehung
Hierarchie, Gruppe
Selbsterhaltung
(zweigeschlechtliche) Vermehrung
Sinnesorgane
Symbol
Selbstbewusstsein
Glauben/ Wissen
Sozialisation
Seele, Geist
Ich/ Selbst/
10.000 Jahre
Innerhalb kurzer Zeit entstehen auf annähernd gleichem Energieniveau viele verschiedene Lebens- bzw. Energieformen.
2.000.000 Jahre
Zahl/ Entropie/ Enthalpie
Planet ERDE
Gravitation (2)
3,5 Milliarden Jahre
Licht (1)
Materie (½)
Sehr großer Zeitabstand für die Diversifikation in Planeten, Sonnensysteme und über 100 verschiedene Elemente.
Fundamentalteilchen (0)
13,8 Milliarden Jahre
Kurze Zeitabstände Sekunden, Minuten, Jahre
Quanten information/ Geist
3 Dimensionen X, Y, Z (Subjektraum) bzw.
4 Dimensionen X², Y² (Objektraum)
(unser) Universum
14 Milliarden Jahre
String
22/11 Dimensionen (Hyperraum)
Kosmos (Hyper-Raum)
Bern 2008

Beschreibung des Diagramms der Formen und Hierarchien

Im Diagramm der Formen und Hierarchien wird davon ausgegangen, dass sich alle Formen von Energie in *Grundformen*, *Hauptformen*, *Arten* und *Individuen* (Ausprägungen) unterteilen lassen, und im Grunde sogar *evolutionäre Entwicklungsstufen* der Energieformen darstellen. Die links im Diagramm befindlichen Zwischenstufen (Arten) können je nach persönlicher oder fachlicher Neigung durchaus unterschiedlich benannt werden. Wichtig ist nur das *Prinzip*, das hinter all den aufgezeigten Gruppierungen steht.
Eine horizontale Betrachtung des Diagramms von der Grundform (links) bis zur zugehörigen Gesetzmässigkeit (rechts) gibt Hinweise auf das Wesen der Formen. Die jeweils vertikal dazu liegenden Formen zeigen, welche aufeinander aufbauen. Untere (alte) Formen bilden die Basis für darüber liegende (neue) Formen. Demnach bedarf es erst der physikalischen Gesetze mit der Grundform des Geistes, dann der chemischen und schliesslich der biologischen Gesetze, damit letztlich Bewusstsein mit Hilfe der psychologischen Gesetzmässigkeiten beschrieben werden kann.

Alles baut aufeinander auf,
nichts kann ohne das Vorherige bestehen.

Dabei ist beachtenswert, dass die Formen ihrem Wesen nach *Temperatur- (und Druck-) gebunden* sind. Bestimmte Formen können nur in bestimmten Temperaturbereichen bestehen. Im Diagramm der Formen und Hierarchien ist dieser Aspekt über die am rechten Rand enthaltene Zeit bzw. Temperaturachse hinterlegt. Bereits im Kapitel „Aspekte der Diversifikation“ wurde aufgezeigt, dass der Wandel der Formen sehr stark vom *inneren Energiegehalt* geprägt wird. Steigt also die Temperatur an gewissen Orten an, so lösen sich die bestehenden Formen in ihre Bestandteile auf (rediversifizieren). Von der Meta-Ebene aus betrachtet baut damit zwar alles aufeinander auf, weil bislang mehr Formen diversifizieren als rediversifizieren. Dennoch kann die Tendenz, dass alles aufeinander aufbaut nur bedingt formuliert werden. Sinnvollerweise erfordert eine diversifikatorische Sichtweise einen ergänzenden Bezug zu abnehmenden oder gleichbleibenden Temperaturbereichen.

Alle Formen bauen aufeinander auf,
! - sobald der innere Energiegehalt absinkt bzw. konstant bleibt.- !

Dieses durch die „Urknalltheorie“ populär gewordene Phänomen wird auch im Diagramm erkennbar. Formen und Gesetze, die nur noch bei hohen Energiegehalten stabil bleiben, sind im unteren Drittel des Diagramms zu finden. Hingegen sind Formen und Gesetze, die nur bei niedrigeren Temperaturen und Drücken stabil bleiben, im oberen Teil des Diagramms zu finden. Ein Mass für den Diversifikationsgrad ist danach nicht mehr allein die Anzahl der Formen, sondern vor allem der jeweilige, innere Energiegehalt des betrachteten Systems.
Damit kommt den grundlegenden Dipolen *Temperatur* und *Druck* eine besondere Bedeutung zu. Beide Pole stehen für den inneren Energiegehalt im *Raum* - an einem bestimmten Ort. Und erst der von ihnen angestossene stetige Wandel vollzieht die für uns nachvollziehbare Bewegung in der *Zeit*. Mit dem Begriff der Information wird das Symbol der unendlich grossen kosmischen Grundstruktur wieder aufgenommen und als massgeblich tragenden Pfeiler im Diagramm dargestellt. Es nimmt in der Mitte des Diagramms die wohl tragendste und wichtigste Position ein. - Nur die darin enthaltene Information wirkt im gesamten Kosmos, in allen nur erdenklichen Universen, auf unserer Erde und auf allen Planeten, Sonnen, Sternen und auf alle sonstigen Formen... Die kosmische Grundstruktur repräsentiert das Wesen der *absoluten Energie* und damit die Entstehungsbasis aller Formen von Energie. Im Diagramm steht das Symbol der Raum-Zeit-Information als verbindendes Element in der Mitte zwischen den Formen (links) und den dazugehörigen Gesetzen (rechts).

Die
Raum-Zeit-Information

Eine wesentliche Voraussetzung für die Erstellung des Diagramms war die Erkenntnis, dass sämtliche Energieformen sowohl in direkter als auch in indirekter

Wechselwirkung zueinander stehen. Die Entstehungsprozesse der Formen sind fest mit dem Prinzip der Diversifikation verbunden und bauen aufeinander auf. Allein aus dieser Tatsache folgt im Umkehrschluss, dass die Zukunft immer nur eine Folge der Vergangenheit sein kann. Im „Jetzt" geschieht damit nur das, was sich auf der Basis des Vergangenen ergeben kann. Wenn also „nichts" gegeben wäre, könnte daraus auch nur „nichts" (Neues) entstehen. „Nichts kommt von Nichts" lautet eine dazu passende Weisheit. Doch wenn sie tatsächlich für alle Fälle gelten sollte, muss eben erklärt werden, wie aus dem Nichts heraus die ersten Formen entstehen konnten. Die Mechanismen der Diversifikation konnten im Kapitel 3.6 und 4.8 dargestellt werden. Demnach ist nicht „Nichts" gegeben, sondern unendlich grosse, formlose Energie.
Abgesehen von diesen theoretischen Überlegungen ist aber noch sehr viel interessanter, was sich aus dem Diagramm für unsere erdgebundenen Prozesse herleiten lässt.

Die Entwicklung von Gesetzmässigkeiten

Mittlerweile sind auf unserem Planeten extrem viele Eigenschaften durch Formen gegeben, die sich mit Hilfe diverser Gesetze beschreiben lassen. Aus dem vorher Abgeleiteten entstehen Naturgesetze jedoch nicht einfach so aus dem „Nichts" heraus, sondern entwickeln sich zusammen mit den neu diversifizierten Formen. Dabei macht es keinen Sinn, jedes einzelne Individuum über ein entsprechendes Gesetz zu beschreiben, sondern lediglich grosse Mengen von Individuen, die sich aus formähnlichen Eigenschaften zusammensetzen, - und folglich auch gleich verhalten. Und selbst dann bestehen bekanntlich noch gewisse Ausnahmen von der Regel, allein schon aufgrund der Einzigartigkeit der Entwicklungen. Interessanterweise wird das Prinzip von der Ausnahme (der *Einzigartigkeit* der Dinge) wohl gerade für zukünftige Betrachtungen im Bewusstsein des Menschen verbleiben müssen. Erstmalig wissenschaftlich akzeptiert wurde diese Tatsache mit der Entdeckung der Widersprüche in der Quantenphysik. Seither wird selbst in dem „wissenschaftlichsten Fach aller Fächer", der Physik, meist nur noch von „Wahrscheinlichkeitsräumen" gesprochen.
Doch wenn sich unsere Wirklichkeit nur über mathematische Wahrscheinlich-

keitsräume beschreiben lässt, dann sind so genannte „sichere" Aussagen nur möglich, wenn sie tatsächlich auch in extrem hohem Masse eintrifft wie vorausgesagt. Mathematisch berechenbare Verhaltensweisen müssen also mindestens 99,99998% aller Verhaltensweisen der Formen mit mathematischer Exaktheit vorhersagen können. Und selbst darin sind noch die von den Quantenphysikern gefundenen *einzigartigen* Entwicklungsmöglichkeiten enthalten - aber eben auch nicht exakt berechenbar. Daran wird im letzten Kapitel noch einmal angeknüpft.

Viel wichtiger in der allgemeinen Betrachtung soll jetzt aber nicht mehr die Masse oder die einzigartige Verhaltensweise der Form sein, sondern vielmehr nur die Tatsache, *dass* eine Form überhaupt vorhanden ist. Es klingt bestechend, ist aber in der Konsequenz zumeist kaum bekannt:

Keine Form
braucht kein Gesetz[55]

Demnach entstehen unsere Naturgesetze überhaupt erst, weil sich Formen nicht einzeln, sondern *massenweise* nach bestimmten Regeln verhalten. Wäre im Umkehrschluss beispielsweise kein Bewusstsein vorhanden, so wären auch keine beschreibenden psychologischen Gesetze gegeben. Keine Form des menschlichen Bewusstseins hätte sich entwickeln können, wenn sich nicht zugleich auch die psychologischen Ausprägungen entwickelt hätten. Im Diagramm der Formen und Hierarchien wird der Zusammenhang zwischen Grundform und dazugehörigem Naturgesetz verdeutlicht. Diese Betrachtung kann noch weiter fortgeführt werden, indem die Grundform Leben den biologischen Gesetzen gegenübergestellt wird. Oder eben anders formuliert: Wäre kein Leben vorhanden, bedürfte es auch keiner beschreibenden biologischen Gesetze. Und wären die Temperaturen so derartig hoch, dass alle Materie nur noch in Form von Elementarteilchen bestehen könnte, so würden auch keine der be-

[55] Im Umkehrschluss ist jeder Form ein entsprechendes (Natur-)Gesetz zuordenbar. Voraussetzung ist dabei jedoch Formstabilität, die in Verbindung mit einer kritischen Masse (Menge an Formen) bestehen muss. Daher lässt sich der Zusammenhang am einfachsten mit einer doppelten Verneinung beschreiben: Wäre keine Form vorhanden, bedürfte es auch keiner Naturgesetze, die ein Formverhalten beschreiben.

kannten *chemischen* Gesetzmässigkeiten gegeben sein. Damit sind Naturgesetze nicht schon immer vorhanden gewesen, sondern entwickeln sich aufgrund bereits bestehender Eigenschaften und Kommunikationsbeziehungen. Eine relevante Bedingung für deren Entwicklung ist, dass sie sich nur bei einer ausreichend hohen Anzahl beteiligter Individuen herausbilden.

Philosophisch betrachtet ist dieser Aspekt von grosser Tragweite. Natürliche Gesetze bzw. Naturgesetze sind nicht schon immer da gewesen und dann vom Menschen (irgendwann einmal) entdeckt worden, sondern sie entwickeln sich aufgrund der gegebenen Formen. Demnach muss nur eine bestimmte grosse Menge von gleichförmigen Verhaltensweisen auftreten, und schon scheint es geradezu zwingend, dass sich ihr Verhalten als sicher voraussagbares Formverhalten bestimmen lässt. Und weitergehend formuliert muss erst eine bestimmte Populationsgrösse gleicher Art von stabilem Bestand sein, damit sich andere, *neue* spezifische Verhaltensstrukturen herausbilden können.

Ebenfalls bedeutend dabei ist, dass die so genannten Gesetzmässigkeiten meist erst im Nachhinein formuliert werden können. Diese zu erkennen, ist besonders problematisch, solange sich manche Formen aufgrund geringfügiger Ausprägungen noch gar nicht formstabil verhalten. Wenn einzigartiges Verhalten betrachtet wird, können auch keine exakt berechenbaren Verhaltensweisen gefunden werden. Einzigartige oder sehr selten vorkommende Phänomene müssen folglich zwingend zu einzigartigem und nicht mehr exakt berechenbarem Verhalten führen.

Somit müssen sich geradezu zwingend auch unerklärliche Phänomene einstellen. Sie bleiben solange unverständlich, wie das Formverhalten nur in geringen Mengen auftritt. Fassbar, wiederholbar und damit eindeutig wird es nur in Verbindung mit einer bestimmten Menge gleicher Ausprägungen. Dann verhalten sie sich nach bestimmbaren Mustern, - einheitlich und fast wie von selbst.

Eine neue Grundform?

Geradezu faszinierend gestaltet sich ein Ausblick auf die zukünftige Entwicklung. Können aus dem bisherigen Verhalten auch Rückschlüsse für die Zukunft entwickelt werden? Wäre es möglich, so könnten wir zumindest erste richtungsorientierende Anhaltspunkte für unsere eigene bevorstehende Entwicklung entdecken. Auch wenn sich das Prinzip der Einzigartigkeit auch zukünftig nicht exakt berechnen lassen wird: Auf jeden Fall lassen sich Tendenzen oder gar grundlegende Gesetzmässigkeiten aus der Vergangenheit ableiten. Bislang waren *innere Energie*, die *Art der Bewegung* und der *gegebene Raum* für die Formbildungen massgeblich bestimmend. Um auch Voraussetzungen für den Bestand *neuer* komplexerer Formen sicherzustellen, mussten unzählige neue Individuen einer Art entstehen, die in völlig neuartigen Informationsbeziehungen (Wechselwirkungen) zueinander standen. Warum sollte dies nun plötzlich in Zukunft anders sein? Es spricht sogar einiges dafür, dass irgendwann nicht nur neue Formen, sondern sogar eine neue Grundform entstehen wird. Jedoch:

Das Mass einer neuen Grundform
ist die Qualität von direkt
wirkenden Informationsbeziehungen.

Oder exakter ausgedrückt:

Die Entstehung neuer Grundformen
ergibt sich aus der Qualität und Quantität
von bestehenden direkten und indirekten
Informationsbeziehungen.

Sofern also der innere Energiegehalt an unserem Ort im Universum annähernd gleich bleibt, sollten auch mit fortschreitender Zeit weitere diversifizierte Formen entstehen. Dies geht dann über verschiedene diversifizierte Zwischenstufen so weit, dass sich vermutlich nach weiteren Millionen oder hunderttausend Jahren eine weitere neue Grundform herausbilden wird (siehe Abbildung 30).

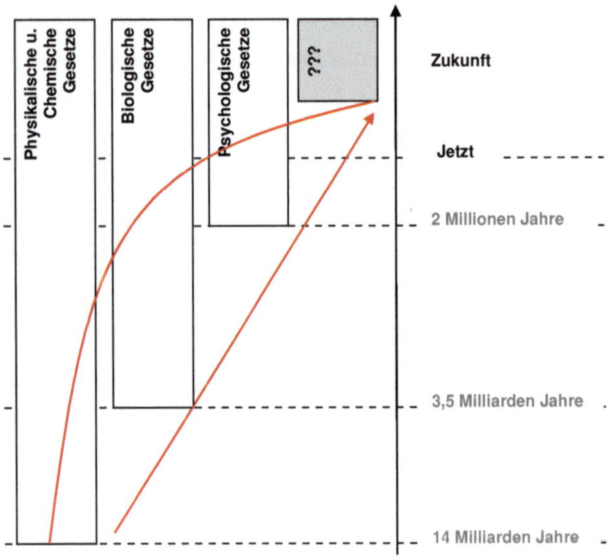

Abbildung 30: eine neue Grundform?

Über welche Prägungseigenschaften die neue Grundform dann verfügen wird, lässt sich nach heutigem Ermessen beim besten Willen nicht voraussagen. Nur die Schlussfolgerung, *dass* es eine geben wird, ergibt sich aus dieser Sicht schon fast zwingend. Der Ablauf ist dabei immer der Gleiche: Formen finden sich aufgrund ihrer Eigenschaften zu Gruppen zusammen. Innerhalb der Gruppen bilden sich wieder neue Informationsbeziehungen heraus, - sowohl gruppenübergreifend als auch intern. Es entstehen neue Informationsbeziehungen, die wiederum ab einer spezifischen Anzahl von Individuen in neues, spezifisches Formverhalten (die Gruppierung der *Arten*) übergehen. Irgendwann wird das Verhalten der neuen Arten schliesslich so stabil, dass ihr Formverhalten als *Hauptform* - bis hin zu einer neuen *Grundform* zusammengefasst werden kann. Ein derartiger Übergang wird immer fliessend sein und kann eigentlich erst im Nachhinein eindeutig als ein solcher beschrieben werden. Letztlich bezeichnen wir das Endergebnis solcher Vorgänge als die Entstehung einer neuen Grundform, als Entstehung eines neuen Naturgesetzes[56].

[56] Interessanter Weise nimmt die Berechenbarkeit der Formen mit abnehmendem Alter ab. Physikalische Formen können recht gut berechnet werden, chemische hingegen weniger, bio-

Wie die nächste Grundform wohl genannt werden wird? Wir selbst werden es sicher nicht mehr erfahren. Vielleicht wird es nicht einmal die Form Menschen mehr erfahren, - obgleich einiges dafür spricht, dass sie auf dem Bewusstsein aufbauen wird. Als einzige Voraussetzung für die Entwicklung einer neuen, erdgebundenen Grundform im Sinne einer evolutionären Weiterentwicklung würde gelten, dass sie auf dem Leben und dem Bewusstsein basiert. Dass die Grundform Bewusstsein jedoch nur durch die Form Mensch getragen wird, erscheint schon eher unwahrscheinlich. Wahrscheinlicher ist, dass immer mehr Formen des Lebens eine Form des Bewusstseins annehmen müssen, um die erforderlichen Voraussetzungen für die Bildung einer neuen Grundform zu erfüllen. Weitere Voraussetzungen sollen gleich im Anschluss näher erläutert werden.
Dass eine weitere Grundform nur folgerichtig erscheint, kann als Erkenntnis aus dem Diagramm der Formen und Hierarchien festgehalten werden. Dabei ist es unerheblich zu spekulieren, aus welchen möglichen Formen die neue Grundform schliesslich bestehen wird.

Ortsgebundene Formen

Und was folgt nun daraus für das Universum? Welche Formen sind von universeller Gültigkeit und welche bestehen nur auf der Erde? Müssen die gleichen Entwicklungsstufen auch überall auf anderen Planeten durchlaufen werden? Ist davon auszugehen, dass irgendwann an anderen Orten des Universums ebenfalls kohlenstoffbasierte Lebensformen entstehen, die nach einigen Millionen Jahren der Evolution bzw. Diversifikation schliesslich zur Grundform des Bewusstseins führen? Würde dies bedeuten, dass auf allen Planeten *Leben* und

---

logische kaum noch und psychologische Vorhersagen sind praktisch ausserhalb einer Einzelfallanalyse nur noch für diffuse Massen möglich. Die mathematische Vorhersagemöglichkeit nimmt mit neu gebildeten Grundformen kontinuierlich ab.
Damit wird verständlich, warum die Physik eine so mächtige Stellung in den Wissenschaften einnehmen konnte. Nur dieser Wissenszweig beschäftigt sich mit Formen, die sich aufgrund ihres Alters inzwischen absolut stabil verhalten und daher dem „einzig wahren" Charakter von Naturgesetzen zu entsprechen scheinen. Dabei haben es psychologische Aspekte besonders schwer, auch von den so genannten harten Wissenschaften anerkannt zu werden. Obwohl es sehr viel schwieriger sein muss, noch nicht ausgereifte bzw. vollkommen stabilisierte Formen in ihrer Verhaltenstendenz mit zu erwartenden Eigenschaften in dieser Phase schon zu beschreiben, werden die „weichen" Wissenschaftler von den „harten" Wissenschaftlern oft belächelt. Wenigstens sollte ihnen nun bewusst werden, dass die Art der Aussagemöglichkeiten weniger im eigenen geistigen Vermögen gegeben ist, sondern vielmehr in direkter Verbindung mit der jeweils betrachteten Formstabilität steht.

folglich auch *Bewusstsein* entstehen müsste, - wenn auch wohl möglich auf Basis anderer Hauptformen und Arten.
Diese Frage kann mit gutem Wissen verneint werden. Wir kennen inzwischen genügend Orte im Universum, an denen weder Leben noch Bewusstsein Bestand haben könnten. Daher muss dem zumindest noch die Einschränkung hinzugefügt werden, dass gleiche Temperatur und Druckverhältnisse am entsprechenden Ort gegeben sein müssen. Auf der Sonne beispielsweise ist der innere Energiegehalt derartig hoch, dass sämtliche kohlenstoffbasierten Lebensformen und sogar die meisten Formen der Materie sofort in ihre Subenergien rediversifizieren würden.
Auch andere Argumente sprechen dafür, dass nicht zwangsläufig überall im Universum die Grundformen Leben und Bewusstsein entstehen müssen. Der jeweilige Ort (im Raum) ist damit sicherlich ein wichtiger Entwicklungsaspekt, zumal er in engem Zusammenhang mit dem Aspekt der zuvor beschriebenen *Einzigartigkeit* steht. Denn:

Einzigartigkeit
ist ihrem Wesen nach (immer)
ortsgebunden.

Schon im vorhergehenden Kapitel konnte mit dem Dipol-Modell aufgezeigt werden, dass der Ort gerade bei der Entwicklung von Dipolen eine ganz entscheidende Rolle spielt. Ob sich ein Dipol hinsichtlich seines verfügbaren Potentials auf- oder abbauen kann, wird demnach durch die Qualität und Quantität der am Ort verfügbaren Subenergien bestimmt. Wenn sich also die innere Energie des Systems oder auch nur eine einzige Eigenschaft einer Form von einer anderen unterscheidet, so würde die Diversifikation der Form - an diesem Ort - bereits abweichend verlaufen. Und da Dipole ihrerseits die Grundbestandteile der Energieformen darstellen, gelten einzigartige Entwicklungen an unterschiedlichen Orten nicht nur für Dipole, sondern erst recht auch für Formen. Universell betrachtet sind damit die möglichen Entwicklungen der Formen (und Grundformen) genauso vielfältig, wie sich einzigartige Entwicklungen von Ort zu Ort voneinander unterscheiden.

Wird noch die Anzahl der unendlich vielen Orte im Universum betrachtet, so gelangt man geradezu zwangsläufig zu dem Schluss:

Diversifikationen sind nicht nur einzigartig,
sie führen an den jeweiligen Orten auch zu ganz ortsspezifischen Formen.

Damit erscheint es hoch wahrscheinlich, dass an anderen Orten innerhalb unseres Universums auch andere Gesetzmässigkeiten gelten könnten. Dies wäre beispielsweise der Fall, wenn sich dort (inzwischen) andere Formen mit anderen Eigenschaften stabilisiert hätten. Es stellt sich noch die entscheidende Frage, ob es innerhalb unseres Universums wirklich „völlig andere" Gesetzmässigkeiten sein können?
„Sicherlich nicht", wird uns unser Verstand zu signalisieren versuchen. Nicht umsonst wurde darum auch im Diagramm der Formen und Hierarchien zwischen *universellen* und *erdgebundenen* Grundformen und Gesetzen unterschieden. Nach Abbildung 31 sind jedoch die chemischen und physikalischen Gesetze überall gleich. Genau genommen gelten beispielsweise auf der Sonne sogar fast nur die physikalische Gesetzmässigkeiten. Schliesslich sind bis auf wenige Ausnahmen dort nur einige der hier bekannten chemischen Verhaltensweisen gegeben.

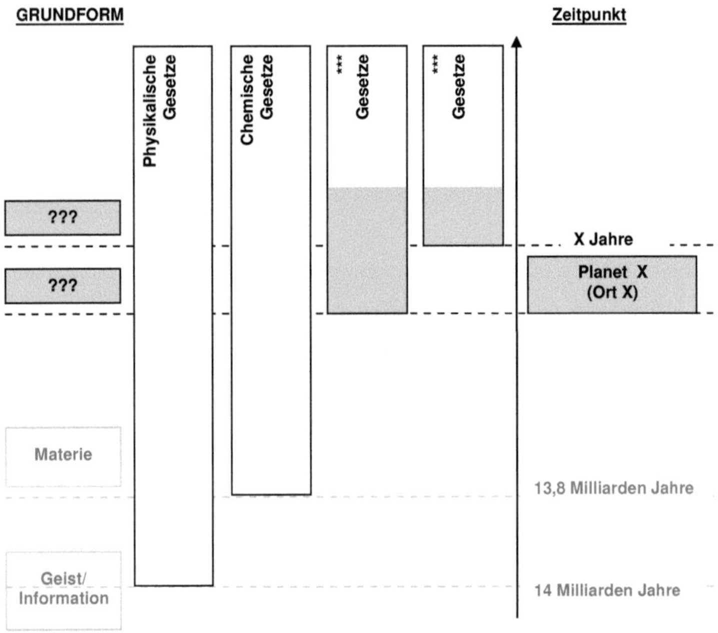

Abbildung 31: Planet X

Alternativen zu den physikalischen und chemischen *Grundformen* sind in unserem Universum nach bisherigem Ermessen wohl kaum mehr zu erwarten. Aber:

Die Einzigartigkeit der ortsgebundenen Formen lässt andernorts
die Entwicklung neuer Formen
und damit noch unbekannter Naturgesetze
mit geradezu zwingender Wahrscheinlichkeit erwarten.

Und noch eine weitere Schlussfolgerung lässt sich aus dieser Sichtweise herleiten. Sofern die neue virtuelle Grundform auf der Materie beruht, *müssen* auch die *physikalischen* und die *chemischen* Gesetzmässigkeiten gelten. Immerhin sind alle wichtigen Sinne des Menschen - und aller Lebewesen überhaupt - direkt auf Formen der Materie bezogen. Vielleicht gibt es in unserem Universum noch andere Formen oder gar Grundformen, die wir nur nicht wahrnehmen

können, weil sie *nicht* auf den Formen der Materie beruhen!? Demnach wäre es durchaus denkbar, dass aus der Grundform Geist/Information an einem anderen Ort im Universum eine andere (noch unbekannte) Grundform entstanden ist. Weil jedoch unsere Entwicklung auf der Materie basiert, also auch unsere gesamten Wahrnehmungsmechanismen darauf beruhen, erscheint es uns nur schwer vorstellbar, dass es etwas anderes geben könnte als Materie. Sicherlich bietet die Form des Geistes hierfür ein ideales Beispiel. Warum sollte sich aus dieser Form - an anderen Orten im Universum - nicht auch eine weitere uns unbekannte Form entwickelt haben, nämlich eine, die nicht auf der Materie beruht? Auch solche Formen könnten - wie die uns bekannten Formen - eigene stabile Kreisläufe und Zyklen entwickeln, auf deren Basis weitere Diversifikationen mit weiteren Grundformen entstehen könnten.
Ein gutes Beispiel für kaum vorstellbare Formen kann die immaterielle Form Strom (elektrische Energie) liefern. Strom ist in Verbindung mit Computernetzwerken die Basis für sich selbst reproduzierende Viren, Würmer, Trojaner und Agenten....
Doch von diesem kleinen Ausflug einmal abgesehen: Über solche Sichtweisen eröffnen sich zusätzliche gedankliche Entwicklungspotentiale. Sie lassen Raum für noch völlig unbekannte Formen, ja sogar für völlig neue Grundformen und damit für noch völlig unbekannte Gesetzmässigkeiten. Damit solche Entwicklungspotentiale für neue Grundformen akzeptierbar werden können, sind nur ganz wenige essentielle Bedingungen erforderlich.

- Die innere Energie (Temperatur und Druck) muss an entsprechenden Orten annähernd stabil bleiben.
- Es müssen genügend Individuen an diesen Orten vorhanden sein, damit sich (*selbst*) stabilisierende Informationsbeziehungen entwickeln können.
- Die neuen Formen sollten auf der Grundform der Materie beruhen, damit sie von uns leichter entdeckt werden können. Chemische und physikalische Gesetze müssen also volle Gültigkeit besitzen.

Sind diese Voraussetzungen gegeben, erscheint die Entstehung von neu diversifizierten Formen quasi vorprogrammiert. Damit nimmt die Komplexität von diversifizierenden Systemen fortwährend zu, und es entstehen tendenziell immer komplexer werdende Informationsbeziehungen (Wechselwirkungen). Die Stabilität dieser Formen steigt jedoch nur an, wenn sie parallel zu ihrer Entwicklung ebenfalls von übergeordneten Kreisläufen und Zyklen unterstützt werden. Denn erst wenn verschiedene Formen in komplexen, zueinander verschränkten Wechselwirkungsbeziehungen stehen, sind die erforderlichen Voraussetzungen gegeben, dass auch neu entstandene Gesetzmässigkeiten gefunden werden können. Und auch bei der Herausbildung von Grundformen gilt das Prinzip:

Alles baut aufeinander auf.
Keine Form kann ohne eine andere
zuvor diversifizierte Grundform
entstehen oder gar bestehen.

Der (weiter)entwickelte Planet Erde

Es ist kaum vorstellbar, welche Grundform sich noch entwickeln sollte, die doch so viel anders sein müsste, als es durch biologische und psychologische Gesetze schon beschrieben ist. Nach dem derzeitigen Stand der Dinge ist es auch müssig, darüber zu spekulieren, wie diese Form vielleicht aussehen könnte. Die neu entwickelte Form des Bewusstseins beginnt sich schliesslich gerade erst richtig zu entwickeln und ist immerhin erst wenige hunderttausend Jahre alt. Bis sich eine neue Grundform herausbildet, wird sicherlich wieder etliche Zeit vergehen müssen.

Wollten wir der natürlichen Entwicklungsrichtung Folge leisten, müssen wir nur zulassen, dass noch sehr viel mehr Arten und Gruppen eine Form des Bewusstseins annehmen. Damit würde die Anzahl der Individuen mit Bewusstsein rapide ansteigen und es wären beste Voraussetzungen gegeben, damit sich viele absolut einzigartige Diversifikationen zu neuen Formen bzw. Gruppen zusammenfinden könnten[57].

[57] Erste Formen der künstlichen Intelligenz (KI) könnten eine ideale Basis für die Herausbildung einer neuen Hauptform darstellen, die Existenz einer ausreichenden Anzahl von Individuen mit individuellen Eigenschaften vorausgesetzt. – Und schon wären wichtige Ansätze für die Herausbildung einer neuen Grundform gegeben.

Die einzige Schlussfolgerung, die hier gezogen werden soll, besteht darin, dass die Vielfalt der Formen und Ausprägungen anerkannt, gefördert, unterstützt und nicht verhindert werden sollte. Derart betrachtet liegt allein In der Vielfalt die Stärke der Formen. Langfristige Entwicklungsmöglichkeiten können letztlich nur über die Ausprägung von vielfältig verschiedenen Eigenschaften (Qualitäten) sichergestellt werden. Es ist daher durchaus im Sinne der menschlichen Form, gegebene und entstehende Ausprägungen bewusst zu akzeptieren oder gar in ihrer Entwicklung zu fördern. Diejenigen Menschen, die langfristig ausgerichtete Betrachtungsweisen haben - und diese auch umsetzen können - sind Individuen mit gesellschaftlichem Einfluss. Damit ihre Strukturen langfristig weiter aufrecht erhalten bleiben, liegt es in ihrem ureigensten Interesse, die Vielfalt der Dinge zu erhalten. Theoretisch betrachtet brauchen sie sich dazu lediglich von einem eigenschafts"besessenen" Objekt (Pol) hin zu einer wirkenden Form zu wandeln. Um solch einen Vorgang aus energetischer Sicht besser zu verstehen, bedarf es noch einer letzten Präzision, damit die damit verbundenen Wirkungen und Konsequenzen im Kapitel 6 stärker verdeutlicht werden können.

5.7 Zusammenfassung

Die Möglichkeiten, die sich mit dem neuen Energieverständnis eröffnen, erlauben viele noch ungewohnt erscheinende Gedanken. Einerseits eröffnen sie ein neues Verständnis für komplexe Zusammenhänge unserer belebten und unbelebten Natur, und andererseits lassen sie sehr viel tolerantere Schlussfolgerungen zu, als es uns die darwinschen Gesetze des (Über)Lebens bislang glauben liessen. Ein wichtiger Weg zur „neuen Sicht" ist die Unterscheidung zwischen *Energie* und *Energieform.* (Absolute) Energie kann demnach nur durch Begriffe beschrieben werden, die mit absoluter bzw. unendlicher Grösse verbunden sind. Die ihr zugeordnete Grundform im Diagramm der Formen und Hierarchien ist die *Information. Energieformen* hingegen diversifizieren aus der Grundstruktur heraus. Die ihr zugeordnete Grundform ist strukturiert vorliegende Information in Form des *Geistes.*

Um eine Vorstellung vom Wesen der Formen zu erhalten, wurde das *Dipol-Modell* entwickelt. Es enthält als Basis die Dipolverbindungen, die ihrerseits nicht starr, sondern hoch flexibel über einen gemeinsamen Schwerpunkt der Form wechselwirken. Verschränkungen, Formbildung und Wirkung lassen sich so modellhaft beschreiben, unabhängig davon, welche Form von Energie auch immer betrachtet wird.

Ein Merkmal aller Formen ist, dass sie sich ständig verändern, dass sie diversifizieren und damit neue Eigenschaften hervorbringen. Die Formen entstehen und vergehen, wobei die vielfältigen Informationsbeziehungen zu anderen Formen ständig ersetzt bzw. erneuert werden können. *Grundformen*(!) hingegen bauen in ihrer grundsätzlichen Entwicklung aufeinander auf. Die grundlegenden Eigenschaften der Formen, die sie repräsentieren, können über zugehörige *Hauptformen* einander zugeordnet und klassifiziert werden. Ihrem Wesen nach beschreiben vor allem die Grundformen unsere bestehenden Gesetzmässigkeiten. Sie bauen aufeinander auf und sind letztlich immer eine Folgeerscheinung, die sich aus der Vergangenheit heraus ergeben hat.

Kein Bewusstsein ohne Leben und
kein Leben ohne Materie.
Keine Materie ohne Geist und
kein Geist ohne Information.

Damit können wichtige Schlussfolgerungen über die Entstehung von Naturgesetzen gezogen werden. Beispielsweise beschreiben Gesetze lediglich „die streng vorhersagbaren Wechselwirkungen in einer bestehenden Vielfalt".
Strenge Vorhersagen werden wiederum erst möglich, wenn sich vielzählige Individuen - an verschiedenen Orten - zu eigenschaftsähnlichen Arten bzw. Gruppen zusammenfassen lassen. Lassen sich nämlich einzigartige Individuen erst einmal als *Massen von Individuen mit gemeinsamen Eigenschaften* beschreiben, so ist der Weg für eine grundlegende mathematische Beschreibung bereits geebnet. Damit jedoch aus der unberechenbaren Einzigartigkeit ein mathematisch beschreibbares „Formverhalten" wird, bedarf es bestimmter Bedingungen. Hierzu gehören Stabilität, genügend Zeit für direkte Wechselwirkungen, genügend Individuen sowie ein Bezug zur jeweils prägenden Grundform.
Ausgehend vom Individuum, bis hin zur neuen Grundform und den dazugehörigen Gesetzen ist die Evolution der Formen verständlich nachzuvollziehen. Naturgesetze sind damit nicht schon immer da gewesen, sondern sind erst mit den Formen zusammen entstanden.
In der Folge erscheinen uns andere, noch völlig unbekannte Grundformen in unserem Universum durchaus wahrscheinlich. Wie auch immer sie aussehen mögen: Die Diversifikation schreitet auch weiterhin voran.

Im Grossen und im Kleinen ...
Die Formen von Energie verhalten sich
nach gleichen grundlegenden Gesetzmässigkeiten.

6 Wirkung und Konsequenzen

6.1 Erklärungen mit dem Dipol-Modell

Nahezu alle Fragen, die wir zu beantworten versuchen, handeln von Vorhersagen eines bestimmten Formverhaltens und beruhen entweder auf *direkten* oder *indirekten* Wirkungen zwischen Energieformen. Diese ihrem Wesen nach zu verstehen oder vielleicht sogar zu kontrollieren, wird eine der grössten Herausforderungen der Menschen bleiben.

Inzwischen kann *Wirkung* mit Hilfe der aufgezeigten Modelle schon als Wechselwirkung zwischen Dipolen verstanden werden. Dipole repräsentieren nun nicht mehr nur einfache Pole, sondern Formen von Energie, die ihrerseits mit anderen Formen in Wechselwirkung treten und neue Formen erzeugen können (Abbildung 15, S. 112). Welche Konsequenzen sich aus dieser Sichtweise ergeben, soll nun anhand einiger, bislang kaum erklärbarer Phänomene näher erläutert werden. In diesem Zusammenhang werden ganz bewusst „subjektive" (einzigartige) Versuchsanordnungen herangezogen, die wegen ihrer schwierigen oder gar unmöglichen Reproduzierbarkeit für herkömmliche wissenschaftliche Betrachtungen nicht geeignet waren. Basis der weiter führenden Betrachtung bildet die vorgestellte Erkenntnis, dass auch zwischen Energieformen *Information* als *indirekte Wechselwirkung* gegeben ist.

Die vorliegende Theorie greift nun die These auf, dass evolutionär entwickelte Mechanismen in unseren Gehirnen vorhanden sind, die im jeweiligen individuellen Bewusstsein völlig *subjektive* (einzigartige) gedankliche Assoziationen hervorrufen können. Treten also im Zusammenhang mit unerklärlichen Phänomenen solche Assoziationen auf - die für andere Mitmenschen im Allgemeinen nicht herleitbar sind, z.B. vorhersehende Träume -, so kann dies damit erklärt werden, dass die neuen Gedankenformen entweder auf veränderten *Glaubens*- oder aber auf veränderten *Wissens*aspekten beruhen. Die Wirkungsweisen von Glaubensaspekten wurden anfangs schon erläutert, daher sollen nun vermehrt die nicht erklärbaren „*Wissens*aspekte" intensiver betrachtet werden.

Beispielsweise ist vorstellbar, dass es gewissen Menschen gelingt „Wissen" aus unstrukturierter Information zu entnehmen, was anderen Personen verschlossen ist. So könnte es einigen Wenigen gelingen, allgemein unzugängliches

„Wissen" abzurufen und dies dann auf herkömmlichem Wege in die eigenen Gedankengänge zu integrieren. Der persönliche Glaube bliebe dabei nach wie vor erhalten, nur würde in so einem Fall nicht nur bereits strukturierte, sondern *zusätzlich* auch unstrukturierte Information in die Gedankenbildung integriert werden. Solche Ausnahmefälle würden im Kern also auf dem *Abruf von unstrukturierten, indirekt wechselwirkenden Informationsbeziehungen* beruhen. Prinzipiell würde derartige Information *unterbewusst* oder *unbewusst* in *geistig geordnete* Information überführt werden.

Um unbewusste Information als „Wissen" ins jeweilige Bewusstsein zu integrieren, gibt es eine Reihe von denkbaren, aber schwer zu quantifizierenden Mechanismen. Eine der möglichen Methoden besteht darin, Informationen im Unterbewusstsein über *Träume* zu verarbeiten. Andere Möglichkeiten „aussersinnliche" Informationsverarbeitung zu nutzen, könnte die Gedankenübertragung darstellen. Selbst die vielen Beispiele des von Rupert Sheldrake postulierten „kollektiven Bewusstseins" können mit Hilfe des Dipol-Modells aus Kapitel 4 neu verstanden werden.

In diesem Zusammenhang sei jedoch darauf hingewiesen, dass Menschen, denen die Verarbeitung von *indirekten* Wechselwirkungen gelingt, (heutzutage) im Allgemeinen mehr Nachteile als Vorteile entstehen. Das wird auch der Grund dafür sein, warum unser Gehirn derartige Informationen zumeist löscht, filtert oder ignoriert, bzw. der bewussten Verarbeitung vorenthält. Immerhin handelt es sich dabei um individuelle und höchst subjektive Informationsverarbeitung, deren Zugang anderen Bezugspersonen verschlossen bleibt. Entwicklungsgeschichtlich betrachtet hatten Menschen, die „nur" auf Basis der strukturierten Informationsverarbeitung sehen, hören, riechen, tasten oder schmecken konnten, offensichtlich mehr Vorteile. Genau genommen konnten sie sich sogar nur dann die Akzeptanz innerhalb einer überlebenswichtigen Gruppe bzw. Gemeinschaft sichern, wenn einwirkende Information über prinzipiell gleich funktionierende Mechanismen verarbeitet wurde. Hingegen waren ungewöhnliche Informationsverarbeitungen, die jenseits der direkten Wechselwirkungen aufsetzen, nicht unbedingt erforderlich. Sie wirkten sich in den meisten Fällen sogar höchst irritierend auf das denkende Wesen selbst und auf die umgebende Gemeinschaft aus. Dabei sprechen die Gesetze der Diversifikation klar dafür, dass sich auch

derartige spezialisierte, einzigartige (Informations-) Verarbeitungsmechanismen entwickelt haben.
In manchen Kulturen wurden besondere Fähigkeiten durchaus geschätzt und gefördert. Doch unabhängig davon, wie viele Menschen tatsächlich derartige Fähigkeiten zu beherrschen glauben, soll hier nur im Vordergrund stehen, wie diese Fähigkeiten mit dem Dipol-Modell erklärt werden können.

Loslassen, fliessen lassen: der sechste Sinn

In einem weiteren Beispiel soll die besondere Art der Informationsverarbeitung vertiefend erläutert werden. Meist sind uns unerklärliche Phänomene nämlich sogar durchaus vertraut. Im Volksmund werden sie daher auch oft mit dem Vorhandensein eines „sechsten Sinnes“ zu erklären versucht. Nun können derartige Vorgänge auch mit dem Dipol-Modell verstanden werden.
Begibt sich ein Mensch zum Beispiel auf die Jagd nach einem Tier, so wird er sich zunächst auf Spuren konzentrieren, z.B. auf Spuren im Sand, die ihm den Weg zur gesuchten Beute weisen. Dieser Mechanismus beruht allein auf *direkten* Wechselwirkungen, weil er entsprechende Zeichen seiner Beute sehen, schmecken, riechen oder hören kann. Von besonderem Interesse in diesem Zusammenhang ist jedoch der Mechanismus der *indirekten* Wechselwirkung. Treten nämlich Jäger und Gejagter nur in indirekte Wechselwirkung zueinander, so kann es dem einen oder anderen gemäss Dipol-Modell gelingen, die Nähe des anderen förmlich zu „spüren“. Nicht jedes Individuum ist dabei in der Lage, die gegebenen Wechselwirkungen wirklich effektiv zu verwerten. Dennoch ist aufgrund vielzähliger Beobachtungen und Befragungen bekannt, *dass* solche Informationsbeziehungen durchaus gegeben sind.
Ist nun der Jäger dem Gejagten gefährlich nahe gekommen, steigt die Spannung des Jägers an. Obwohl er sein Opfer zum Beispiel wegen dichten Pflanzenwuchses nicht mit seinen fünf Sinnen orten kann - also in keinerlei *direkter* Wechselwirkung zum Opfer steht -, *spürt* er mitunter, dass sich sein Opfer ganz in der Nähe befindet. In solch besonderen Fällen wird auf einer herkömmlich nicht mehr erfassbaren Weise kommuniziert. Die gleiche Art der Kommunikation kann natürlich auch vom Opfer wahrgenommen werden. Entscheidend für

diese Art der Informationsverarbeitung ist nicht die Gegebenheit auf „gleicher Wellenlänge" zu sein, sondern allein die Fähigkeit der beteiligten Formen, die vom Informationsschwerpunkt ausgehende, *indirekt* wirkende Information mittels besonderer Fähigkeiten oder Veranlagungen, selektiv ins eigene Bewusstsein zu überführen. Prinzipiell ist bei solchen Empfindungen eine Dipol-Informationsbeziehung zur anderen Form gegeben, - wie sie analog bei den temporären Dipolbeziehungen im Kapitel 4.7 beschrieben wurde. Die Hauptschwierigkeit liegt dabei jedoch darin, aus einer unendlich grossen Informationsmenge genau die richtigen, die momentan wertvollen Informationen zu erkennen. Unser Gehirn ist offensichtlich durchaus dazu in der Lage, unstrukturierte Informationen abzurufen. Diese jedoch selektiv in das jeweilige Bewusstsein zu überführen und dort geistig zu strukturieren, das gelingt hingegen nur sehr, sehr Wenigen.

Dass diese Art der Wechselwirkung sich bislang den streng wissenschaftlichen Forschungen entzieht, ist wenig verwunderlich. Zeit übergreifende indirekte Wechselwirkungen entziehen sich schliesslich unserer Wahrnehmung. Wir sind im Allgemeinen nur befähigt, die direkten Wechselwirkungen wahrzunehmen und wissenschaftlich zu beschreiben. Gesteuert, bzw. beeinflusst werden sie aber gemäss Dipol-Modell auch durch die indirekten Wechselwirkungen. Meist werden die hier beschriebenen Zustände nur ermöglicht, wenn der Geist einer Person befähigt ist, unstrukturierte in geistig strukturierte Information zu überführen.

Die Fähigkeit loszulassen, um damit einen gerade währenden Energiefluss am entsprechenden Ort geistig zu strukturieren, kann aber noch sehr viel mehr beinhalten, als mittels besonderer Wahrnehmungszustände allgemein unzugängliche Informationen ins jeweilige Bewusstsein zu integrieren. Fliessen lassen kann auch beinhalten, das Wechselspiel der reibenden Dipole zu erkennen und diesem dann einfach zu folgen.

6.2 Grundzüge einer Informationstheorie

Den Ausführungen der vorhergehenden Kapitel kann entnommen werden, dass jede Kraft, die entsteht, zeitgleich über eine adäquate Gegenkraft verfügt. Diese Erkenntnis bezieht sich zunächst auf formgleiche Dipole und kann auch auf Formgemische, also auf alle Formen von Energie bezogen werden. Weil aber auch ein Gedanke eine Form von Energie darstellt, müsste auch jedem Gedanken, automatisch und zeitgleich, ein adäquater *Gegengedanke* gegenüberstehen. Diese Vorstellung erscheint zwar einfach und schön, doch entspricht sie offensichtlich nicht der uns umgebenden Realität. Bei der Beschreibung der Charaktere der Formen, Kapitel 4.7 des Dipol-Modells, klang bereits an, dass es Verhaltensweisen bei den Formen gibt, die auf ein differenzierteres Bild hinweisen. Folglich wird es Zeit, eine letzte Präzisierung bei der Beschreibung der Energieformen vorzunehmen.
Zwar erklärt das Dipol-Modell, dass Wirkungen aus der Kombination von mindestens zwei Polen entstehen, doch soll das Zusammenspiel in Anlehnung an Kapitel 5.1 nun nicht mehr nur als blosse sich vollziehende Wirkung verstanden werden, sondern als reale *Geburtsstunde einer neuen Energieform ...*

Eine Wirkung, die von zwei Polen ausgeht,
kann nicht nur allein als Wirkung, sondern auch als
neue Form von Energie verstanden werden.

Alle Unzulänglichkeiten der Theorie in Hinblick auf die „Charaktere der Formen“ lösen sich auf, sobald einzelne Pole auch als Energieformen aufgefasst werden. Ganz nach dem Prinzip: „Eine Energieform formt, wenn sie aus mindestens zwei korrespondierende Dipolen (eine) direkte Wechselwirkung hervorbringt.“ Auch dies bedeutet, dass weiterhin mindestens zwei Pole erforderlich sind, um über direkte Wechselwirkung eine neue Energieform hervorzubringen. Genau genommen stellt die Festlegung sogar noch eine Vereinfachung dar: Denn eine *Form von Energie* ist bereits vorhanden, sobald sie über bestimmte *Eigenschaften* verfügt und mit einem entsprechenden *Potential* ausgestattet ist. Genau diese Vorschriften entsprechen den Bedingungen, wie sie für die Beschreibung eines Pols beim Dipol-Modell festgelegt wurden. Wirkungen ergeben sich mit dieser Auffassung weiterhin aus zwei verschiedenen, aber miteinander wechselwirkenden Energieformen. Der gedankliche Trick besteht nun darin, auch einzelne *Pole* als eigenständige *Energieformen* aufzufassen! Dies bezieht alle vorhergehenden Ausführungen mit ein, weil auch Pole durch definierte *Eigenschaften* und *Potentiale* gekennzeichnet sind.

	Pol/ Energieform	= Potential	+ Eigenschaft(en)
Zuvor:	(Pol	= Potential	+ Eigenschaft(en)
	Energieform	= Pol	+ Pol (...Dipol))

So wie bislang einzelne Pole betrachtet wurden, können jetzt also auch Energieformen beschrieben werden. Beide unterscheiden sich hinsichtlich ihrer Potentiale (Quantität) und hinsichtlich mindestens einer Eigenschaft (Qualität) voneinander. Diese immens wichtige Präzisierung lässt sich einfach über den Vergleich zweier Abbildungen veranschaulichen. So können im Gegensatz zur bislang vereinfachten Betrachtung von Energieformen, ab sofort auch Pole als eigenständige Energieformen aufgefasst werden.

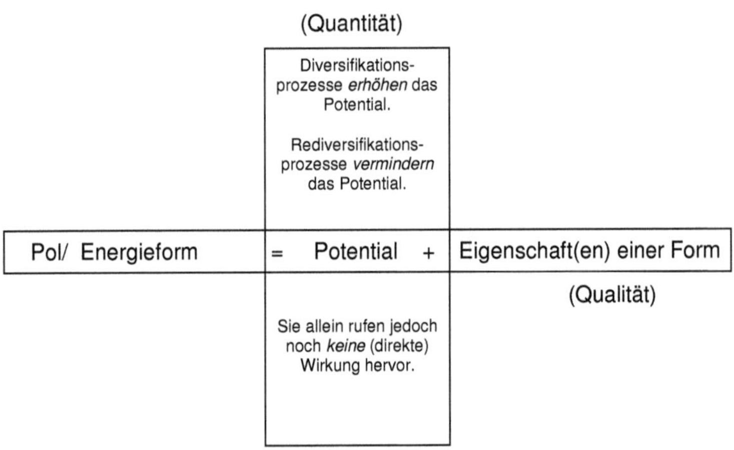

Abbildung 32: Pol und Energieform (vergleiche Abbildung 17, S. 117)

Unterscheiden sich Pol und Energieform in exakt einer Eigenschaft voneinander, handelt es sich um *formgleiche* Dipole, so wie sie in der Elementarteilchenphysik betrachtet werden. Sind hingegen mehrere Eigenschaften in einem Pol vertreten, so handelt es sich um ein *Formgemisch*. Beide Zustandsbeschreibungen können von nun an, wie eingangs definiert, sowohl als *Formen*, als auch als *Pole* in Erscheinung treten.

Mit dieser Unterteilung wird vor allem deutlich, dass die Existenz von Dipolen im Bereich vom Formgemischen *nicht* mehr zwingend und zeitgleich gegeben sein muss. Formgemische können nämlich auch ohne einen formgleichen Gegenpol bestehen. Lediglich bei Betrachtungen von Elementarteilchen bleibt eine zeitübergreifende, indirekte Wechselwirkung zwischen Dipolen noch bestehen. Sobald aber wieder Formgemische betrachtet werden - und das sind alle bekannten Formen in unserem Universum -, wird Formstabilität immer mehr über forminterne, direkte Wechselwirkungen sichergestellt. Aus diesem Grund bedarf auch eine Form, die über interne direkte Wechselwirkungen stabil geworden ist, nicht mehr der permanenten Anwesenheit von Dipolen. Sogar der Abbildung 26, S. 147, konnte schon entnommen werden, dass Dipole, die aus verschiedenen Formen bestehen, ihre Existenz vor allem den internen *direkten* und weniger den indirekten Wechselwirkungen verdanken.

Interessant ist, dass sich mit solch einer Polbetrachtung, wie eingangs erwähnt, unzählige Erklärungsmöglichkeiten eröffnen. An dieser Stelle soll jedoch zunächst festgehalten werden, dass mit der veränderten Vorstellung nun auch zwei völlig unterschiedliche Formen („A“ und „B“) in Wechselwirkung zueinander treten können. Sollte es ihnen in noch zu klärender Weise gelingen, eine Dipolbeziehung einzugehen, so entsteht eine weitere (neue) Energieform „C“. Die neue Form verfügt dann nicht nur über neue Eigenschaften, sondern auch über eine noch näher zu erläuternde Form*stabilität*. Die dargestellte Betrachtungsweise lässt sich am einfachsten in der folgenden Abbildung darstellen.

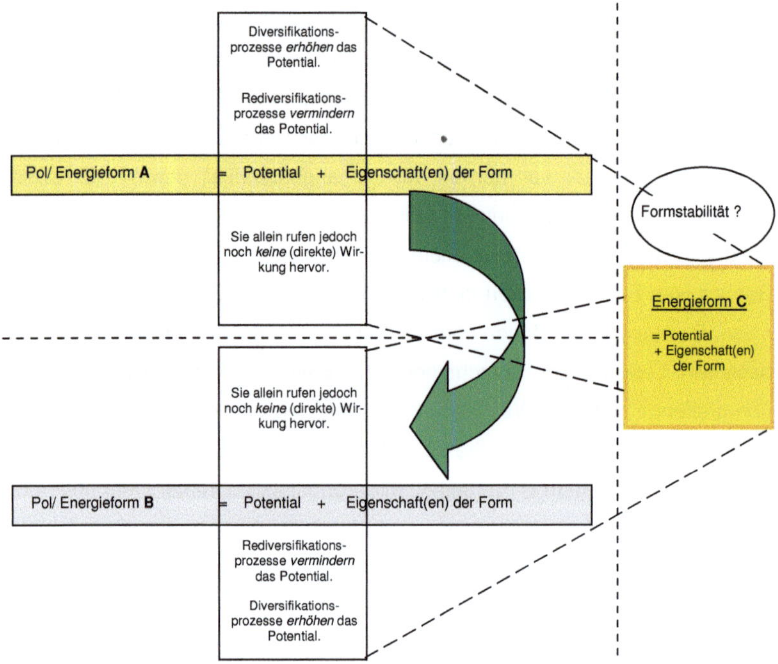

Abbildung 33: Energieform A, B, C (I)

In welcher Art sich neue Formen, die aus der Wechselwirkung von mindestens zwei Ausgangsformen hervorgehen, schliesslich stabilisieren, ist eine entscheidende Fragestellung. Entsprechend den im Kapitel 4.5 beschriebenen Be- und Entladungen an den Polen, kann jedenfalls folgendes Formverhalten für die neu entstandene Form „C" beschrieben werden:

- Das Formverhalten einer neu entstandenen Energieform kann sich instabil verhalten: *weil die Form allein von der Existenz der Ausgangsformen abhängig ist.* Beispiel: Wind. Sobald eine der beiden Pole „warme" oder „kalte" Luftmassen über kein ausreichend grosses Potential mehr verfügt, ist auch die Form „Wind" nicht mehr gegeben.

- Sie kann quasistabil erscheinen: weil die Potential aufbauenden Pole ständig über Diversifikationen „nachgeladen“ werden können. Beispiel: Erdmagnetfeld. Die Pole „Nord“ und „Süd“ sind mit ausreichend Subformen versorgt und können so über lange Zeiträume hinweg bestehen. Die Form „Erdmagnetfeld“ verhält sich folglich quasistabil.

- Sie kann sich formstabil verhalten: weil diverse forminterne direkte Wechselwirkungen dafür sorgen, dass die Form nach einer gewissen internen Veränderung schliesslich eigenständig existiert. Als Beispiel können die Lebewesen angeführt werden. Sie werden durch den Mechanismus der Vermehrung neu erzeugt, um am Ende als eigenständige Form zu existieren.

Somit wird deutlich, dass die Stabilitätskriterien der Formen allein auf die Art der Wechselwirkungen bezogen werden müssen und weniger auf die jeweilige Lebensdauer. Selbstverständlich können quasistabile Formen auch über längere Zeit bestehen als formstabile Verbindungen. Doch unabhängig vom möglichen Alter der Formen werden die Stabilitätskriterien vorrangig von der Art der jeweils vorherrschenden Wechselwirkungen bestimmt. Nicht das Alter der Formen, sondern vor allem die Art der zugrunde liegenden Wechselwirkungen gestaltet die Formstabilität und damit übrigens auch die möglichen resultierenden Wirkungen.

Ein Gedanke wird Wirklichkeit

Es folgt nun ein kleiner Exkurs um aufzuzeigen, wie Formverhalten mit den erwähnten Erweiterungen verstanden werden kann. Die vorgestellten Modelle sollen dabei helfen, sich dem allgemeinen Formverhalten verstärkt mit wissenschaftlichen Methoden zu nähern. Ein solches Vorgehen gelingt aber nur, wenn wegweisende Wissensgebiete miteinander verbunden werden, die jeweils auf aktuellen wissenschaftlichen Erkenntnissen aufbauen. Am Ende werden darum wesentliche Teile des vorliegenden Modells den bestehenden mathematischen Methoden gegenübergestellt. Bevor jedoch die „harten“ Wissenschaften herangezogen werden, sollen zunächst erst die „weichen“ Wissensfaktoren weiter ausgeführt werden. Mit den Vorstellungen vom Dipol-Modell kann das Formverhalten von materiellen und immateriellen Formen nämlich schon sehr viel spezifischer vorausgesagt, bzw. besser verstanden werden. Dazu ein Beispiel aus der Psychologie der menschlichen Formen:

Zwischen zwei Personen entsteht ein Machtkampf. Eine Person hat politische oder gesellschaftliche Macht und ist stark, eine andere Person will diese Macht erlangen, ist aber noch schwach. Eine Veränderung innerhalb der Machtverteilung ergibt sich, wenn beide Personen beispielsweise über örtliche Nähe und direkte Wechselwirkung in Kontakt zueinander getreten sind. Sie „wissen" folglich voneinander und repräsentieren so bereits ein erstes, direkt wechselwirkendes Informations-Dipolverhältnis. Gemäss dem Dipol-Modell muss zeitgleich eine indirekte Wechselwirkung über den Gravitations- bzw. Informationsschwerpunkt der wechselwirkenden Form(en) gegeben sein. Allerdings ist indirekte Wechselwirkung bei Formgemsichen nur von sehr untergeordneter Bedeutung. Zwar wird die Information über den Schwerpunkt zeitgleich an den Gegenpol übermittelt, nur sind bei Formgemischen deren Auswirkungen eben sehr, sehr gering und wenn überhaupt, nur unbewusst oder unterbewusst vorhanden. Mögliche Ereignisse, die aus der Konstellation der zwei bestimmenden, direkt wechselwirkenden Dipole eintreten, lassen sich durch drei grundlegende Verhaltensweisen kennzeichnen. Sie werden entsprechend der vorherigen Ausführungen zusätzlich entweder von *unbewusst* oder von *bewusst* gesteuertem Formverhalten bestimmt. Die indirekten Wechselwirkungen bilden das erste grundlegende Verhaltensmuster der drei aufeinander aufbauenden Verhaltensweisen.

Reaktionen aus *un*bewusst gesteuertem Formverhalten:

Die *indirekte* Wechselwirkung

> Beide Pole haben indirekt wechselwirkende Kenntnis voneinander. Sie steuern damit jedoch das Verhalten des Gegenpols bei Formgemischen nur in geringfügiger (indirekter) Weise[58]. Folglich diversifizieren oder re-

[58] Leichter vorstellbar sind indirekte Wechselwirkungen, wenn zuvor direkt wechselwirkende Kontaktaufnahmen geknüpft worden sind. Darum ist bei Formgemischen eine vorhergehende, direkte Kontaktaufnahme grundsätzliche Voraussetzung, damit die unabhängigen Formen in indirekter Wechselwirkungen zueinander stehen können. Nur bei elementaren, also formgleichen

diversifizieren die Pole unbewusst, - gemäss dem bereits beschriebenen Gleichgewichtsbestreben.

Reaktionen aus *bewusst* gesteuertem Formverhalten:

I. *Der Enthaltungszustand* in Verbindung mit *direkter Wechselwirkung*
Mindestens einer der beiden Pole hat direkte wechselwirkende Kenntnis vom anderen, vermeidet es aber, dass seine Subformen in rediversifizierende Wechselwirkung zueinander treten, - so dass sich keine (unkontrollierte) Wirkung vollzieht. So verfügt er über ausreichend Zeit, seine Eigenschaften und Potentiale *bewusst* - und unbewusst, gemäss Pkt. I - zu seinem Vorteil zu verändern.
Der Enthaltungszustand gilt selbstverständlich auch, wenn beide Pole voneinander Kenntnis besitzen, aber darauf verzichten, in eine polabbauende Wechselwirkung einzutreten.

II. *Die Formbildung* in Verbindung mit *direkter Wechselwirkung*
Beide Pole haben direkte wechselwirkende Kenntnis voneinander und gehen eine rediversifizierende Wechselwirkung mit ihrem Gegenpol ein. Aus der bewusst eingeleiteten Rediversifikation entsteht eine neue Form. Gemäss Pkt. I und II können sie dabei jedoch auch unbewusst, bzw. bewusst polaufbauend diversifizieren. Die zugrunde liegenden Verhaltensweisen bleiben weiterhin bestehen und ermöglichen beispielsweise, dass bereits abgebaute Potentiale mittels Diversifikation wieder nachgeladen werden können.

In Anlehnung an das Beispiel mit dem Machtkampf ist den Polen also in einer ersten Phase zunächst *kein* Unterschied zum ihrem Gegenpol bewusst. Ein wichtiges Kennzeichen dieser ersten Verhaltensphase ist, dass sie noch nichts voneinander „wissen", weil sie in keiner direkten Wechselwirkung zueinander stehen. Beide Formgemische sind über die selben Bezugsformen miteinander verbunden, doch zwischen ihnen wirkt nur eine schwach ausgeprägte, *indirekt*

Dipolen, ist diese Voraussetzung nicht erforderlich, denn sie sind ja von Anfang an indirekt wechselwirkend miteinander verbunden.

gesteuerte, unbewusste Angleichung der jeweiligen Eigenschaften und Potentiale.

Wird gemäss Punkt II hingegen mindestens einem der beiden Pole ein Unterschied zum Gegenpol bewusst, so kann er im Enthaltungszustand „bewusst gesteuert" versuchen, das gegebene Dipolverhältnis qualitativ und/ oder quantitativ anzugleichen, - oder gar zu seinem Vorteil zu verändern. Eine polabbauende Wirkung, die schon allein durch örtliche Nähe der Subformen ausgelöst werden kann, findet im hier vorliegenden Enthaltungszustand aber (noch) nicht statt. Aufbauend auf den indirekten Wechselwirkungen nach Pkt. I, muss die direkte Wechselwirkung nach Pkt. II aber nicht nur auf die Kenntnis eines Pols beschränkt bleiben. Haben schliesslich beide Pole Kenntnis voneinander, kann sich das zuvor ausgeführte Beispiel wie folgt entwickeln:

Alle Versuche der beiden Formen (Pole) ihre Position gegenüber der anderen durch Diversifikationsprozesse zu stärken, ergeben dem Gegenpol die grundsätzliche Gelegenheit gleiche oder ähnliche Massnahmen einzuleiten. Dabei sind sehr vielfältige Vorgehensweisen denkbar. Eine kann darin bestehen dem bewusst registrierten Handeln mit einem völlig anderen Formverhalten - beispielsweise psychologischen Tricks - entgegenzuwirken. Es kann sich dabei um Massnahmen handeln, mit denen die eigenen, zahlenmässig weniger vertretenen Mitstreiter psychisch gestärkt werden. Oder aber sie tut nur so, als würde sie Gegenmassnahmen ergreifen, weil sie am gegebenen Ort, ungünstigerweise, keine geeigneten Subformen verfügbar hat. Alle polaufbauenden Diversifikationen waren ja stets von den am Ort verfügbaren Subformen abhängig.

Die geschilderte Verhaltensphase der *Enthaltung* ist solange gegeben, wie die entsprechende Formbildung (Wirkung) noch ausbleibt. Zwar ist in diesem Fall bereits eine Informations-Dipolbeziehung vorhanden, jedoch werden in der Enthaltungsphase die *Potentiale* und *Eigenschaften* der beiden miteinander wechselwirkenden Formen nur - soweit als möglich - einander angepasst bzw. verändert.

Erst im Fall der dritten Phase (Pkt. III), der Entladung, entfalten sich die entsprechenden Wirkungen. Sie sind jedoch allein davon abhängig, welche Subformen (Eigenschaften) in die jeweiligen Pole durch Diversifikationen einbezogen worden sind. Sind beispielsweise von einem Machtpol bewusst viele Individuen als Subformen in die Formbildung eingebunden worden, so könnte sich die Wirkung in Form eines Krieges zwischen den Polen entfalten. Sind hingegen politische oder psychologische Eigenschaften bei einem der beiden direkt wechselwirkenden Formen zu eigenschaftsbestimmenden Merkmalen diversifiziert, so kann sich Wirkung auch in Form gesellschaftlicher Ächtung einer Person oder Personengruppe vollziehen. Im Endergebnis tritt jedoch immer eine gleich ablaufende Verhaltensweise ein: Grundsätzlich entladen sich bei der Wirkungsentfaltung beide Pole, was zu einer Verminderung (Rediversifikation) der beiden Polpotentiale führt.

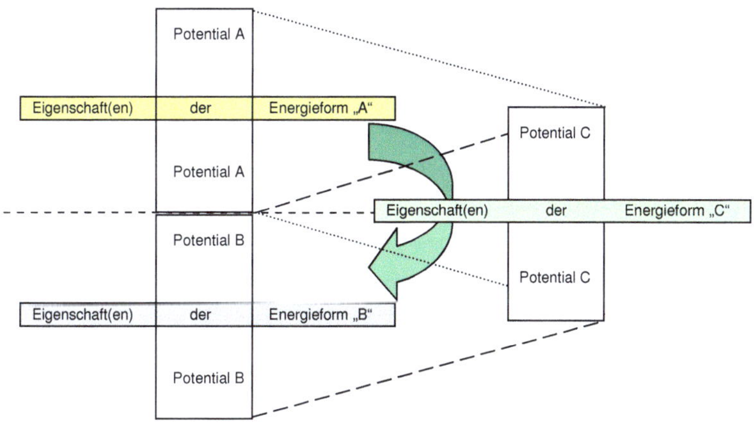

Abbildung 34: Energieform A, B, C (II)

Der eingetretene Wirkungsvollzug kann bei bewusst handelnden Formen grundsätzlich jederzeit von einem der beiden Pole unterbrochen oder abgebrochen und so wieder in die Enthaltungsphase überführt werden. Bei unbelebten Formen ist dies zwar mit Einschränkungen verbunden, sie sind jedoch zur Erklärung des Grundprinzips an dieser Stelle nicht weiter bedeutsam. Auch diese Phase der Wechselwirkungen unterliegt einem kennzeichnenden Merkmal: Wird die Wirkung von keinem der beiden Formen abgebrochen, so kann sie maximal solange aufrecht erhalten bleiben, bis das kleinere der beiden Polpotentiale komplett rediversifiziert und in die neue Form übergegangen ist.

Welche Wirkung sich entfaltet, bestimmen allein die im Hintergrund treibenden Eigenschaften der Dipole, - bzw. die Eigenschaften der integrierten Subformen.[59]

Das soeben beschriebene Beispiel hebt eine massgeblich bestimmende Eigenart beim Formverhalten hervor. Demnach sind zumeist die Eigenschaften (und Subeigenschaften) der beteiligten Formen wirkungsbestimmend, - und weniger die konkreten Eigenschaften der übergeordneten Dipole. Oder anders formuliert: Es sind nicht immer die formbestimmenden Hauptpersonen, die im genannten Beispiel gegeneinander antreten und in Wechselwirkung zueinander stehen, sondern es sind vielmehr die von ihnen gesteuerten Subformen, die ihre formspezifischen Wirkungen entfalten.

Damit kann die Sichtweise der Pole wieder um einen weiteren Handlungsaspekt erweitert werden. Auch hier gilt für Formgemische die grundsätzliche Regelung, dass die Summe aller Teilchen „mehr" ist. Sie ist immer dann „mehr", wenn schon verschiedene Subenergien, formintern, miteinander wechselwirken[60]. In jedem Fall diversifizieren Wirkungen aus (mindestens) zwei Polen in andere, neue Formen, womit grundsätzlich zwei bewusste Veränderungsmechanismen bekannt sind. Entweder *verändern* sich die Formen im Enthaltungszustand über Diversifikationen, oder aber (mindestens) zwei Pole gehen über direkte Wechselwirkung in eine *neue Form* über. Im Verlaufe der Formneubildungen können wieder drei zuvor beschriebene Stabilitätszustände entstehen: der instabile, der quasistabile und formstabile (Form)Zustand.

Erstaunlicherweise lässt sich das vorgestellte Modell auf alle erdenklichen Dipolverbindungen übertragen. Damit kann nun wieder auf die Ausgangslage des Kapitels „ein Gedanke wird Wirklichkeit" zurückgegangen werden: Mit Hilfe des Modells kann allgemeines Formverhalten von allen nur denkbaren Energieformen neu verstanden werden. Die drei beschriebenen Verhaltensweisen von Di-

[59] Ihre Summe ist mehr als nur die Summe aller einzelnen Subformen. Dies schliesst aber nicht aus, dass auch nur einzelne Subformen (mit ihren Eigenschaften) aufgrund von örtlicher Nähe mit Subformen anderer Formen in Wechselwirkung treten und so entsprechende (Sub-)Wirkungen hervorbringen können. Diese Möglichkeit wird noch im Laufe des Kapitels wieder aufgegriffen.

[60] Exakte Formulierung: Solange die direkten Wechselwirkungen der Formen noch keine eigenständige, stabile Form hervorgebracht haben, ist auch kein „MehrZustand" erreicht. Währenddessen vollziehen sich verschiedene Wirkungen auf Basis der gegebenen Subformen/ Subpole.

polen bilden dabei die Grundlage. Wer eine Wirkung auslösen, bzw. erzielen will, wird in den meisten Fällen davon geleitet, welche gewollte Wirkung als zukünftiges „Wunschergebnis“ eintreffen soll. Dieser Ansatz scheitert oft daran, weil dabei kaum bewusst ist, dass dabei stets die wirkungstreibenden Dipole beachtet werden müssen. Ohne dieses Wissen ist es sehr viel schwieriger Diversifikationen der beteiligten Dipole abzuschätzen oder gar richtungsbestimmend zu beeinflussen. Etwaige Wunschergebnisse eintreten zu lassen, ohne die Eigenschaften (und Potentiale) der miteinander wechselwirkenden Pole zu berücksichtigen, kann nur wenig erfolgversprechend funktionieren.

Das vorgestellte Gedankenmodell stellt die vielen sich ergebenden Möglichkeiten systematisiert in den Vordergrund, und es verdeutlicht, dass mit der bisherigen Ja-Nein-Logik lediglich *zwei* miteinander wechselwirkende Dipole beschreiben werden können. Darum fordern die vorliegenden Modelle nicht nur neue mathematische Ansätze, sondern auch eine detailliertere wissenschaftliche Beschreibung für Qualitäten und Quantitäten einer Form. Mit Hilfe dieser beiden Grössen sollte es möglich werden, exaktes Formverhalten zukünftig sehr viel spezifischer beschreiben zu können. Doch obgleich das letzte Kapitel noch aufzeigen wird, dass von der Physik dazu bereits Ansätze bereitgestellt sind, wird exaktes Formverhalten sicherlich nur im Rahmen von Wahrscheinlichkeiten vorhergesagt werden können.

Weitere Bedingungen

Woher weiss nun ein Dipol, welche der vielen umliegenden Formen „sein“ richtiger Gegenpol ist? Eigentlich sollte deutlich geworden sein, dass genau diese Fragestellung irreführend ist. Zunächst muss nämlich geklärt werden, ob *formgleiche* Dipole betrachtet werden, wie sie von Einstein Podolsky und Rosen beschrieben wurden, oder ob komplexe *Formgemische* betrachtet werden. Insbesondere bei Formgemischen ist die Fragestellung irreführend, weil sie meist schon einen quasistabilen oder formstabilen Zustand erreicht haben, der aus direkten Wechselwirkungen hervorgeht. Werden also solche Eigenschaftsgemische betrachtet, sollte vielmehr geklärt werden, unter welchen *Bedingungen* zwei eigenständige Energieformen eine direkt wechselwirkende Dipolbeziehung miteinander eingehen können! Hingegen werden formgleiche Dipole allein von *indirekten* Wechselwirkungen bestimmt.

Die Frage der Dipolfindung kann in diesem Fall daher schnell beantwortet werden: In absoluter, formloser Energie sind elementare Dipolverbindungen nämlich selbst ein Teil des unendlichen Informationsprinzips. Sie sind also in jedem Moment ihrer Existenz *indirekt* wechselwirkend miteinander verbunden. Oder weiter konkretisiert: Elementare Dipolverbindungen selbst repräsentieren das Prinzip der Information. Inwiefern sollte es dann noch verwundern, wenn sie auch im Augenblick der ersten Diversifikation, (der Veränderung oder der Formbildung) weiterhin indirekt wechselwirkend miteinander verbunden bleiben? Hier „finden" sie sich also nicht sondern *bleiben* einfach im Moment der Formbildung - über alle Symmetriebrüche und Phasenübergänge hinweg - indirekt wechselwirkend miteinander verbunden.

Hingegen gelten in Bezug auf *Formgemische* - die ihrerseits zusätzlich noch von formgleichen Dipolen durchzogen sind - folgende zusätzlichen Bedingungen für die Dipolfindung:

- Alle Pole sind Formen von Energie, die mit anderen Formen eine Dipolbeziehung eingehen können, sobald sie sich in mindestens einer ihrer *Eigenschaften* voneinander unterscheiden.
- Die Energieformen müssen über genügend grosse *Potentiale* verfügen, damit sie über örtliche Entfernungen hinweg in direkte Wechselwirkung zu anderen treten, - sie müssen sich also *direkt* wechselwirkend finden können, damit Wirkungen entstehen können.
- Die eintretende Wirkung zwischen Formgemischen ist als Bildung einer *neuen Energieform* aufzufassen. Die Art der entfalteten Form ist abhängig von den Eigenschaften und Potentialen der wirkungstreibenden Dipole.

Schlussfolgerungen zur Dipolfindung und allgemeinem Formverhalten können daher wie folgt formuliert werden:

- Elementare Dipole bleiben fortwährend *indirekt* wechselwirkend miteinander verbunden. Der Einfluss indirekter Wechselwirkungen ist prinzipiell nur zwischen formgleichen Polen bestimmend.

- Bei formgleichen Dipolen schwindet jedoch der Einfluss indirekter Wechselwirkungen, sobald erste *direkte* Wechselwirkungen in die Formbildung einbezogen werden. (Beispiel: Die Einlagerung zusätzlicher Protonen in ein immer grösser oder komplexer werdendes Atom).
- Formgemische werden hingegen massgeblich von form*internen*, *direkten* Wechselwirkungen bestimmt. Über diesen Wechselwirkungsprozess werden viele verschiedene Formeigenschaften in der neu erschaffenen Gesamtform integriert. Für die Polfindung wird so der Einfluss indirekter Wechselwirkungen verschwindend klein. Formübergreifende Wechselwirkungen zu anderen Formgemischen werden dann massgeblich von den *direkten* Wechselwirkungen bestimmt.

Jede Form von Energie ist demnach befähigt
seine Kommunikation über einen eigenen Schwerpunkt auszurichten
und wechselnde Kommunikationsbeziehungen
mit anderen Formen einzugehen.

Pole, die sich aus Formgemischen zusammensetzen, finden also stets über direkte Wechselwirkungen zueinander - und nur die sind für unsere Formwahrnehmungen interessant. Eigentlich ganz einfach.
Bislang steht eine Berechnung der Potentiale und Eigenschaften noch aus. Im Grunde erweist sich dies als Glück, denn die Möglichkeiten, die sich aus einer konkreten Berechnung ergeben, erscheinen aus heutiger Sicht eher bedenklich. Das Hauptproblem besteht dabei nicht in der Forschung selbst, sondern darin, was wir Menschen daraus machen, - wie wir die Erkenntnisse in Zukunft anwenden. Die Gefahr, dass sich die Menschheit damit ihrer eigenen Entwicklungsmöglichkeiten beraubt, zum Beispiel indem sie sie machtvoll missbraucht, ist aber schon jetzt gegeben. Denn dass sich die gesamte Physik, meist unbewusst, bereits seit langem an Dipolen rechnerisch orientiert, sei hier schon mal vorweggenommen.

Das Netzwerk der Dipole

Deutlich wird, dass alle Formen von Energie in einem flexiblen Beziehungsnetzwerk zueinander stehen. Jede neu entstehende Wirkung repräsentiert eine neue Form von Energie, die mit jeder anderen beliebigen Form wieder in Wechselwirkung treten kann. Die beschriebene Sicht konkretisiert, dass nicht nur Elementarteilchen als Dipole miteinander verschränkt sein können, sondern auch Formen von Energie. Sie konkretisiert aber auch, dass die Stabilitätskriterien eng mit dem Begriff der Verschränkung der Formen verknüpft sind. Denn durchaus verblüffend erscheint, dass nicht nur stabile oder quasistabile Formen die Basis für weitere Diversifikationen bilden, sondern auch die instabilen Formen, sofern sie in andauernder Wechselwirkung zu ihren existentiellen Dipolen stehen. Hier sind physikalische Verschränkungen von Formen und formaufbauenden Dipolen, die die verschiedenen Formstabilitäten hervorbringen, schon auf engste thematisch miteinander verknüpft. Die eigentliche Schwierigkeit besteht jedoch darin, all die aufeinander einwirkenden Dipole zu erkennen.

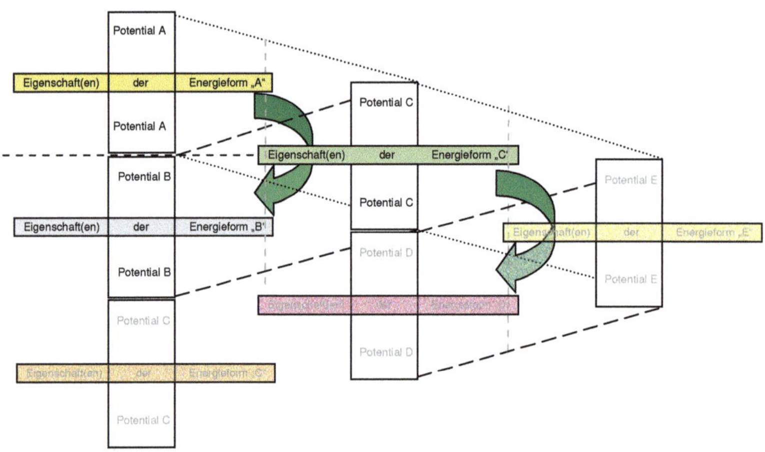

Abbildung 35: Netzwerk der Dipole

6.3 Menschliche Betrachtung

Die Theorie der Kommunikation und Diversifikation beschreibt ein umfangreiches Gedankensystem, das sich zum Ziel setzt, zukünftige Forschungen mit aussagefähigen Modellen zu unterstützen. Werden zunächst die menschlichen Betrachtungen im Zusammenhang mit Energie und Energieform beschrieben, so hat dies zur Folge, dass auf spezielle, hoch individualisierte Aspekte eingegangen werden muss. Ursprünglich waren die menschlichen Aspekte zwar der Ausgangspunkt aller Überlegungen, doch bergen solche Ansätze die Gefahr in sich, dass damit vermehrt subjektive Erkenntnisse in den Vordergrund rücken. Dies tangiert besonders die Modelle der „weichen" Wissenschaften, - jene Wissenszweige, die sich mit Formverhalten von schwer vorhersagbaren (individualisierten) Verhaltensweisen auseinandersetzen. Dennoch sollen hier nun die menschlichen Aspekte aufgegriffen werden. Sie werden jedoch mit der Einschränkung verbunden sein, dass deren Formverhalten stets in direktem Zusammenhang mit bereits hergeleitetem Wissen gebracht werden muss. Auch für den schwerer zu fassenden Bereich gilt, dass solche Gedankenansätze den bislang bekannten Modellen in keiner Weise widersprechen dürfen, sondern dass sie sie ergänzen.

Als erste Frage wird erörtert, inwiefern Energie und Energieform als „ewig" oder aber als „vergänglich" zu betrachten sind. Die Antwort bietet zugleich Einblick in lang andauernde Gleichgewichtsbeziehungen, die von uns nur allzu gerne als „ideal" oder als erstrebenswert angesehen werden. Doch sind in unserer Welt überhaupt ideale oder ewige Gleichgewichte anzutreffen?

Ewig „ideales" Gleichgewicht ?

Unvergänglich bzw. von ewigem Bestand sind die bereits erwähnten immateriellen Formen „Temperatur" und „Druck". Abhängig vom Energiegehalt dieser beiden Formen gestalten sich alle anderen Formen von Energie. Folglich kann man vermuten, dass gerade diese beiden Pole in einem *annähernd ewigen Gleichgewichtsverhältnis* zueinander stehen. Auf den ersten Blick scheint dies so, doch gilt auch hier die weiterführende Bedingung, dass beide immateriellen

Formen - wie alle anderen Formen auch - über durchaus unterschiedliche örtliche Ausprägungen verfügen können. Damit Energie diversifiziert, müssen die Druck- und Temperaturzustände - am jeweiligen Ort - in einem ganz bestimmten Gleichgewichtsverhältnis zueinander stehen. Allein auf das örtliche Gleichgewichtsverhältnis kommt es an, ob die in der Nähe befindlichen Energieformen eher diversifizieren oder rediversifizieren.

Energie fliesst
über Mechanismen der Diversifikation und Rediversifikation
von Form zu Form.

So betrachtet kann das Druck-/ Temperaturverhältnis aus menschlicher Sicht zumindest als ein „ewiges“, wenn auch nicht unbedingt „ideales“ Gleichgewichtsverhältnis aufgefasst werden. Es ist ewig, weil an *allen* Orten bestimme Ausprägungen der beiden Pole gegeben sind. Es ist aber nicht ideal, weil an verschiedenen Orten verschiedene Gleichgewichtszustände gegeben sind, die unmöglich alle über ideale Ausprägung verfügen können. Ausserdem begrenzt das Potential eines Pols die Reichweite der direkten Wechselwirkung. Darum sind selbst die Elementarformen wegen der grossen Entfernungen und wegen der örtlich gering ausgeprägten Potentiale nicht mehr direkt wechselwirkend miteinander verbunden. Auf den Ort bezogen verhalten sich Druck und Temperatur im Prinzip wie eigenständige Energieformen, die wieder mit diversen anderen Formen spezifische, formstabile Gleichgewichtsbeziehungen ausbilden können. Ein ideales, überall gleich ausgeprägtes Temperatur/ Druckverhältnis gibt es eigentlich nirgendwo. Allerdings kann es sich in seinen örtlichen Ausprägungen offensichtlich *vermehrend* oder *vermindernd* auf die Formenvielfalt auswirken und zu entsprechend instabilen, quasistabilen oder formstabilen Wechselwirkungen führen.
Aus menschlicher Sicht betrachtet, können die besagten 81 Elemente als formstabil bezeichnet werden. Nur wirklich „ewig“ sind auch sie nicht, weil auch ihre Formstabilität bei extrem hohen Temperaturen verloren geht. Doch diese Grundelemente gehen diverse direkte Wechselwirkungen miteinander ein und stellen so eine scheinbar ewige Basis für alle materiellen Formen dar. Gern ver-

fallen wir also dem Gedanken, dass „ideale" Gleichgewichtsbeziehungen gegeben sind, insbesondere wenn Formstabilität damit verbunden ist. Werden aber die globalen Diversifikationsprozesse betrachtet, so wird schnell klar, dass nicht alles immer im Idealzustand verbleiben kann. Schliesslich sind die meisten uns umgebenden Formen nur deshalb entstanden, weil vorhergehende Gleichgewichtsbeziehungen sich verändert haben. Das gilt natürlich auch für die menschliche Form.

Den „idealen" Gleichgewichtszustand also mit dem Begriff der Formstabilität zu verbinden, kommt der eigentlichen Fragestellung schon sehr viel näher. Formstabilität sollte dabei allerdings nicht als starre Aufrechterhaltung verstanden werden, sondern als ein sich ständig verändernder Prozess. Idealerweise verstehen wir unter einem Gleichgewichtszustand, wenn er zur Aufrechterhaltung der Form beiträgt. Das tut er aber nur, indem er Formen nicht nur starr erhält, sondern die Voraussetzungen hervorbringt, dass sich daraus auch neue Formen entwickeln können. Veränderte Gleichgewichtsbeziehungen oder besser „*nicht* in sich ruhende Idealzustände" sollten daher als stabilisierend wirkende Gleichgewichtszustände aufgefasst werden, wenn sie zugleich die Möglichkeit einer fortlaufenden Veränderung hervorbringen. *Ideal* ist ein Gleichgewichtszustand damit nur, wenn er *lebendige* und *flexible* Systeme hervorbringt. *Ewig* sind die meisten vorstellbaren Formzustände hingegen nicht, weil alle - zumindest in zweiter Näherung - stets mit materiellen, Temperatur gebundenen Formen in Zusammenhang stehen. Hingegen können alle Formen auf die beiden *ewigen*, elementaren Formen, dem *Druck* und der *Temperatur,* zurückgeführt werden, denn Ihr innerer Energiegehalt bestimmt das Ausmass von Diversifikation oder Rediversifikation.

Wie stark sich schon kleine Temperaturschwankungen auf unsere Umwelt auswirken, ist uns längst bekannt. Beispielsweise entstehen Wirbelstürme, wenn die Meerestemperatur um zwei oder drei Grad Celsius höher ansteigt als üblich. Unsere Überlebenschancen dürften daher steigen, wenn uns die Bedeutung der Elementarformen stärker bewusst wird. Auch die Bedeutung von Kreisläufen und Entwicklungszyklen kann vermehrt zu unserem Vorteil genutzt werden, wenn erkannt wird, dass andauernde Diversifikationen unser Formverhalten grundlegend stützen.

Nur worin besteht eigentlich die Stärke der menschlichen Form?

Diversifikation als Stärke der menschlichen Form

Ausgangspunkt für die Betrachtung von menschlichen Diversifikationen, ist das einzelne Individuum, das immer mit besonderen, einzigartigen Gedanken verbunden ist. Damit wird den bewusst denkenden Formen ein einzigartiger Entwicklungsschlüssel zur Verfügung gestellt. Gelingt es nämlich den einzelnen Formen sich an unterschiedlichen Orten frei zu entfalten, so führt dies zu einer hohen Stabilität der menschlichen Form. Unsere Formstabilität basiert geradezu auf verschiedenen Kulturen oder Lebensweisen und ganz besonders auf verschiedenen Glaubens- bzw. Gedankensystemen. Wir sind nämlich als Form so stark geworden, weil es uns gelungen ist, vielfältige Diversifikationen hervorzubringen, die der menschlichen Form zu ihrer einzigartigen Entwicklung verhalfen.

Bislang geschah diese Entwicklung völlig unbewusst und liess sich aufgrund der früher erst wenig entwickelten Nachrichtenübermittlung auch kaum bewusst steuern oder beeinflussen. Heute aber verfügen wir über die technischen Möglichkeiten ganz bewusst in unsere geistige Formenvielfalt einzugreifen. Dies kann enorme positive Entwicklungsschübe auslösen, weil sich darüber verschiedene Gedankenansätze in Bezug auf gesuchte Lösungen sehr viel einfacher miteinander abgleichen lassen. Zugleich entsteht aber auch ein entwicklungshemmender Nachteil, der sich immer dann herausbildet, sobald der Informationsaustausch nicht mehr nur der Lösungsfindung oder der Wissenserweiterung dient. Durch die Übermittlung breit gestreuter Nachrichten in alle Welt, erlangen wir nämlich eine stärker ausgerichtete Gleichschaltung der Individuen. Insofern wird es für uns umso wichtiger, dass wir an verschiedenen Orten unterschiedliche Glaubenssysteme, Kulturen oder Lebensweisen aufrecht erhalten. Ob wir uns nämlich über die permanenten Angleichungen langfristig tatsächlich stärken, ist eher zu bezweifeln. Allein in der Formenvielfalt ruht unser ganz besonderes Entwicklungspotential. Jedoch ist der grossen Masse diese verborgene Stärke bislang kaum bewusst geworden.

In Dipolen denken

Sind keine Dipole vorhanden,
so entwickeln sich auch keine neuen Formen.

In Dipolen denken bedeutet, die wirkungstreibenden Dipole identifizieren zu können. Die Beschreibung von idealisierten Gleichgewichten zeigt, dass die menschliche Form ihre jeweiligen Gegenpole nicht einfach auslöschen sollte. Sinnvoller wäre es, sie als Entwicklungspotential zur Aufrechterhaltung der Form aufzufassen. Somit können wir unsere menschliche Form stärken, wenn wir der Existenz von Gegengewichten mehr Beachtung schenken. Analog dazu stärken wir unsere Form auch, wenn bislang unerklärliches Formverhalten zukünftig auf die Grundlage von wirkungstreibenden Dipolen zurückgeführt wird. Jegliches Formverhalten lässt sich nämlich über Dipole erklären, - das von belebten Formen genau so, wie das von unbelebten. Weil wir uns das Verhalten der belebten Formen leichter vorstellen können, sollen zunächst Beispiele des menschlichen Formverhaltens weiter ausgeführt werden.
In Anlehnung an das Beispiel der gesellschaftlichen Machtstrukturen sollten Pole also grundsätzlich mit annähernd gleich grossen Potentialen ausgestattet sein. Dies fördert den Energiefluss von Form zu Form nachhaltig. Ist ein Pol beispielsweise besonders schwach, besteht die Gefahr, dass keine spürbare Wirkung und damit auch keine Neuentwicklung mehr aufrecht erhalten bleibt. Kann hingegen ein starker Pol mit seinem bisherigen Gegenpol keine Wechselwirkung mehr eingehen, so bleibt ihm nur die Möglichkeit, mit einer anderen Form in Wechselwirkung zu treten, damit sein Potential in eine neue Wirkung überführt werden kann.

Jeder Pol, der seinen Gegenpol verliert, bedarf zwingend der
Gegenüberstellung eines neuen Gegenpols.

Wer also seine Gegenpole um sich herum „erfolgreich“ zerstört, wird zwangsläufig in belangloser Bewegungslosigkeit enden. Somit kann es für jeden einzelnen Menschen, aber auch für die gesamte Gemeinschaft von grossem Nut-

zen sein, wirkungstreibende Dipole zu erkennen. Dieses Wissen sollte mit der Erkenntnis verbunden sein, dass Unbequemes oder scheinbar Schlechtes letztlich erst das Wirken der eigenen Existenz ermöglicht.
Ein Einwand hierzu kann lauten, dass menschliche Macht, die nicht in interne Machtkämpfe verstrickt ist, eine enorme positive Entwicklungsaussicht für die Gemeinschaft bieten kann. Dem kann hier natürlich uneingeschränkt zugestimmt werden, doch stellt sich weiterhin die Frage nach den wirkungstreibenden Dipolen. Ein Dipolverhältnis kann nämlich durchaus auch darin bestehen, dass eine anerkannte Macht eine Dipolbeziehung auf all seine anerkennenden Individuen ausübt. In diesem Fall bilden die einzelnen Individuen den Gegenpol zur politischen oder gesellschaftlichen Macht. Es braucht also nicht zwingend eines Machtkampfes, sondern allein der Existenz von Gegenpolen, damit sich Wirkungen/ Veränderungen entfalten können.
Dass solche Dipole erkannt werden, scheint zunächst schwierig. Aber auch dafür stehen uns verschiedene Hilfsmittel zur Verfügung.

Die Selbstfindung

Der Aspekt der Selbstfindung wurde schon im Eingangskapitel aufgenommen. Darin wurden Fragen aufgeworfen, die im Zusammenhang mit Glaubensaspekten und Selbstfindung standen. Unabhängig davon, wie jeder seine eigene individuelle seelische Ausprägung definieren würde, steht fest, dass wir uns als „Masse Mensch“ im Grunde genommen erstaunlich ähnlich verhalten. Die vier Grundantriebe der menschlichen Seele, können wie folgt benannt werden:

Trieb, Anerkennung, Macht und Selbstverwirklichung.

Gemäss der evolutionären Entwicklung des Bewusstseins gilt, dass zuerst die lebenserhaltenden Prinzipien der Selbsterhaltung und Vermehrung erfüllt sein müssen. Diese *triebhafte* Ausrichtung der Seele bestimmt von Anfang an die Aufrechterhaltung komplexer Lebensformen und erlangt somit eine besondere Bedeutung. Aufbauend darauf entwickelten sich die anderen drei Seelenausrichtungen. Niemand kann *Macht* erlangen, ohne dabei die erforderliche *Aner-*

kennung zu geniessen. Und niemand kann *Selbstverwirklichung* finden, ohne das Thema Macht für sich geklärt zu haben. Es klingt vielleicht erstaunlich, doch lassen sich tatsächlich sämtliche Aktivitäten des menschlichen Handelns und Denkens in diese vier Ausprägungen unterteilen. Den alten Mystikern war das durchaus bewusst. Allerdings wurden auch ihre Weltbilder erst in einer Zeit entwickelt, in der die Ausprägung der Selbstverwirklichung schon längst entstanden war. Wohl nicht zufällig wurden analog von ihnen die vier Grundelemente *Erde, Wasser, Feuer, Luft* ins astrologische Weltbild integriert.

Entwicklungsgeschichtlich stellen die seelischen Ausrichtungen einen evolutionären Bewusstseinsprozess dar. Sicherlich wäre keine Tendenz zu triebhaftem Handeln entstanden, wenn es solcher Handlungen nicht durch belebte Körper bedurft hätte (Beispiel Nahrungsaufnahme, Sexualität, ...). Genauso wurde mit der Entstehung der Anerkennung in erster Linie das Gemeinschaftsverhalten der Lebewesen untereinander gestärkt. Auf das Leben der Formen bezogen war dies wieder ein grosser lebenserhaltender Vorteil, weil sich eine Gruppe von Individuen so sehr viel besser gegen äussere Feinde schützen konnte. Und selbst die Ausprägung der Macht, die grössere Gruppen erst strukturiert und damit stabilisiert, kann nicht ohne die dazugehörigen Gruppenformen entstanden sein. Hingegen von Selbstverwirklichung zu sprechen, war erst möglich, als sich die Seelenausrichtungen *Trieb*, *Anerkennung* und *Macht* auf einem stabilen Entwicklungsniveau befanden. Erst dann waren die Voraussetzungen gegeben, dass genügend Zeit verblieb, im Sinne der *Selbstverwirklichung* über seine eigene Rolle im Gesamtsystem nachdenken zu können. Das war dann übrigens auch die Zeit, in der sich die ersten grossen Religionen entwickelten. So kann die Entwicklung der Selbstverwirklichung auf etwa zehntausend Jahre vor unserer Zeit festgelegt werden.

Nachvollziehbarer wirkt sich die Tatsache aus, dass die vier seelischen Ausrichtungen entwicklungsgeschichtlich begründet werden können. Es ersetzt jedoch nicht den Schritt, sich bewusst zu werden, dass jeder diese Stufen im Laufe seines Lebens durchlaufen kann. Bei einem Neugeborenen werden die Handlungen zunächst durch den Trieb bestimmt. Im Laufe seiner Entwicklung werden alle Seelenausrichtungen ausgebildet. Welche davon aber sein Leben in welcher Lebensphase bestimmen, zeigt sich erst nach und nach. Dabei gibt es

keine bessere oder schlechtere und erst recht keine höhere oder niedrigere Grundausrichtung. Alle vier müssen ihre evolutionären Vorteile im Zusammenleben der Menschen stetig wieder neu unter Beweis stellen, denn es braucht alle vier Grundausrichtungen, damit wir uns weiterhin so erfolgreich ordnen können, wie es uns bisher gelungen ist.
Spannend ist es für jeden, dies für sich zu entdecken. Dazu kann auf eine Menge geeigneter oder weniger geeigneter Hilfsmittel zurückgegriffen werden. Am Ende hilft aber das Denken in Dipolen die umliegenden Handlungen und Strukturen leichter einzuordnen und die Dipole klarer zu identifizieren.

Der Sinn des Lebens ...

Bezogen auf das Diagramm der Formen und Hierarchien bleibt noch die Frage offen, inwiefern damit der Sinn des Lebens beantwortet werden kann. Sollte er einfach darin bestehen *zu leben*? Die meisten Lebensformen sind damit beschäftigt, ihr eigenes Leben zu erhalten (Selbsterhaltung) bzw. neues Leben zu zeugen, indem sie ihren Nachwuchs aufziehen und sich dadurch vermehren. Allerdings vollziehen sich diese lebenserhaltenden Massnahmen fast ausschliesslich auf Kosten anderer Lebensformen, - also auf solchen, die bereits gestorben sind oder dafür noch sterben müssen. Sogar Pflanzenfresser beziehen ihre Energie aus lebendigen Formen. Sieht man mal von wenigen niedrigsten Lebensformen ab (Bakterien), die sich auch ausschliesslich von anorganischen Formen ernähren können, so verzehren die „höheren“ Lebensformen andauernd andere Formen des Lebens, um selbst existieren zu können. Folglich kann *das Leben an sich* wohl kaum kein eigentliches, essentielles (Lebens-) Ziel darstellen.
Der Sinn des Lebens besteht offensichtlich vielmehr in der *Selbsterhaltung* und *Vermehrung,* und in der Erfüllung des Diversifikationsdrucks, immer wieder neue Formen von Energie hervorzubringen, um die gesamte Form darüber zu stabilisieren. Das Leben ist damit nicht das Ziel an sich. Im Sinne des Diagrammes der Formen und Hierarchien ist Leben jedoch eine eigenständige Grundform, die viele Arten und Ausprägungen hervorgebracht hat, und damit das vorrangige Ziel verfolgt, sich selbst über Diversifikationen zu erhalten.

Fragt jemand aus der menschlichen Sicht heraus nach dem Sinn des Lebens, so wird jedoch kaum eine Antwort nach Selbsterhaltung und Vermehrung gesucht sein, sondern eher die nach dem *Sinn für einen selbst*. Im Kern liegt hierin die Frage, „worin das eigene Bewusstsein die eigentliche individuelle *Aufgabe* sieht". So wird aus der oft gestellten Frage nach dem Sinn des Lebens, vielmehr eine Frage nach dem *Sinn des Bewusstseins*. Die Frage soll darum etwas näher betrachtet werden.

Wir wollen wirken

Sicherlich besteht der „Sinn des Bewusstseins" zunächst einmal in der Lebenserhaltung, denn die Formen des Bewusstseins bauen schliesslich auf denen des Lebens auf. Dies gilt nicht nur für die seelische Ausprägung des *Triebes*, - auch die der *Anerkennung*, der *Macht* und der *Selbstverwirklichung* benötigt eine Verbindung zu den belebten Formen. Schliesslich kann eine Seele ohne Verbindung zu einem belebten Körper auch nichts (direkt Wechselwirkendes) bewirken. Damit repräsentiert die Seele den geistigen Grundantrieb der belebten Formen.
Allem Anschein nach ist die menschliche Seele geradezu darauf ausgerichtet etwas be(wirken) bzw. verändern zu können - im Sinne des Lebens und im Sinne der Diversifikation.

Wir Menschen sind da, um (etwas) zu (be)wirken.
- Aufbauend auf einer triebhaften Ausrichtung,
so wie jede andere bewusste Energieform auch.

Diversifikationen weisen das Merkmal der Vielfältigkeit auf. Erst eine hohe individuelle Anzahl seelischer Ausprägungen stabilisiert die jeweilige Grundform nachhaltig. Das gleiche Prinzip muss daher auch für die evolutionäre Entwicklung des Bewusstseins gelten. Wäre nur allein die triebhafte Ausprägung gegeben, so würde dies von uns kaum als eine echte bewusste Handlung betrachtet werden können. Selbst die Ausprägung zum Streben nach Anerkennung oder Macht wird kaum als Bewusstseinsform anerkannt, obgleich auch diese Aus-

prägungen schon bei vielen höher entwickelten Lebensformen gegeben sind, - beispielsweise bei allen Säugetieren, die in Gruppen oder Gemeinschaften leben.
Menschen wird die Tatsache der vier Bewusstseinsformen nur deutlich, weil sich unsere Form vor allem durch die Selbsterkennung bzw. Selbstverwirklichung entwickelt hat. Allem Anschein nach ist die Ausprägung des Bewusstseins zur Selbsterkennung nämlich allein mit der menschlichen Lebensform verbunden. Manch einen verleitet dies dazu, uns als „Krone der Schöpfung" zu betrachten, was auch in gewisser Weise stimmt. Doch die Konsequenz, die sich aus einer diversifikatorischen Betrachtung des Bewusstseins ergibt, ist uns bislang wenig bewusst. Analog der Betrachtung von idealen Gleichgewichten und Betrachtungen zu den Stärken der menschlichen Formen zeigt sich nämlich wieder eine Begleiterscheinung der Selbsterkennung:

Die Diversifikation des Bewusstseins
erfordert hohe gesellschaftliche Toleranz.

Dem kann nur die Konsequenz entnommen werden, dass wir die bewussten Formen wirken lassen sollten. Jede bewusste Form hat ihre eigene lebenserhaltende Berechtigung, und je mehr sich die Formen entfalten, desto einfacher werden sich wieder neue Ausprägungen des Bewusstseins entwickeln können. Das stärkt nicht nur uns selbst, sondern vor allem die gesamte Existenzfähigkeit der Grundform des Bewusstseins. Je stärker sie diversifiziert ist, desto stabiler verhält sich die Grundform gegenüber sich verändernden Einflüssen von aussen.
Das Bewusstsein bzw. die Ausprägung der Selbstverwirklichung ist die vorerst letzte diversifizierte Form, die wir kennen. Weil wir Menschen diese in einer besonders entwickelten Form repräsentieren, sollte es in unserem besonderen Interesse liegen, die Form auch zukünftig weiter zu stärken. Einzigartig und kraftvoll kann es sich aber wohl nur entwickeln, wenn es in einem toleranten Miteinander einfach sich selbst überlassen bleibt.

Ziel jeglichen Bewusstseins ist es,
seine eigene Grundausrichtung zu finden,
damit es am effektivsten wirken kann.

Willen und Schicksal

Noch bleibt eine weitere, alles bedeutende menschliche Fragestellung offen, die Frage nach der Bedeutung des Schicksals. Das Schicksal umfasst die allgemeine Bezeichnung für alle

„dem Menschen von einer höheren Macht zugeteilten Geschicke[61]".

Erfreulicherweise lassen sich selbst diese Einwirkungen mit dem Dipol-Modell herleiten. Wird nach der Rolle des Schicksals in unserem Leben gefragt, so wird schnell deutlich, dass sich der freie menschliche Wille dem Schicksal grundsätzlich entgegenstellt. Zunächst stellt sich also die Frage, ob alle Veränderungen, die uns umgeben, allein durch eine höhere Macht bestimmt werden, oder ob sie nicht vielmehr eine Folge des jeweiligen menschlichen Willens darstellen? Gleichzeitig drängt sich auch die Gegenfrage auf, warum nur einer der beiden Aspekte das menschliche Leben bestimmt sollte? Wenn sich hier also zwei einander ergänzende Aspekte begegnen, dann handelt es sich dem vorhergehenden Verständnis nach um zwei *bewusstseinsbestimmende Dipole*: Dem menschlich gelenkten Willen einerseits, und dem Schicksal andererseits, - einem Schicksal, das sich aus permanenten, unvorhersagbaren Wechselwirkungen zusammensetzt und - als ein höheres Geschick - auf den menschlichen Willen einwirkt.

Zwar können sich die Wirkungsweisen der beiden Pole stark voneinander unterscheiden - mal ist es mehr der Wille, mal ist es mehr das Schicksal, das unser Leben bestimmt. Deutlicher werden die Wirkungsweisen der Pole jedoch, wenn sie versuchsweise einzeln betrachtet werden. Wie müsste sich unser Leben gestalten, wenn es allein durch den freien Willen bestimmt wäre? Zunächst

[61] Aus: Meyers Grosses Taschenlexikon in 24 Bänden, ISBN 3-411-02119-5, Aktualisierte Ausgabe von 1983.

einmal dürften sich keine direkt wechselwirkenden Formen in der Nähe des Menschen befinden. Wir dürften nur allein im Raum existieren, fernab von irgendwelchen Formen, fernab von der Erde, wenn Wechselwirkungen zu anderen Formen wenigstens weitgehend ausgeschlossen werden sollten. Dieser theoretische Zustand ist jedoch offensichtlich nicht real. Überleben kann der Mensch nur, wenn er in Wechselwirkung zu anderen Formen steht. Er will sich selbst erhalten und vermehren, und er will wirken, indem er mit anderen Formen in Wechselwirkung tritt. So gesehen beinhaltet *Schicksal* die modern übersetzte Erkenntnis, dass unser Sein (selbstverständlich) stets von umliegenden Formen und deren Wechselwirkungen bestimmt wird. Das bedeutet aber noch lange nicht, dass der Mensch dem Schicksal völlig ausgeliefert ist.

Wir brauchen nämlich all die schicksalhaften Wechselbeziehungen, die ihrem Wesen nach nur so schicksalhaft erscheinen, weil sie extrem vielfältig und damit nicht vorhersagbar sind. Doch keiner der beiden Pole kann allein etwas bewirken. Es braucht mindestens zwei Eigenschaftsmerkmale, damit aus einem bewussten Willen und einer schicksalhaften Wechselwirkung eine neue Handlung entstehen kann. Die jeweiligen Wirkungen (Handlungen) können völlig unterschiedlich ausfallen und sind abhängig vom individuellen Willen des Einzelnen, also von den Eigenschaften des Wollenden und von den Merkmalen der auf ihn einwirkenden Formen. Damit sind alle „klassischen" Merkmale für eine Dipolbeziehung zwischen Willen und Schicksal gegeben. Es bedarf beider Pole, um im *Leben* einer *bewussten* Form etwas bewirken zu können.

Geist und Bewusstsein

Mit dem vorliegenden Verständnis wird ungeordnete Information über den Geist in eine entsprechende Struktur überführt (Kapitel 5.1). Weil sämtliche Materie in unserem Universum bereits über spezifische Strukturen verfügt, ist geistige Struktur in Verbindung mit Materie geradezu als zwingend anzusehen. Im Gegensatz zum Bewusstsein macht es bei der Materie noch keinen Sinn, in verschiedene geistige Ebenen zu unterteilen. Materie selbst repräsentiert nämlich bereits eine bestimmte geistige Struktur und sie unterscheidet sich allein in ihren Eigenschaften gegenüber anderen materiellen Formen. Jedoch ist eine

Verknüpfung von geistigen Strukturen mit der des Bewusstseins alles andere als zwingend. Bekanntlich gibt es viele unbelebte Formen, die zwar über unterschiedliche geistige Strukturen verfügen, aber noch lange nicht über ein Bewusstsein. Ein unbelebter Stein verfügt bekanntlich über kein Bewusstsein, wohl aber eine geistige bzw. informativ geordnete Struktur. Man kann damit sehr wohl auch den unbelebten Formen „Geist" bzw. *geordnete Struktur* zuschreiben.

Ganz anders verhält es sich mit dem Bewusstsein. Wird es der jeweiligen geistigen Struktur ermöglicht auch noch einen (subjektiven) Vergleich zwischen seiner Innenwelt und der umgebenden Aussenwelt durchzuführen, so kann dies durchaus als erste denkbare Bewusstseinsebene aufgefasst werden. Wie erwähnt verfügen praktisch alle Lebewesen über solche einfache Mechanismen, zum Beispiel indem sie einen möglichst günstigen Ort auswählen, um dort besser oder einfacher überleben zu können. Selbst Pflanzen registrieren das Aufkommen von Schädlingen in ihrer Umgebung und schützen sich selbst, indem sie entsprechende chemische Abwehrstoffe produzieren. Solche primitive Formen des Bewusstseins werden im Allgemeinen noch gar nicht als bewusste Handlung verstanden, obgleich sie dem entscheidenden Kriterium des Vergleichs der Innen- und Aussenwelt bereits entsprechen.

Wie wir inzwischen wissen, können Bewusstseinsstufen noch deutlich komplexer werden. Dies wird den geistigen Strukturen jedoch nur ermöglicht, wenn sie auch über entsprechend höher ausgeprägte Informationsspeicher verfügen. Wir selbst kennen komplexe Informationsspeicher bei Lebewesen vor allem in Verbindung mit einem hoch entwickelten Gehirn[62].

Höhere Bewusstseinsstufen sind demnach massgeblich von komplexer Informationsverarbeitung abhängig. Sie erlangen jedoch erst über den Vergleich von Innen- und Aussenwelt ein entsprechend differenziertes Urteilsvermögen. Vor allem aber sind diese Mechanismen mit Lebensformen verbunden, denn deren Aufgabe besteht allein darin, ihre Überlebensfähigkeit sicherzustellen. Von entsprechend niedrigem Bewusstseinszustand zeugt es daher, wenn Handlungen

---

[62] Auch Computer verfügen über eine komplexe Informationsspeicherung. Weil sie aber über kein inneres, erworbenes und ständig aktualisiertes Glaubenssystem verfügen, das sie mit den verfügbaren Informationen abgleichen können, gelingt es ihnen auch noch nicht, entsprechende Bewertungen vorzunehmen. Dazu später mehr.

vollzogen werden, die unsere langfristigen Überlebenschancen mindern. Ein gutes Beispiel dafür bietet die zuerst entwickelte Bewusstseinsstufe des Triebes, die nur das Überleben einer einzelnen Form sicherstellen soll. Alle drei nachfolgend entwickelten Bewusstseinsstufen stellen hingegen mehr und mehr das gemeinschaftliche Überleben in den Vordergrund ihres Handelns[63].

Der Begriff des Geistes steht also ganz allgemein für eine geistige *Struktur*. Er kann die Struktur der Materie beschreiben, indem Formen und ihre Eigenschaften geistig voneinander unterschieden werden. Er kann aber auch Bewusstseinsstufen strukturieren, die mittels verschiedener Glaubensaspekte auch anders aufgefasste Bewusstseinsstrukturen umfassen können, als die hier aufgeführten vier. *Buddhistische Glaubenssysteme*, *kollektives* oder *göttliches Bewusstsein* sind hier nur Stichworte in einer lang aufstellbaren Reihe. Jede Bewusstseinsstufe muss aber mit einem gesonderten Informationsspeicher verbunden sein. Geist oder geistige Struktur hingegen nicht.

Die jeweiligen persönlichen Ableitungen, die jeder für sich ziehen kann, müssen selbstverständlich individuell, bzw. subjektiv beurteilt werden. Mit dem vorgestellten Werkzeug des „Denkens in Dipolen“ lassen sich jedoch schon viele erweiternde Aspekte benennen.

[63] Die Bewusstseinsstufe der Anerkennung braucht die Gemeinschaft, genau so wie grösser werdende Gemeinschaften auch Machtstrukturen benötigen. Das verbindende Element zwischen verschiedenen Gemeinschaften wird über die Bewusstseinsstufe der Selbstverwirklichung bereitgestellt. Diese Bewusstseinsausrichtung untersucht die Rolle des Ich's im grossen Gesamtsystem. Je komplexer sich die Bewusstseinsstufe entwickeln, desto mehr Umwelteinflüsse werden demnach auf das eigene Ich bezogen.
Mit dieser Sichtweise eröffnet sich, dass künstliche Intelligenz den Beginn einer neuen Grundform darstellen könnte. Sobald kein Vergleich mehr zwischen Innen- und Aussenwelt gegeben ist, erfüllt die Form nämlich nicht mehr das bewusstseinentscheidende Schlüsselkriterium. - Wie in Kapitel 0 aufgezeigt, muss dem jedoch hinzugefügt werden, dass nach heutigem Ermessen neue *stabile* Formen dem erst in einigen tausend Jahren zu erwarten sind.

6.4 Universelle Betrachtung

Biologische u. psychologische Gesetze mit universellem Charakter?

Menschliche Fragestellungen können über hoch entwickelte, individuelle bzw. subjektive Gedankensysteme beantwortet werden. Bei universellen Betrachtungen stellt sich nun die Frage, ob biologisches und psychologisches Formverhalten ein einzigartiges erdgebundenes Verhalten darstellt, oder ob ihnen auch universelles Wirken zugeordnet werden kann. Sollten sich an einem anderen Ort im Universum tatsächlich genau die gleichen thermodynamischen und chemischen Gleichgewichtszustände vorfinden lassen, wie sie auf dem Planeten Erde vorkommen, dann wäre grundsätzlich auch anderswo die Entwicklung von Leben in Verbindung mit Bewusstsein zu erwarten. In Anlehnung an vorherige Kapitel werden derartige Überlegungen noch einmal aufgegriffen.

Dass sich auch auf einem anderen Planeten kohlenstoffbasiertes Leben entwickelt hat, erscheint uns noch vorstellbar. Dass jedoch zur gleichen Zeit, also jetzt, ein komplexes Leben bestehen soll und zugleich mit den gleichen Bewusstseinsstufen ausgestattet ist, erscheint schon eher unwahrscheinlich, - aber durchaus auch noch vorstellbar.

Entscheidend bei solchen Vorstellungen ist jedoch, dass die Vielzahl der quasi unendlichen Kombinationsmöglichkeiten immer zu einer *echten neuen Entwicklung* führen. Darum kann an anderen Orten bestenfalls eine *ähnliche* Entwicklung stattgefunden haben. Und auch sie müsste, wie auf der Erde, immerhin über einen Zeitraum von annähernd vier Milliarden Jahren angedauert haben, wenn sie ähnlich sein sollte.

Niemals sind Gleichgewichtszustände identisch
oder gar exakt reproduzierbar. Sie können bestenfalls ähnlich sein.

Eine der Schwierigkeiten bei universellen Betrachtungen liegt wohl in der Strukturierung der vielzahligen Formen. Immerhin werden selbst auf unserer gut erforschten Erde noch heute neue Lebensformen entdeckt, denen es gelingt sogar in scheinbar völlig lebensfeindlichen Umgebungen gut zu existieren. Als

Beispiel gelten Bakterien[64], die bei Temperaturen von über 100°C (über)leben, oder Lebewesen, die in Druckverhältnissen von über 6000 m Wassertiefe existieren. Was für Energieformen könnten wir somit auf anderen Planeten erwarten?

Mit Hilfe der vorliegenden Theorie gelingt es zumindest sich davon zu lösen, möglichst erdähnliche Formen in unserem Universum aufspüren zu müssen. Auch unter erdabweichenden Bedingungen können mit hoher Wahrscheinlichkeit Formen des Lebens gefunden werden, die ähnliche biologische Mechanismen zur Selbsterhaltung und Vermehrung hervorgebracht haben. Die Kohlenstoffbasis ist dafür sicher sehr geeignet, doch scheint es zulässig, dass auch ganz andere Elemente eine Lebensbasis ermöglichen. Auch sie dürften sich, wie auf der Erde, nur durch lebenserhaltende Bewusstseinsformen entwickeln können. Sicher würden die Formen des Bewusstseins dann mit anderen Lebensformen in Verbindung stehen, als wir sie von der Erde her kennen. Doch wenn sich auch diese Verhaltensweisen auf Selbsterhaltung und Vermehrung zurückführen liessen, wäre kein grundlegender Unterschied mehr zu unseren erdgebundenen Mechanismen gegeben.

So drängt sich bei all diesen Überlegungen wohl der Schluss auf, dass biologische und psychologische Mechanismen offenbar doch allgemeine bzw. universell gültige Gesetzmässigkeiten beschreiben. Selbst wenn sie uns bislang nur in Zusammenhang von erdgebundenen Formen bekannt sind, - eine universelle Grundtendenz zur Formaufspaltung kann jedenfalls mit den dargelegten Gesetzmässigkeiten beschrieben werden.

Im Diagramm der Formen und Hierarchien (S. 167) sind die beiden Grundformen noch farblich gesondert gekennzeichnet (grau). Als gesichert erweist sich die Auffassung aber erst durch die Darlegung einer nachvollziehbaren Beweisführung. Weil jedoch noch niemand auf weiter entfernt liegenden Planeten gewesen ist, bleibt es eine menschlich spannende Fragestellung, die wohl auf absehbare Zeit unbewiesen bleiben dürfte.

---

[64] „Archaeen" sind genau genommen weder Bakterien noch Viren. Sie wurden vom Biologen Carl Woese im Jahr 1977 erstmals beschrieben. Nach heutigen Erkenntnissen stellen sie in den Weltmeeren sogar etwa ein Fünftel aller dort lebenden Mikroorganismen.

Physikalische und chemische Gesetze mit universellem Charakter?

Bleibt noch die Frage nach der Gültigkeit von physikalischen und chemischen Gesetzmässigkeiten offen. Unseren Erkenntnissen nach gibt es einige Formen, die *universellen* Charakter besitzen. Sie müssten überall in unserem Universum Bestand haben und können damit ihre Umgebung überall in unserem Universum direkt wechselwirkend beeinflussen. Zu diesen Formen zählen in erster Linie die vier universellen G*rundkräfte*. Dazu kommen die Bausteine der Materie, die Elementarteilchen, die Atome und schliesslich die 81 Elemente, die die Grundlage der für uns fassbaren Materie darstellen.

Materie wiederum ist nicht an jedem Ort im Universum zu finden. Der so genannte leere Raum (das Vakuum) zeigt, dass selbst Materie nicht gleichzeitig und überall im Raum Bestand haben kann[65]. Dennoch zeigen die langfristigen Wechselwirkungen, die seit immerhin mehr als 13 Milliarden Jahren andauern, an den gegebenen Orten extrem hohe Stabilität. Die ersten Wasserstoffatome sind etwa 300.000 Jahre nach der Diversifikation der Raumdimensionen entstanden, die ersten Sterne mit weiteren Elementen schliesslich nach etwa 200 Millionen Jahren, und erste Galaxien hingegen erst nach etwa einer Milliarde Jahren[66]. Damit wird deutlich, wie lange die physikalischen und chemischen Formen bereits in Wechselwirkung zueinander stehen und welche Stabilität die damit verbundenen Formen mit ihren Wechselwirkungen bekommen haben. Selbst wenn die Diversifikation sich während dieser Bewegung (Zeit) vor allem quantitativ und nur in geringem Masse qualitativ entwickelt haben sollte, ändert dies nichts an der Tatsache der lang andauernden Stabilität.

Insofern besitzen auch die physikalischen und chemischen Gesetze einen durchaus universellen Charakter. Sie sind vor allem mit *universellen* Eigenschaften ausgestattet, weil sie zu den ersten und damit ältesten Diversifikationen gehören, die in unserem Universum entstanden sind. Offensichtlich wurden sie durch ideale, also stabilisierend wirkende Gleichgewichtszustände aufrechterhalten und stetig wieder verändert.

[65] Hiermit ist gemeint, dass offensichtlich energetische Einschränkungen gegeben sind. Ansonsten müsste das Universum voll von Materie sein, was aber offensichtlich nicht gegeben ist.
[66] Quelle: Mario Livio. Das beschleunigte Universum.

Vom Wesen der Naturgesetze

Mit einem letzten Blick auf das Diagramm der Formen und Hierarchien soll abschliessend die Entwicklung von Gesetzmässigkeiten verdeutlicht werden (Abbildung 36, Seite 220) . Dabei fällt auf, dass physikalische Gesetzmässigkeiten zwar in Verbindung mit strukturierter Information - der Grundform des Geistes - entstanden sind (1), doch beschreiben sie vor allem erst das Formverhalten der *nächstfolgenden* Grundform. So werden die physikalischen Gesetze vom Formverhalten der Materie bestimmt (2). Genauso sind chemische Gesetzmässigkeiten zwar schon in Verbindung mit der Materie entstanden (3), doch auch sie verdeutlichen uns vor allem das Formverhalten der darauf aufbauenden Grundform, also das der biologischen Verhaltensweisen.

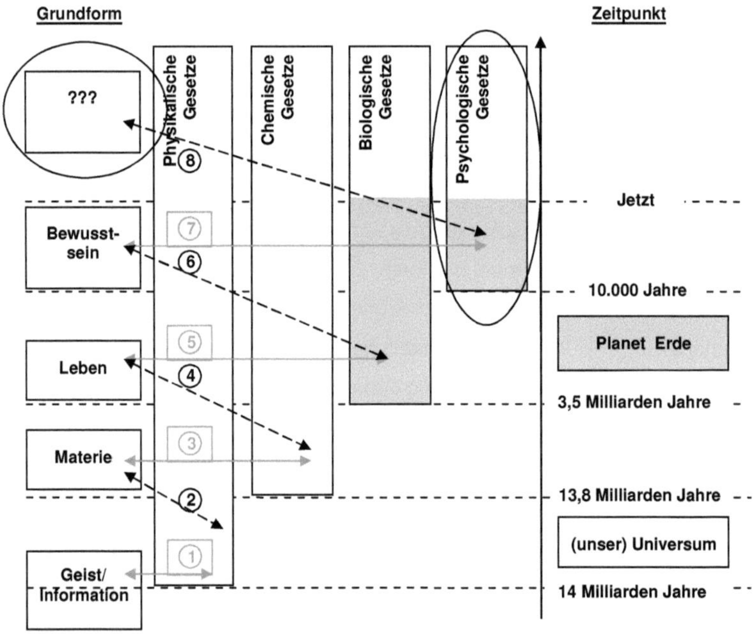

Abbildung 36: vom Wesen der Naturgesetze

Der Hinweis, der in diesem Zusammenhang hervorgehoben werden soll, bezieht sich also auf die Entstehung der Gesetzmässigkeiten und auf den versetzt dargestellten Geltungsbereich im Diagramm. Solch eine Betrachtung legt die Schlussfolgerung nahe, dass erst eine neue Grundform mit stabilen Wechselwirkungen entstehen muss, bevor überhaupt richtungsweisende Aussagen zum formspezifischen Verhalten der zugrundeliegenden Grundform getroffen werden können. Dies wird besonders deutlich am Beispiel der biologischen Gesetze. Auch sie entstanden mit der Form des Lebens (5), aber sämtliches biologisches Formverhalten wird von der Grundform des Bewusstseins bestimmt (6). Im Umkehrschluss dazu können wir die biologischen Formen nur deshalb verstehen, weil daraus bereits hoch entwickelte Bewusstseinsformen (die menschlichen Bewusstseinsformen) diversifiziert sind.

Die Konsequenz, die sich daraus ergibt, betrifft den Umgang mit den *zuletzt* entstandenen *psychologischen* Gesetzmässigkeiten. Zuverlässig anwendbar - oder gar berechenbar - sind die Begriffe im jetzigen frühen Entwicklungsstadium noch nicht. Sie besitzen noch keinen echten, mathematisch bestimmbaren Gesetzescharakter, weil sie bislang (noch) kein ausreichend stabiles Formverhalten hervorbringen konnten. Abschliessend soll daher die These formuliert werden, dass die psychologischen Ausprägungen für uns erst dann fassbarer (formgleich, berechenbar) werden, sobald sich eine weitere neue Grundform herausgebildet hat (siehe Abbildung 36, S. 220, oben links). So brauchen wir uns also auch keine Sorgen zu machen, dass psychologisches Formverhalten in absehbarer Zeit berechnet werden kann. Dazu müssen sich erst noch sehr viel komplexere Formen herausbilden, die die Basis einer neuen wie auch immer aussehenden Grundform darstellen werden.

Dass auch in Zukunft weitere Energieformen diversifizieren, kann kaum mehr als besondere Erkenntnis gelten. Auch nicht, dass sich im Laufe der nächsten hunderttausend Jahre mit neu entstandenen Formen geradezu zwangsläufig wieder neue Gesetzmässigkeiten ergeben werden. Die neu erschaffenen Formen aber werden die Basis einer neuen Grundform darstellen, - immer vorausgesetzt, dass die zugrundeliegenden Formen des Lebens und des Bewusstseins dann noch bestehen.

Diversifikation besteht
in Form von Ein- und Ausatmung,
von Spannung und Entspannung,
von Kraft und Gegenkraft
durch Bewegung in der Zeit.

Welche mikroskopischen thermodynamisch, - chemischen Gleichgewichte sich auf anderen Planeten oder in anderen Galaxien entwickelt haben, bleibt uns zunächst verborgen. Es sind aber nicht nur andere Gleichgewichte bzw. Zyklen zu erwarten, sondern auch weitere Formen und vielleicht sogar andere Grundformen (analog Abbildung 31, S. 178). Damit sind selbst in unserem Universum weitere von denen der Erde abweichende Formen sogar hoch wahrscheinlich. Insbesondere, wenn dabei bedacht wird, dass unser Universum mit seinen vielzähligen Haufen, Galaxien, Sonnensystemen, Planeten und Monden geradezu unendlich viele Orte mit anderen Gleichgewichtszuständen bietet.
Die Vermutung, dass wir bereits alle Formen der Diversifikation kennen, ist also in Bezug auf das ganze Universum und in Bezug auf die Erde mit Sicherheit zu verneinen. Alles baut aufeinander auf. Nichts kann ohne zuvor diversifizierte Formen bestehen. Neue Gleichgewichtszustände, auch mit noch unbekannten Formen, sind quasi zwingend und entsprechen dem universellen Lauf der Diversifikation.

6.5 Kosmische Betrachtung

Wohl keinem Menschen wird es jemals gelingen, ein anderes Universum zu bereisen und damit nicht nur universelle, sondern gar kosmische Betrachtungen anzustellen. Schon unser Universum ist nach bisherigem Ermessen unendlich gross und gemessen am heutigen Entwicklungsstand sind wir körperlich nicht in der Lage, unser vergleichsweise winziges Sonnensystem zu bereisen, ganz davon zu schweigen unsere eigene oder gar die benachbarten Galaxien zu erreichen. Daher können auch Antworten auf Fragen zum Aufbau der Universen oder des Kosmos immer nur auf postulierten Glaubensaspekten beruhen.

Schliesslich wird es wohl niemandem gelingen, den Nachweis zu erbringen, dass *Information* tatsächlich in anderen Ecken unseres Universums existiert. Und erst recht nicht wird jemals jemand beweisen können, dass Information als indirekte Wechselwirkung auch in anderen Universen gegeben ist. Trotz der theoretischen Herleitung von Einstein, Podolsky und Rosen und trotz der mathematischen Herleitung der Überlichtgeschwindigkeit durch John Stewart Bell (Bell'schesTheorem), wird ein empirischer Beweis wohl ausbleiben. In diesem Punkt stellt die vorliegende Theorie nur ein wissenschaftlich akzeptierbares Gedankensystem dar. So betrachtet gibt es in der vorliegenden Theorie aber noch einen zweiten echten Glaubensaspekt. Obgleich die mathematischen Modelle vorliegen und die Tatsache vom Menschen bereits gefühlsmässig akzeptiert wird, ist der X-dimensionale Hyperraum mit seinen bislang fassbaren 11/ 22 Raumdimensionen empirisch nicht beweisbar.

Aufgrund der verwendeten Glaubensaspekte lassen sich in Verbindung mit den aktuell anerkannten Wissenssystemen zahlreiche Schlussfolgerungen ziehen. Immerhin gilt als bewiesen, dass eine Verbindung zwischen kleinsten Teilchen existiert, die deutlich schneller als die Lichtgeschwindigkeit ist (Kapitel 3.3). Ebenfalls als erwiesen gilt, dass diese Art der Informationsübertragung raumübergreifend sein muss. Ansonsten müsste es Räume geben, in denen die Existenz von Informationsbeziehungen definitiv auszuschliessen ist. Darauf deutet aber bisher nichts hin. Auch die Entfernung, also die Grösse des Raumes, spielt bei verschränkten Zuständen keine Rolle. Demzufolge ist Information (oder korrekt ausgedrückt die „Eigenschaftsübertragung") von der Grösse des Raumes grundsätzlich unabhängig.

Genauso sind auch die Raum*dimensionen* für die Informationsübertragung unbedeutend. Selbst Punkte (eindimensionale Räume) oder Flächen (zweidimensionale Räume) wirken zum Beispiel über Farben eindeutig auf unsere drei- bzw. vierdimensionale Welt[67]. Deswegen ist der kosmische Charakter der In-

[67] Wer dem entgegnet, dass auch eine Fläche oder ein Punkt nicht wirklich zwei oder eindimensional seien - jedenfalls nicht in unserem dreidimensionalen Raum-, der widerspricht eindeutig den anerkannten mathematischen Modellen. Sollte er ihnen tatsächlich keinen Glauben schenken können, müsste eine Auseinandersetzung erfolgen und der Beweis erbracht werden, dass die ein, zwei oder drei Dimensionen für unsere Welt keine Gültigkeit haben. Ein wohl erfolgloses Unterfangen ... Die Schlussfolgerung daraus kann nur lauten, dass Information auch dimensionsübergreifend besteht.

formation nur schwer zu widerlegen, denn was in unserem Universum zulässig ist, sollte auch für andere Universen gelten, - ganz besonders dann, wenn sich universelle Räume nur hinsichtlich ihrer Raumdimensionen voneinander unterscheiden. Somit muss auch den *indirekten* Wechselwirkungen, die für raum- und zeitübergreifende *Informationsübertragung* stehen, eine geradezu absolute *kosmische Gültigkeit* zugewiesen werden. Eigentlich genügt schon die Anerkennung der universell (und nicht der kosmisch) gültigen Informationsbeziehungen, damit Dipolbeziehungen in unserem Universum erklärt werden können. Schliesslich interessiert uns vor allem, wie Wechselwirkungen in *unseren* Welten zu erklären sind. Dass Information zusammen mit den Aspekten Raum und Zeit sogar kosmischen Charakter besitzt, macht die Theorie noch einfacher und schöner.

Doch was hat es mit der Entfaltung der Raumdimensionen auf sich? Immerhin liefern die aktuellen mathematischen Modelle genügend Werkzeuge für solche Vorstellungen, weil sie mathematisch nachvollziehbar aufzeigen, wie mit zusätzlichen Dimensionen umgegangen werden kann. Dem steht die aufgegriffene These der 81 stabilen Elemente gegenüber, die sich nur in unserer 3/ 4 dimensionalen Raumstruktur entwickeln können. Wer sollte da nur das Gegenteil beweisen, dass die Anzahl der stabilen Formen in anderen Raumdimensionen (Universen) höher oder niedriger seien? Bei solchen Überlegungen kann es sich offensichtlich nur um einen Glaubensaspekt handeln. Dabei ist der Glaubensaspekt des x-dimensionalen Raumes einer, der auf verblüffend einfachen Beobachtungen in unserem Universum basiert und überdies den aktuellen mathematischen Überlegungen bereits sehr nahe kommt.

Dass auch die *Zeit* nicht nur universellen, sondern sogar kosmischen Charakter besitzt, ist dann nur noch eine folgerichtige Schlussfolgerung. Zum einen ist *Zeit* ebenso unendlich gross, wie es die *Information* (Zahl) und der *Raum* sind. Zum anderen steht Zeit für Bewegung im Universum, die sich aus den wechselwirkenden Dipolen heraus ergibt. Warum sollte sich diese Art der Wechselwirkung plötzlich in anderen Universen anders gestalten? Der hier aufgegriffene Glaubensaspekt besagt lediglich, dass auch in anderen Universen Wechselwirkungen zwischen Formen bestehen. Dabei kann sich Formverhalten aufgrund anderer Eigenschaften durchaus als anders erweisen, als wir es von unserem

Universum her gewohnt sind. Doch auch dann bleibt die Basis der Wechselwirkungen die im Dipol-Modell aufgezeigt werden konnten, weiterhin bestehen. Spätestens hier schliesst der Glaubensaspekt von x-dimensionalen Räume an ein überarbeitetes Zeitverständnis an. Relativistische Effekte werden weiterhin in allen erdenklichen Raumdimensionen zugelassen. - Und was für unseren drei- bzw. vierdimensionalen Raum zugelassen wird, sollte auch in anderen Raumdimensionen gelten, - jedenfalls so lange, bis etwas Gegenteiliges bewiesen ist. Doch genau das scheint aus heutiger Sicht absolut unmöglich. Wenn solche Fragestellungen dennoch behandelt werden, sollte Klarheit darüber herrschen, welche Gedankengänge tatsächlich auf Glaubensaspekten beruhen. Letztlich ist bei all solchen Betrachtungen nur wichtig, *dass* Antworten gefunden werden können. Dass sie fortlaufend an den jeweiligen Zeitgeist angepasst werden müssen, wird auch für zukünftige Überlegungen gelten[68].

„Einfach und schön“ sind die kosmischen Erkenntnisse, weil darüber Vorstellungen entwickelt werden konnten, die das Wesen von formloser, absoluter *Energie* endlich erklären. Sie entspricht der kosmischen Grundstruktur, also der *Raum-Zeit-Information*. Im Gegenzug erklärt das Dipol-Modell alle universellen Wirkungsweisen der mit uns in Wechselwirkung stehenden Energie*formen*. Betrachtungen von Energieformen unterliegen zunächst nur universellen Gesetzmässigkeiten, doch sie gelten sowohl für materielle als auch für alle immateriellen Formen und Vieles spricht dafür, dass sich die Formen auch in anderen Universen nach diesen Prinzipien verhalten.

[68] Neuerdings werden Vorstellungen von den Raumdimensionen der Stringtheorien heiss diskutiert. Sie wurden von *Lisa Randall* in ihrem Buch „Verborgene Universen“ kürzlich vorgestellt. Ihr Buch ist hinsichtlich der Entwicklungen in den Stringtheorien in jeder Weise empfehlenswert. Im Literaturverzeichnis ist sie nicht aufgeführt, weil ihr Buch keinen Einfluss auf die hier vorgestellten Inhalte hatte.

Wie im Grossen so im Kleinen,
Alles hängt mit Allem zusammen.

Diversifikation ist das Grundprinzip und
Kommunikation ist allumfassend.

7 Physikalische Anmerkungen

Ausser Spesen nichts gewesen? Für Spezialisten der Energieforschung wird es nun erst richtig interessant. Allerdings wird an dieser Stelle nur zusammenfassend berichtet. Detaillierte wissenschaftliche Veröffentlichungen sind dem Internet oder dem Kompendium der Raum-Zeit-Information zu entnehmen.

Die hier vorliegenden physikalischen Anmerkungen verdeutlichen zunächst einmal, dass die letzten wichtigen energetischen Überlegungen erst seit gut 50 Jahren bekannt sind. Hierzu gehören vor allem spezialisierte Erkenntnisse aus dem Fachgebiet der Thermodynamik, welche bislang kaum ins Wissen der Allgemeinheit eingeflossen sind. Wer nicht gerade Physik oder Stoffumwandlungstechnik studiert hat, wird wohl kaum davon gehört haben, dass die Energietechnik zwischen „wirkungsrelevanten" und „technisch nicht mehr nutzbaren" Energieformen unterscheidet. Wirkungsbefähigte Energieformen werden in der Thermodynamik in so genannte *„Exergien"* und alle „technisch nicht mehr nutzbaren" Energieformen in *„Anergien"* unterschieden. Hinter diesem Konzept stehen komplizierte Berechnungsvorschriften, die beispielsweise berücksichtigen, dass sich das Verhältnis von Anergie und Exergie in Abhängigkeit von den Umgebungsvariablen ständig verändert[69].

Alle *mechanischen Energieformen*, die über Geschwindigkeiten oder Joule gemessen werden, werden als so genannte „Exergien" bezeichnet. Auch *elektrische Energien* (in Form von Strom oder Elektrizität) gelten als wirkungsrelevante Exergie, genau so wie *alle immateriellen, wellenartigen Energieformen* - wie beispielsweise das *Licht*. Alle diese Energieformen lassen sich - wundersamerweise übrigens zu 100 % (!) - in andere Energieformen umwandeln. Was fällt also bei den reinen Exergien auf? Hierbei handelt es sich stets um immaterielle Formen, die mit der gewöhnlichen Materie nur indirekt in Kontakt stehen. Folglich besteht ihre gesamte energetische Informationsstruktur auch zu 100 % aus umwandelbaren Energieformanteilen. Statische Anergie ist bei solchen immateriellen Energieformen gar nicht vorhanden.

Bei den meisten Energieformen geht es jedoch weniger um immaterielle, sondern um *materielle* Betrachtungen. Deshalb kommen in Verbindung mit Materie

[69] Ähnlich wie beim Begriff der Entropie ist eine intensive Auseinandersetzung mit den Grössen erforderlich, um zu folgenden zusammenfassenden Überlegungen zu gelangen.

vor allem die *anergetischen* - also die statischen, nicht veränderbaren - Energieformbestandteile zur Anwendung. Ganz offensichtlich brauchen materielle Energieformen nämlich eine gewisse statische „Energie“, damit sie ihre jeweiligen Eigenschaften überhaupt erst entsprechend ausprägen bzw. repräsentieren können[70]. Verfolgt man diesen Gedanken weiter, so sind für gewöhnliche materielle Energieformen sogar immer entsprechende *anergetische* (statische) Energieformanteile erforderlich. Ansonsten fehlt ihnen die erforderliche energetische Informationsstruktur, um ihre entsprechenden Eigenschaften gegenüber anderen Energieformen auszuprägen. Man kann es auch noch einfacher formulieren:

- Jede Energieform entsteht aus unendlicher (absoluter) Energie, der Raum-Zeit-Information.
- Sie wird als reelle Energie*form* verstanden, sobald aus einem unendlichen Wert eine endlich (!) grosse Informationsstruktur diversifiziert ist.
- Diese Informationsstruktur ist sowohl anergetischer als auch exergetischer Art (-> *AnEx Information*).
    - Materielle Energieformen benötigen zur Aufrechterhaltung ihrer Eigenschaften stets statische, anergetische Informationseinheiten.
    - Alle in unserer Welt beobachteten Formumwandlungsprozesse bedürfen eines *exergetischen* Anteils. Dieser entspricht dem Potential eines beliebigen Pols im Dipolmodell (bzw. einer beliebigen Energieform).
    - Der exergetische Charakter entsteht (in Abhängigkeit von den Umgebungsvariablen) aus anergetischen Energieformanteilen, bzw. anergetischen Informationsstrukturen.

Albert Einstein hat uns die Berechnungsformel für den Wert von Anergie und Exergie bei materiellen Formen bereits aufgezeigt ($E = m \cdot c^2$). Dennoch ist es bisher niemandem gelungen, den einsteinschen Energiebegriff mit bekannten Grössen aus der Thermodynamik in Beziehung zu setzen. Dabei liegt der Schlüssel zur Unterscheidung in Energie, Energieform bzw. in Information gerade in dieser entscheidenden Erkenntnis. Alle Energieformen lassen sich in

[70] In keinem dem Autor bekannten Fachbuch wird auf solche Unterschiede aufmerksam gemacht, oder auch nur darauf eingegangen.

„wirkungsrelevante“ (potentiell wirksame, exergetische) und in nicht mehr wirkungsrelevante (anergetische) Informationseinheiten unterteilen.
Gehen wir nun zurück zum Dipolmodell. Dort werden ja gerade solche Formumwandlungen veranschaulicht, die stets in Verbindung mit einem Potential stehen mussten. Ein Mensch beispielsweise dient als gutes Anschauungsobjekt für ein anergetisches/ exergetisches Formgemisch. Er besteht aus Materie und erfordert deshalb einen (statischen) anergetischen Energieformanteil. Auch dieser kann nach $E = m \cdot c^2$ aufgrund seiner Masse zunächst einfach berechnet werden. Zusätzlich ist er jedoch befähigt, nach aussen hin *aktiv* auf seine Umgebung einzuwirken. Dies erfordert wiederum potentielles Wirkungsvermögen, also thermodynamische *Exergie*. Nun kommt noch ein weiterer Gedanke mit hinzu: Die klassische Thermodynamik beschränkt sich ausschliesslich auf technische/ maschinelle Formumwandlungen. Chemische oder *bio*chemische Formumwandlungen spielen eine eher untergeordnete Rolle, während das Wissen um Anergie oder Exergie bei den meisten Chemikern oder Biologen noch gänzlich unbekannt sein dürfte[71].
Solche interdisziplinären Überlegungen führen zu folgendem Ergebnis: Auch im Körper eines Lebewesens werden Exergien - wen wundert es - über *Formumwandlungsprozesse* bereitgestellt. Komplexe Lebensformen, wie die der Menschen, nutzen dafür zwei wichtige „Energiezentren“: Die Lunge und den (Dick)Darm. Beide Organe sind uns als so genannte „Energiezentren“ bekannt. Thermodynamisch betrachtet handelt es sich bei dieser „Energie“ also um (biochemisch abrufbare) *Exergie*.
Kommen wir nun langsam wieder zum Dipolbeispiel zurück. Jedes Lebewesen, das aktiv auf seine Umwelt einwirkt, ist befähigt einen Formumwandlungsprozess auszulösen. Dafür wird gemäss der geltenden Thermodynamik (und gemäss dem Dipolmodell) entsprechende „Exergie“ benötigt. Auf die Berechnung der einsteinschen Gesamtenergie bezogen, muss also noch ein gewisser exergetischer Anteil in der Energiebilanz enthalten sein. Der Haken ist nur, dass bisher niemand weiss, wie hoch dieser Anteil genau ist, denn noch sind uns

---

[71] Chemische Formumwandlungen sind vor allem im Sinne von Verbrennungsprozessen oder Reaktionsenthalpien bekannt. Biologische Formumwandlungen sind hingegen noch unbekannt. Hier wird sich in der langfristigen Forschung mit Sicherheit einiges verändern, schliesslich eröffnen sich damit völlig neue Forschungsgebiete.

keine Berechnungsformeln für biochemische Exergien bekannt. Mit Sicherheit werden sie aber auf Basis solcher Formumwandlungsprozesse beruhen...
Aufgrund derartiger Überlegungen können Energieformen also als Anergie-/ Exergieformgemische angesehen werden. Manche bestehen zu 100 % aus Anergie (wie z.B. Steine), andere wiederum zu 100 % aus Exergie, wie die immateriellen Formen. Lebewesen hingegen sind Gemische aus Anergie und Exergie. Genau hierin liegt also die Basis aller Überlegungen zum Dipolmodell.
Mit diesen kurzen Ausführungen wird klar, dass sich

sämtliche Energieformen
mittels Dipolprozessen bzw. Formumwandlungen
entsprechend einfach verstehen lassen.

Im Kern bahnt sich hier eine wissenschaftliche Sensation an, die im Wesentlichen auf der Kombination von verschiedenen physikalischen Erkenntnissen zur Energie und Information beruht. Dazu sagt die Kurzfassung der Raum-Zeit-Information Folgendes (siehe auch Abbildung 37, S. 231):
„Energie“ ist ein höchst unwissenschaftlicher Sammelbegriff geworden, der momentan für alle erdenklichen, endlichen oder unendlichen Anwendungen verwendet wird. Eine zeitgemässe Definition sollte daher lauten, dass *alles,* was wir messen, wahrnehmen oder fühlen können, eine endlich grosse Energieform ist. Diese lässt sich nach den Gesetzen der Thermodynamik in Anergie und in Exergie ausdrücken. Im Gegenzug lässt sich alles „nicht mehr Fassbare“, alles unendlich Grosse und folglich auch nicht mehr Berechenbare (Unstrukturierte) als „absolute Energie“, Raum-Zeit-Information oder Vakuumenergie begreifen.

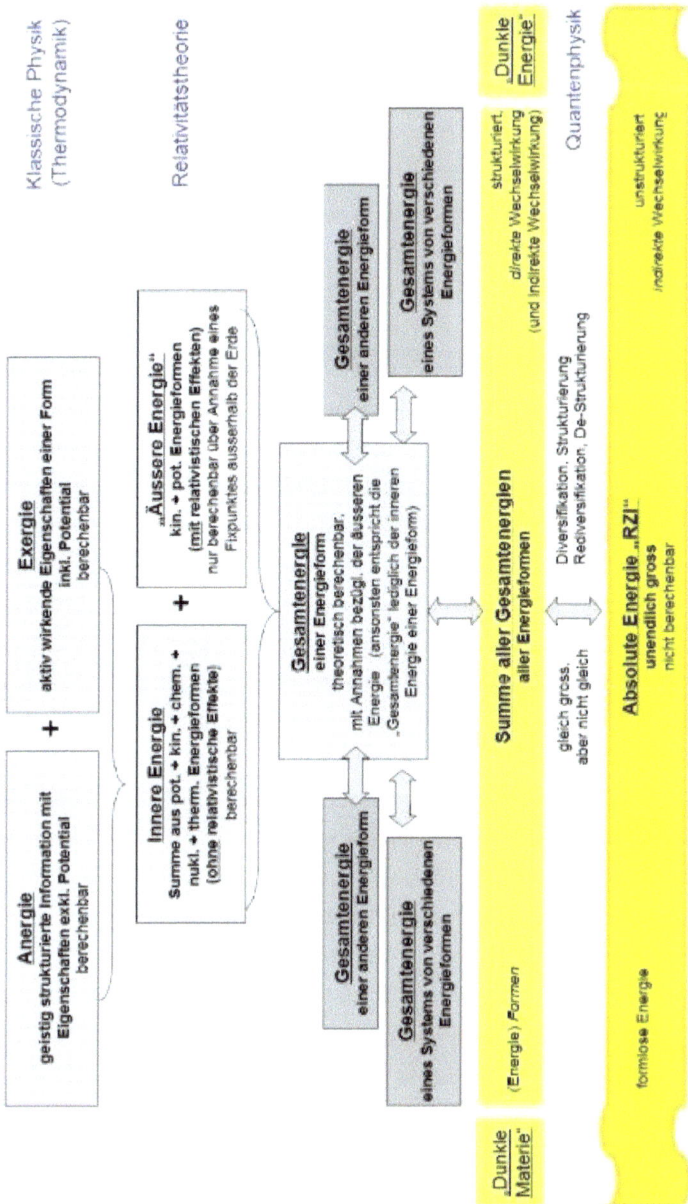

Abbildung 37, Unterteilung des Energiebegriffes

Eigentlich ganz einfach! Jede (endliche) Energieform entsteht aus absoluter (unendlicher) Energie. Und jede dieser Energieformen kann in wirkungsrelevante (exergetische) und nicht mehr wirkungsrelevante (anergetische) Energieformanteile unterschieden werden. Das sind genau die Teile, die es braucht, um sämtliche Formumwandlungen mit dem Dipolmodell zu erklären.
Und was ist nun Information? Information sollte zukünftig vermehrt im Zusammenhang mit Energie bzw. Energie*formen* betrachtet werden. Wer einen Big Burger oder ein Stück Brot über die Nahrungskette zu sich nimmt, der wandelt andere anergetische bzw. exergetische Informationen in seinem Körper um, als wenn er immaterielle oder visuelle Energieformen mit Hilfe seines Körpers „verarbeitet“ (formumwandelt). Ein wichtiger wissenschaftlicher Fortschritt liegt also darin, Information -wie vorher die Energie- mathematisch bewertbar zu machen.
Information gibt es aber auch als unstrukturierte Unendlichkeit. In dieser Ausprägung erscheint uns Information in einem für uns unüblichen Gewand, - nämlich als eine kaum messbare, indirekte, verschränkt wirkende Wechselwirkung. Dieser Aspekt der Information dient uns vor allem dazu, den Ursprung der Angleichung zwischen (mindestens) zwei Polen zu veranschaulichen. Auch hier besteht höchstes wissenschaftliches Interesse, denn eine andere Erklärung für den Ursprung der Herausbildung eines Gleichgewichtszustandes ist nach Kenntnis des Autors bislang nicht bekannt.
Information wird also energetisch bewertbar, sobald aus einem unendlichen Wert eine endlich grosse Informationsstruktur (Energieform) diversifiziert ist. Dabei ist es völlig gleichgültig, ob gerade materielle, immaterielle, chemische, biologische oder gar psychologische Energieformen betrachtet werden. Solche energetischen Informationsstrukturen beruhen auf direkten Wechselwirkungen, und sie können mittels Anergie und Exergie genauer beschrieben werden als bisher.

Alle solchen Herleitungen reichen über die bisherigen Wissenssysteme weit hinaus. Sie sind folgerichtig, weil die Beschreibungen durchwegs auf anerkannten, energetischen Erkenntnissen aufbauen, die auch in der vorliegenden Darstellung keinerlei Widerspruch zu den anerkannten Auffassungen hervorrufen.

8 Schlusswort

Am Ende aller Betrachtungen zu merken, dass sich die physikalische Welt schon lange der rechnerischen Prinzipien bedient, die der Verfasser als Idee dem Buch zugrunde gelegt hat, gibt die erforderliche Zuversicht, die *Raum-Zeit-Information, Absolute Energie & AnEx Information* der Öffentlichkeit zu übergeben.

Eines der wichtigsten Elemente dafür war die Übertragung des Begriffs der Energieform auf materielle, immaterielle, belebte und unbelebte Formen. Den meisten Thermodynamikern ist wohl kaum bewusst, dass sich ihre Erkenntnisse zu den Form- und Stoffumwandlungen auf *alle* Energieformen übertragen lassen. Mit den hier vorgestellten Modellen muss die Anwendung solchen Wissens jedoch nicht mehr auf *technisch* verwendbare Energieträger begrenzt bleiben. Dass die Unterteilung in Anergie und Exergie einen wesentlichen Schlüssel zur *belebten* Informationsverarbeitung in sich trägt, wurde deutlich, als die Informationsverarbeitungen von belebten und unbelebten Formen einander gegenüber gestellt wurden. Engagierte Informationstheoretiker werden auf den vorliegenden Ableitungen aufsetzen und die Theorie im Detail weiter präzisieren.

Worin der eigentliche Wert des aufgezeigten Modells besteht, sind die unzähligen Betrachtungen im Zusammenhang mit immateriellen, schwer quantifizierbaren Verhaltensweisen, - so wie sie beispielsweise bei Gedanken oder bislang nicht erklärbaren Phänomenen auftreten. Der Verfasser ist davon überzeugt, dass damit *alle* Wissenschaften auf eine *gemeinsame* energetische Basis gestellt worden sind. Konsequenterweise sollte sich also der respektvolle Umgang der Wissenschafter miteinander weiter vermehren, - auch deshalb weil deutlich geworden ist, dass vor allem die weichen Wissenschaftszweige die weitaus grösste Menge, kaum berechenbarer Eigenschaftsvielfalten beschreiben.

Genau dafür steht nun aber ein trickreiches *neues Werkzeug* bereit. Den Ausführungen zufolge kann die Komplexität von Energieformgemischen minimiert werden, sobald die ihr *zugrunde liegenden Dipole* bekannt sind. Und sollten selbst die Ursprungsformen nicht ausreichend gut beschrieben werden können, muss eben auf die zwei oder vier zugrunde liegenden Subformen zurückgegriffen werden. Es handelt sich damit um ein Vorgehen, das bis auf die kleinsten

(noch) berechenbaren Formen zurückgeführt werden kann, - nur dass uns bislang noch nicht bewusst war, welch wichtige Rolle die wirkungsbestimmenden Formanteile dabei einnehmen.
Generell ist das Prinzip von

actio = reactio
(drittes Newtonsches Aktiom)

natürlich schon seit langem bekannt. Es sollte nun aber vermehrt von den weichen Wissenschaftszweigen aufgegriffen werden. Die wegweisenden Erweiterungen bestehen nicht nur darin, die Formen des „actio“ und „reactio“ entsprechend zu identifizieren. Es ist auch die Erkenntnis, dass dabei *Formumwandlungen* stattfinden können.
Man mag es kaum glauben, doch selbst bei den Naturwissenschaften schien man sich dessen nicht immer bewusst zu sein. Somit kommt sogar dieser geringfügig anmutenden Erweiterung eine Bedeutung zu, die der eines wissenschaftlichen Quantensprunges nahe kommt, weil sie nunmehr für alle Wissenschaftszweige eine Bedeutung erlangt hat - für die Natur- *und* für die Geisteswissenschaften.

Was sich bei jedem persönlich verändern dürfte, ist die Sichtweise auf unsere umgebende Welt. Denn wer in Dipolen zu denken vermag, dem eröffnet sie sich von neuem. Bedeutsam ist dabei, ob belebte oder unbelebte Formen von Energie betrachtet werden. Nur belebte bzw. bewusst denkende Formen können nämlich die eingegangenen Dipolverbindungen jederzeit wieder in den wirkungsneutralen Enthaltungszustand überführen. Ob sich also Wechselwirkungen vollziehen, kann von unserem eigenen Bewusstsein entsprechend differenziert gesteuert werden.
Bei all den Details bleibt sicherlich eine Diskrepanz zwischen „Verstehen“ und tiefer Verinnerlichung bestehen. Diese persönlich zu schliessen, wird gewisse Zeit bzw. Veränderung erfordern. Ob es also noch lange dauert, bis das vorgestellte Gedankensystem weiter diversifiziert, hängt am Ende von uns allen ab. Denn es gilt vorher wie nachher:

„Was in uns geschieht, geschieht auch um uns herum...“

und

„Was um uns herum geschieht, geschieht auch in uns.“

9 Anhang

9.1 Prägende Formulierungen

„Wenn wir in Gedanken einmal die knapp 5 Milliarden Jahre zusammendrängen, so wäre der Mensch erst am letzten Tag des Jahres, am Silvesterabend gegen halb elf Uhr aufgetaucht; bis dahin kam die Natur ohne ihn aus."[72]

Nichts ist, wenn`s nicht in uns ist

Nichts wird empfunden, wenn wir nicht sind.

Was um uns herum passiert, passiert auch in uns.

Es liegt immer an einem oder in einem selbst.

Das Sichtbare verkörpert das Unsichtbare.

Jedes Wort hat drei Auslegungen,
jede Handlung hat drei Bedeutungen,
jede Form hat drei Ideen,
denn das Absolute besteht aus allen Dreien.

Die Zukunft ist stets eine Folge der Vergangenheit.

[72] Joachim Wehler: Grundriss eines rationalen Weltbildes, S. 46.

9.2 Die Quantenzahlen

Beschreibung	Meta-Ebene	Wechselwirkung zwischen			Bezeichnung	Erläuterung	Grundkräfte fundamentale Wechselwirkung	Feldquanten Kraftüberträger (Eichbosonen)	Reichweite	Stärke (m)	Quantenzahlen B	L	m	Spin S	Zahl		
Wechselwirkung auf die **Materie,** denn die Anzahl der Fermionen wirkt auf das Chemische Poten-tial und damit auf die Verbin-dungsbereitschaft mit anderen Elementen	**(Materie) Atom** **Moleküle**	Leptonen u Hadronen	Leptonen		Elektron El-Neutnon Myon M-Neutrino Tau-Lepton T-Neutrino	sind Fundamentalteilchen der Materie Leptonen unterliegen nur der schwachen Wechselwirkung	**schwache Kernkraft (g2)**	**Weakonen** W u. Z- Bosonen (Vektorbosonen)	10^{-17} m	2×10^{-18}	0	- 1		1/2	6	Fermionen	Materie
SI-Einheit in Joule. Arbeitsmenge, die aufgebracht werden muss um die Veränderung der Teilchenzahl zu ermöglich-en, sodass das System im Gleichgewicht bleibt	**Hadronen**	Farbladungen und Quarks	Hadronen	Quarks	down d up u strange s **charm c** **bottom b** **top t**	sind Fundamentalteilchen der Hadronen (sie sind nicht weiss, sondern rot, blau o. grün)		Gluonen (Leim)			1/3			1/2			
Um mit dem System im thermischen Gleichgewicht zu sein, muss ihnen die mittlere Energie der vorhandenen Teilchen mitgegeben werden	**Nukleonen**	**Nukleonen** Bilden sich durch virtuelle Gluonen, bis eine Sättigung der starken Wechselwirkung eintritt (Glueballchen)		Baryonen	Proton Neutron Lamda Sigma. **Xi** Sigma Omega Delta. **Xi** Kaskadent	*Bayonen* sind aus jeweils **drei** (!) Quarks aufgebaut	**starke Kernkraft (g3)**	(Übertragung nur mit Gluonen vom Spin = 1)	10^{-15} m	1	1	0		1/2 3/2 5/2	3		
	Handronen	Quarks		Mesonen	Pion Eta Kaon	*Mesonen* bestehen aus jeweils **einem** (!) Quark und einem Antiquark		Alle Fundamentalteilchen haben einen Spin ungleich Null			0			0	6 (7)		Elementar-teilchen
leichteste Teilchen	**Leptonen**	Quarks			Rho M Omega M Phi-M Kaon (4)	Vektorbosonen - Sie bewirken den Zerfall der schwereren Leptonen und Quarks		**Wakeonen u. Gluonen** (masselos)	10^{-15} m	1				1	4	Bosonen	Kräfte
masselos	**(Materie) Atom** **Moleküle**	elektrische Ladungen zwischen Atomen und Molekülen			Photon (Licht)	**freie Photonen** bilden Lichternergieqanten, **virtuelle Photonen** vermitteln elektromagn. Wechselwirkung	**Eletromagne-tische Kraft (g1)**	**Photonen**	∞	1×10^{-2}	0	0		1	1		
masselos	**Universum**	alle Teichen im Sonnensystem			Graviton (Gravitation)		**Gravitation (g4)**	**Graviton**	∞	1×10^{-38}	0	0		2	1		

Abbildung 38: die Quantenzahlen

9.3 Literaturverzeichnis

Hoimar v. Ditfurth	Der Geist fiel nicht vom Himmel Die Evolution unseres Bewusstseins Deutscher Taschenbuch Verlag, München 1980, (1976)
Hoimar v. Ditfurth	Am Anfang war der Wasserstoff Deutscher Taschenbuch Verlag, München 1992, (1972)
Jean E. Charon	Der Geist der Materie Ullstein Verlag, Frankfurt/M, Berlin, Wien 1984 (1979)
Fritjof Capra	Wendezeit Bausteine für ein neues Weltbild Übersetzung aus dem Amerikanischen von Erwin Schuhmacher Deutscher Taschenbuch Verlag, München 1991, (1982)
Fritjof Capra	Das Tao der Physik Die Konvergenz von westlicher Wissenschaft und östlicher Philosophie Scherz Verlag, Bern, München, Wien 1993, (1984)
F. David Peat	Der Stein der Weisen Chaos und verborgene Weltordnung Deutscher Taschenbuch Verlag, München 1994, (1991)
F. David Peat	Synchronizität Die verborgene Ordnung Übersetzung aus dem Amerikanischen von Gerhard Geerdts Goldmann Verlag, München 1992, (1987)
Francis Crick	Was die Seele wirklich ist Die naturwissenschaftliche Erforschung des Bewusstseins Rowohlt Taschenbuch Verlag, Reinbek 1997, (1994)
Nicholas Humphrey	Die Naturgeschichte des Ich Aus dem Englischen von Ulrich Enderwitz Knaur, München 1997, (1992)
Michael Talbot	Jenseits der Quanten Wie die neue Physik die Kluft zwischen Wissenschaft und Glauben überbrückt Aus dem Amerikanischen von Ursula Fassbender Wilhelm Heyne Verlag München 1990, (1986)

Peter Russell — Im Zeitstrudel
Die atemberaubende Erforschung
unserer Zukunftschancen
Aus dem Amerikanischen von Manfred Miethe
Integral, München 1994, (1992)

Richard Wilhelm — I Ging
Text und Materialien
Übersetzung aus dem Chinesischen
Eugen Diederichs Verlag 1992, (1924)

Joachim Wehler — Grundriss eines rationalen Weltbildes
Philipp Reclam jun., Stuttgart 1990

Paul Davies — Die Unsterblichkeit der Zeit
Die moderne Physik zwischen Rationalität und Gott
Aus dem Amerikanischen von Wolfgang Riehl
Wilhelm Heyne Verlag, München 1998, (1995)

Mario Livio — Das beschleunigte Universum
Die Expansion des Alls und die Schönheit der Wissenschaft
Aus dem Amerikanischen von Hilmar Duerbeck
Franckh-Kosmos Verlag, Stuttgart 2001, (2000)

Thomas Görnitz — Quanten sind anders
Die verborgene Einheit der Welt
Spektrum Akademischer Verlag, Heidelberg 1999

Peter Plichta — Gottes geheime Formel
Die Entschlüsselung des Welträtsels
und der Primzahlencode
Langen Müller, München 2001, (1995)

Peter Plichta — Das Primzahlenkreuz
Die 4 Pole der Ewigkeit
Quadropol Verlag, Düsseldorf 1998

Bart Kosko — Die Zukunft ist fuzzy
Unscharfe Logik verändert die Welt
Aus dem Amerikanischen von Thorsten Schmidt
Piper Verlag, München 2001, (1999)

C.G. Jung — Die Beziehung zwischen dem Ich und dem Unbewussten
Deutscher Taschenbuch Verlag, München 1994

Michio Kaku und Jennifer Trainer — Jenseits von Einstein
Die Suche nach der Theorie des Universums
Aus dem Amerikanischen von Ilse Davis Schauer
Insel Verlag, Frankfurt 1996, (1993)

Lewis C. Epstein — Relativitätstheorie anschaulich dargestellt
Gedankenexperimente, Zeichnungen, Bilder
Birkhäuser Verlag, Basel, Boston, Berlin 1988, (1983)

John Gribbin — Auf der Suche nach Schrödingers Katze
Quantenphysik und Wirklichkeit
Piper Verlag, München 1988

John Briggs — Chaos
Neue Expeditionen in fraktale Welten
Carl Hanser Verlag, München 1993

Anton Zeilinger — Einsteins Schleier
Die neue Welt der Quantenphysik
Verlag C.H. Beck, München 2003

Stephen W. Hawking — Eine kurze Geschichte der Zeit
Die Suche nach der Urkraft des Universums
Rowohlt Verlag, Hamburg 1989, (1988)

Auch diverse Fach- und Lehrbücher stellen die geistige Basis der vorliegenden Theorie dar. Jedoch weisen die wichtigsten Werke ausdrücklich darauf hin, dass sie nicht zitiert werden dürfen. Folglich muss aus rein rechtlichen Gründen darauf verzichtet werden, sie an dieser Stelle aufzuführen.

Sven Kuch wurde am 26.11.1963 in Berlin geboren. Nach dem Abitur und einer praktischen Ausbildung begann er mit dem Studium der Verfahrens- und Umwelttechnik. Anschliessend arbeitete er einige Jahre als Planungsingenieur in Potsdam. Im Jahr 1996 vollzog er eine berufliche Ausrichtung in den betriebswirtschaftlichen Bereich. Seither arbeitet er als externer Berater in verschiedenen Projekten, - worüber er im Jahr 2000 in die Schweiz gelangte.

In Bern entstand das vorliegende Buch. Darin vereint der Autor Gedanken verschiedener philosophischer und physikalischer Werke. Seine vorgestellten Thesen gelten als „wissenschaftlich brisant". Sie greifen neueste Forschungsresultate der Physik auf und übertragen sie auf Disziplinen wie die Biologie oder die Psychologie.